Energiepolitische Schriftenreihe

Herausgegeben vom Bundesministerium
für Handel, Gewerbe und Industrie in W

Band 4

Untersuchung über energiesparende Maßnahmen in der wärmeintensiven Industrie

Durchgeführt vom

Österreichischen
Energiekonsumentenverband (ÖEKV)

Autoren:

Dipl.-Ing. E. Hofbauer
Dipl.-Ing. Dr. techn. W. Rogner
K. Gruber

Springer Science+Business Media, LLC

Redaktionelle Betreuung:
Dipl.-Ing. J. CHRISTIAN THALHAMMER
Mag. Dr. OTTO ZACH
Bundesministerium für Handel, Gewerbe und Industrie
Sektion V
Schwarzenbergplatz 1
A-1015 Wien, Österreich

Mit 34 Abbildungen

Ursprünglich erschienin bei Bundesministerium für Handel, Gewerbe und Industrie in Wien 1983

CIP-Kurztitelaufnahme der Deutschen Bibliothek

Hofbauer, Erich:
Untersuchung über energiesparende Maßnahmen in der wärmeintensiven Industrie / Autoren: E. Hofbauer; W. Rogner; K. Gruber. Durchgef. vom Österr. Energiekonsumentenverb. (ÖEKV). – Wien; New York: Springer, 1983.
(Energiepolitische Schriftenreihe; Bd. 4)
ISBN 978-3-211-81734-6 (Wien, New York)

NE: Rogner, Walter:; Gruber, Karl:; GT

ISSN 0723-8142

ISBN 978-3-211-81734-6 ISBN 978-3-7091-3659-1 (eBook)
DOI 10.1007/978-3-7091-3659-1

GELEITWORT

Sogleich nach der Gründung des Arbeitskreises für industrielle Energiewirtschaft im Rahmen des unter der Leitung von Generaldirektor a. D. Univ.-Prof. Baurat h. c. Dipl.-Ing. DDDr. Ludwig MUSIL stehenden Beirats für sinnvollen Energieeinsatz beim Bundesministerium für Handel, Gewerbe und Industrie im Jahr 1974 haben dessen Beratungen ergeben, daß es, um das reale Potential an Einsparungsmöglichkeiten an Energie im industriellen Bereich in Österreich festzustellen, notwendig ist, eine repräsentative Erhebung durchzuführen, deren Umfang sich auf die wärmeintensiven Industriezweige beschränken kann. Es bestand von vornherein Einvernehmen darüber, daß die Durchführung dieser Erhebung dem Österreichischen Energiekonsumentenverband anvertraut werden soll.
Nach sorgfältiger Vorbereitung dieser Arbeit ist es im Jahre 1976 gelungen, die finanzielle Basis für deren Durchführung durch eine Beteiligung der Bundeskammer der gewerblichen Wirtschaft und der Vereinigung Österreichischer Industrieller zu finden. Die Studie wurde Ende 1978 als abgeschlossen betrachtet, nachdem die Öffentlichkeit über deren Fortschritt durch zwei Zwischenberichte des Beirats informiert wurde und die interessierte Fachwelt darüber hinaus in zwei Präsentationen, die im Österreichischen Ingenieur- und Architektenverein in Wien stattfanden, Gelegenheit zu ausführlichen Diskussionen über die angewendeten Methoden und die erzielten Ergebnisse erhalten hatte.
Zu diesem Zeitpunkt war es aber allen Beteiligten klar, daß sich durch die dramatischen Veränderungen vor allem auf dem Energiesektor viele Bedingungen dermaßen gewandelt hatten, daß eine neuerliche Überarbeitung dieser Studie für die Veröffentlichung notwendig erschien.
Nach dem Übertritt von Techn. Rat Ing. Dr. Karl SCHAGGINGER in den Ruhestand hat am 1. März 1978 Herr Dipl.-Ing. E. HOFBAUER als dessen Nachfolger in der Geschäftsführung des Österreichischen Energiekonsumentenverbandes und als Leiter des Arbeitskreises für industrielle Energiewirtschaft die Leitung der Arbeiten übernommen und diese nun zu einem erfolgreichen Abschluß gebracht.
An dieser Arbeit waren beteiligt:

als **Verfasser** die Herren: Dipl.-Ing. E. HOFBAUER, Dipl.-Ing. Dr. techn. W. ROGNER, K. GRUBER;

unter **Mitarbeit** der Herren: Dipl.-Ing. J. BERGER, Ing. F. BRANDLHOFER, Dr. W. FRITSCH, Dipl.-Ing. G. SCHMIDT, Dr. R. TÜRK, Dr. H. WENTNER;

als **Referenten** die Herren: Ing. J. FRANZ †, Dipl.-Ing. H. HUTTERER, Ing. W. LEITNER, Ing. F. MEISCHEL, Ing. E. MITTERBÖCK, Dipl.-Ing. L. NESVADBA, wirkl. Hofrat Dipl.-Ing. W. NOWOTNY †, Ing. W. REICHL, Dipl.-Ing. G. SCHNEIDER.

Allen genannten Institutionen, die sich an der Finanzierung beteiligt haben, und allen oben angeführten Personen, die sachkundig an dieser Arbeit mitgewirkt haben, ferner den Unternehmensleitungen, die bereitwillig ihre Daten zur Verfügung gestellt haben und deren Betriebsangehörige in oft lange dauernden Besprechungen zur Klärung von Einzelheiten in Anspruch genommen werden mußten, sowie auch den Präsidenten des Österreichischen Energiekonsumentenverbandes, Herrn Kommerzialrat Commendatore Hans POPPOVIC und Herrn Generaldirektor a. D. Dr. Alfred WEISER, deren rege Anteilnahme diese Arbeit wesentlich stimuliert hat, ist für ihre Beteiligung zu danken.

Soweit es sich um eine kritische Überprüfung des Energieaufwandes bei den technischen Prozessen handelt, waren alle an der Untersuchung Beteiligten der Auffassung, daß die dem Materialfluß zugeordneten Flußbilder der Energie und der Exergie die hiezu geeigneten Mittel sind. Die Einbeziehung der Exergie und damit der Eingang wissenschaftlicher Erkenntnisse in die energiewirtschaftliche Praxis und die so erzielte methodische Vorgangsweise bedeuten aber nicht, daß bei den Untersuchungen, die hier mitgeteilt wurden, immer mit der an sich notwendigen wissenschaftlichen Genauigkeit vorgegangen werden konnte. In vielen Fällen mußte man sich – schon wegen des Fehlens entsprechender Messungen – mit Schätzungen begnügen. Aber die grundsätzliche Erfassung der äußeren wie der durch Nichtumkehrarbeiten hervorgerufenen inneren Verluste führt zu einem umfassenden Katalog von Maßnahmen, durch die diese Verluste – mit wirtschaftlich vertretbarem Aufwand – verringert werden können.

Die vorliegende Veröffentlichung ist weder eine Monographie der industriellen Energiewirtschaft noch ein Lehrbuch der industriellen Energietechnik, vielmehr ein Ergebnisbericht über betriebliche Einzeluntersuchungen. Es ist auch verständlich, daß in manchen Fällen betriebspolitische Erwägungen der Tiefe der Analysen Grenzen gesetzt haben. Dennoch stellen die Daten insgesamt, als derzeit aktuellste Sammlung von praxisbezogenen industriell-energiewirtschaftlichen Kennzahlen, einen wertvollen Orientierungsbehelf dar, der ihre Publikation im Rahmen der energiepolitischen Schriftenreihe begründet.

Sie bildet aber nur ein Glied und nicht etwa einen Abschluß in den unablässigen gemeinsamen Bemühungen von Behörde und Konsumenten um eine Rationalisierung des Energieeinsatzes im industriellen Bereich.
Auf den hier mitgeteilten Ergebnissen aufbauend, ist bereits eine Untersuchung über die Einsatzmöglichkeit von Wärmepumpen im industriellen Bereich durchgeführt worden, deren Veröffentlichung ebenfalls demnächst im Rahmen dieser Schriftenreihe erfolgen wird.

Dr. Josef STARIBACHER
Bundesminister für Handel
Gewerbe und Industrie

INHALTSVERZEICHNIS

LISTE DER ABBILDUNGEN

LISTE DER TABELLEN

1. EINLEITUNG

1.1 Einführung und Aufgabenstellung

Dem Österreichischen Energiekonsumenten-Verband (Ö.E.K.V.) wurde vom Bundesministerium für Handel, Gewerbe und Industrie die ehrenvolle Aufgabe übertragen, ein vom Beirat für sinnvollen Energieeinsatz vorgeschlagenes Gutachten mit Untersuchungen über energiesparende Maßnahmen in wärmeintensiven Industriebetrieben zu erstellen.
Gemäß dem Auftrag wurde bei den umfassenden Untersuchungen in den Industriebetrieben neben den energetischen Betrachtungen und Bewertungen erstmals in dieser Form auch die Exergie als Bilanzierungsgröße herangezogen und neueste Technologien und Anlagenkonzipierungen bei der Erstellung des Maßnahmenkataloges berücksichtigt.
Die Studie soll in erster Linie dem Energiesektor der Industrie neue Impulse und Ideen vermitteln und als Anregung für oft dringend erforderliche Maßnahmen dienen. Allein die Beschäftigung mit diesen Fragen hat gezeigt, daß viel mehr Möglichkeiten des sinnvollen Energieeinsatzes bestehen als vorher angenommen. Da viele fortschrittliche Techniken und Verfahren einer Sparte auch in anderen anzuwenden sind, ist ein entsprechender Informations-Rückkopplungseffekt zu erwarten, der positive Auswirkungen auf den zukünftigen Energieverbrauch der Industrie erhoffen läßt.

1.2 Grundsätzliche Feststellungen

Die zunehmende Verknappung der zur Verfügung stehenden fossilen Primärenergieträger Rohöl und Erdgas verpflichtet insbesondere die hochentwickelten industrialisierten Staaten, Maßnahmen zur sinnvolleren Verwendung von Energie zu setzen und damit auch langfristig gesehen die Energieversorgung zu sichern.
Die Energiepreissteigerungen im Gefolge der beiden Preissprünge bei Erdöl 1973/74 und 1979/80 haben vorher unrentable Energieeinsparungsmöglichkeiten betriebswirtschaftlich interessant gemacht und dadurch die Entwicklung zur Verminderung des spezifischen Energieverbrauches eingeleitet bzw. beschleunigt.
In Österreich konnte 1980 trotz eines Wirtschaftswachstums von 3,1% eine geringfügige Senkung des Eneregieverbrauches (–0,1%) verzeichnet werden. Dieser Verbrauchsrückgang nach den kräftigen Energiepreissteigerungen ist offensichtlich zu einem guten Teil auf die Wirkung von Sofortmaßnahmen zur Energieeinsparung zurückzuführen, während die Einführung von alternativen Lösungen bei der Energiegewinnung und -nutzung vorerst noch eine gewisse Anlaufzeit benötigt. Ob mit der Verbrauchssenkung des Jahres 1980 ein neuer Trend eingeleitet werden konnte, ist zum jetzigen Zeitpunkt allerdings noch nicht verifizierbar.

1.3 Die energiewirtschaftliche Situation Österreichs

Das gesamte Energieaufkommen Österreichs im Jahre 1974 betrug 947,540 PJ (32,3 Mio. t SKE). Davon mußten 62,6% importiert werden, wobei der Importanteil von Erdöl und Erdölprodukten bereits 79,6% betrug.
Im Jahre 1979 erreichte das durch die Nachfrage beeinflußte Aufkommen den bisherigen Höchstwert von 1 077,738 PJ (36,8 Mio. t SKE). Der Importanteil betrug 66,3%, bei Erdöl und Erdölprodukten mußten 86,3% importiert werden.
1980 lag das Energieaufkommen mit 1 067,047 PJ (36,4 Mio. t SKE) unter dem Vorjahrswert, der Trend des steigenden Importanteils hielt an (67,7%). Bei Erdöl und Erdölprodukten erhöhte sich der Importanteil sogar auf 88,2%; Erdgas, das im Jahre 1974 erst zu 47,9% importiert worden war, mußte 1980 bereits zu 61,4% aus dem Ausland bezogen werden. [1–1], [1–4].
Österreich hatte im Jahr 1979 für Energieimporte 33,364 Mrd. S aufzubringen, im Jahre 1980 bereits 48,947 Mrd. S. Der Anteil am gesamten Importwert stieg damit innerhalb eines Jahres von 12,4% (im Jahre 1979) auf 15,5% (im Jahre 1980) [1–2].

1.4 Stellung der Industrie in der österreichischen Energiewirtschaft

Die Aufgliederung des Endenergieverbrauches auf die einzelnen Verbrauchssektoren und Verwendungszwecke (für das Jahr 1978) ist aus Tabelle 1.4–1 zu ersehen.

Verbrauchsbereich	Raumheizung und Warmwasserbereitung	Prozeßwärme	Verkehr	Mech. Arbeit	Licht	Summe
	%	%	%	%	%	%
Land- und Forstw.	0,14	1,37	2,79	0,46	0,04	4,8
Energie- u. Wasserversorgung	0,15	–	0,17	0,69	0,00	0,41
Berg- u. Erdölbau	0,14	0,85	0,06	0,24	0,01	1,3
Verarb. Industrie und Gewerbe	3,29	26,68	0,81	5,78	0,07	36,53
Bauwesen	0,67	0,03	1,37	0,15	0,01	2,23
Handel, Beherb.- u. Gaststättenwesen	4,04	0,73	1,07	0,35	0,11	6,3
Gewerbl. Verkehr	1,55	–	7,89	–	0,04	9,48
Dienstleistungen	4,47	1,18	0,20	–	0,05	5,9
Privater Konsum	21,75	0,71	9,35	0,85	0,39	33,05
Summe	36,20	31,55	23,71	7,82	0,72	100,0

Tab. 1.4–1 Aufgliederung des Endenergieverbrauches auf die einzelnen Verbrauchssektoren und Verwendungszwecke (1978); [1–3]

Mit je etwa einem Drittel weisen der Wärmebedarf für Raumheizung und Warmwasserbereitung und der Prozeßwärmebedarf die größten Anteile am Endenergieverbrauch auf. Den größten Einzelposten stellt der Bedarf an Prozeßwärme in Industrie und Gewerbe dar, weshalb dieser Bereich ebenso wie die Sektoren Raumheizung und Warmwasserbedarf sowie Verkehr einen wichtigen Ansatzpunkt für die Bemühungen der österreichischen Energiepolitik um einen sinnvolleren Einsatz von Energie darstellt.

Auf dem Gebiet des rationellen Energieeinsatzes hat die österreichische Industrie Tradition – sie hat seit jeher ihren Beitrag zur sinnvollen Verwendung der verfügbaren Energie geleistet.

1980 ist bei stark steigender Produktivität der spezifische Endenergieverbrauch (Energieverbrauch bezogen auf den Produktionswert) der Industrie zurückgegangen und der absolute Energieverbrauch nur verhältnismäßig gering angestiegen.

Im Jahre 1960 betrug der gesamte Netto-Inlandsverbrauch an Energie 386,658 PJ (13,2 Mio. t SKE), die Industrie verbrauchte davon mit 177,974 PJ (6,0 Mio. t SKE) noch etwa 46%. Bei einem Netto-Inlandsverbrauch von 753,245 PJ (25,7 Mio. t SKE) im Jahre 1980 beanspruchte die Industrie 250,259 PJ (8,5 Mio. t SKE) und hatte damit nur mehr einen Anteil von etwa 33,2% (siehe auch Abb. 1.4–1). [1–4]

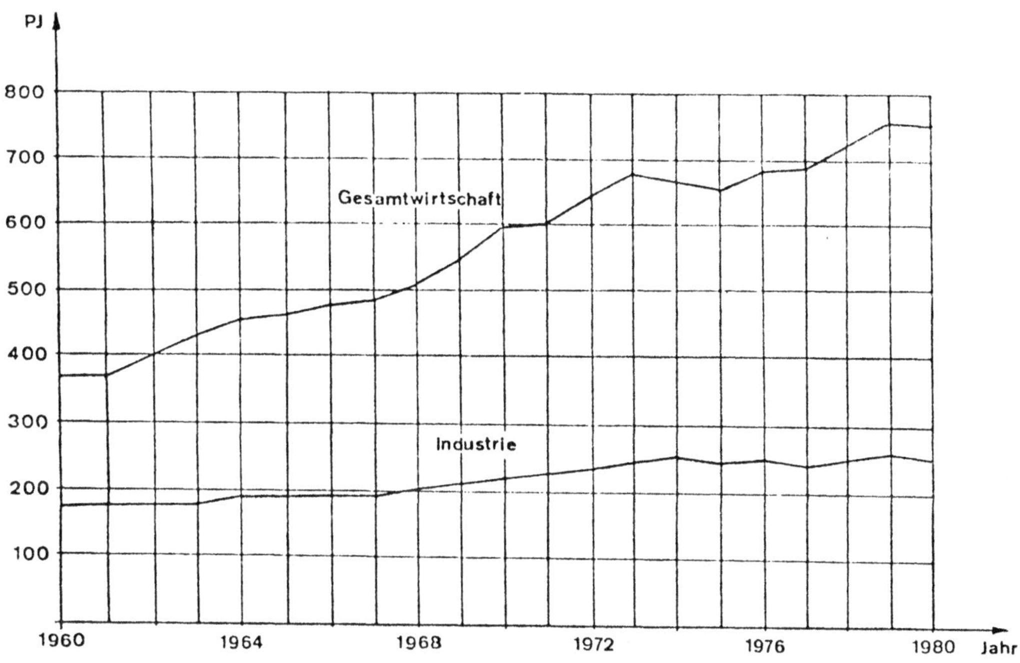

Abb. 1.4–1 Entwicklung des Verbrauches in den Jahren 1960 bis 1980 von Gesamtwirtschaft und Industrie

Die Reduktion des spezifischen Energieverbrauches bezogen auf den Produktionswert (von 1971 bis 1980 insgesamt 14,8%) ist insbesondere in den 70er Jahren nicht nur auf Energiesparmaßnahmen, sondern auch auf einen Strukturwandel zur Finalindustrie und auf die Verschiebung der Produktionsstruktur in Richtung besonders wertschöpfungsintensiver Produkte zurückzuführen. Abbildung 1.4–2 zeigt die Entwicklung des spezifischen Endenergieverbrauches in den wichtigsten wärmeintensiven industriellen Branchen.
1980 prognostizierte das Wirtschaftsforschungsinstitut für 1990 einen Netto-Inlandsverbrauch von 981,611 PJ (39,5 Mio. t SKE), wobei die Industrie voraussichtlich mit etwa 303,063 PJ (10,3 Mio. t SKE) bei einem Anteil von 30,9% halten wird. [1–5]

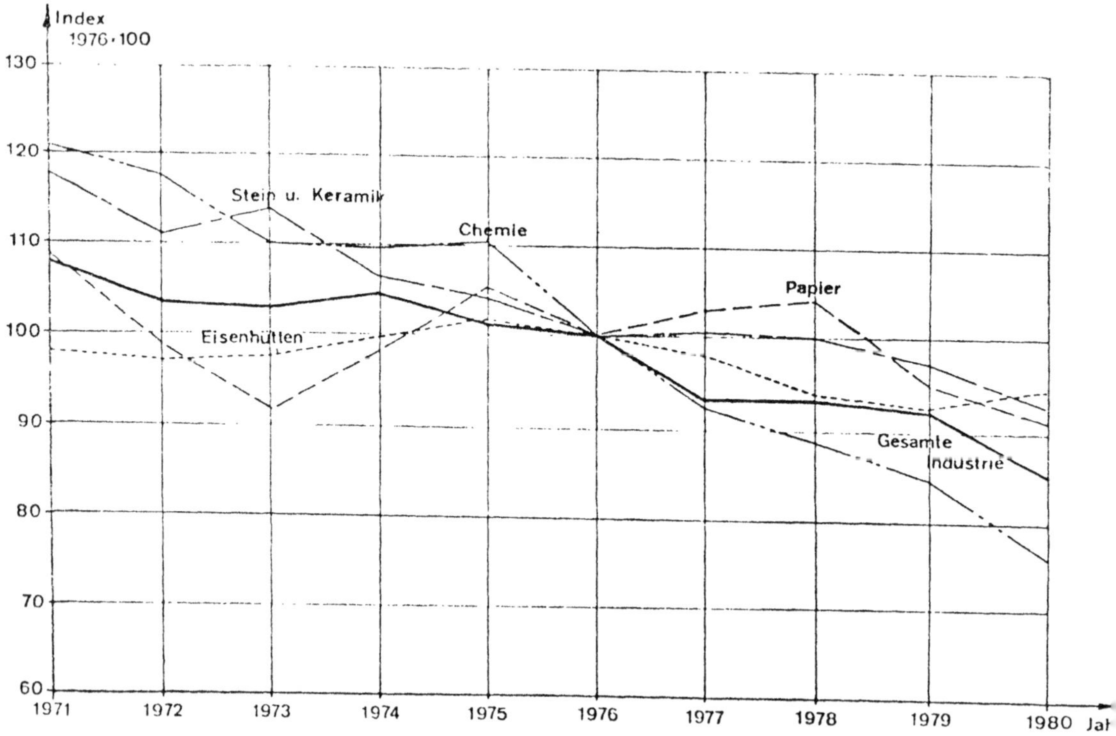

Abb. 1.4–2 Entwicklung des spezifischen Energieverbrauches der Industriesparten

Die jährliche Zunahme der Industrieproduktion von 1979 bis 1990 schätzt man auf etwa 4,0%. Demgegenüber soll nach den Prognosen des Wirtschaftsforschungsinstitutes der Energieverbrauch der Industrie von 1978 bis 1985 jährlich nur um 2,1% und von 1985 bis 1990 um etwa 1,5% steigen. Daraus geht hervor, daß man am industriellen Sektor nicht nur mit einer Erhöhung des Anteiles der weniger energieintensiven Produktionen an der Gesamterzeugung, sondern auch in Zukunft bei Rationalisierungsmaßnahmen zumindest mit jenem Erfolg rechnet, der in der Vergangenheit erzielt werden konnte.

Der Anteil der wärmeintensiven Industrie am gesamten Industrieverbrauch hat zum Zeitpunkt dieses Gutachtens im Jahre 1976 rd. 88% betragen. Daher schien es zweckmäßig, das Studium der Einsparungsmöglichkeiten vorerst auf die wärmeintensiven Industriezweige zu beschränken. Der Energieverbrauch der im Rahmen dieser Untersuchung erfaßten Betriebe betrug rd. 23% des Energieverbrauches der gesamten Industrie. (Abb. 1.4–3)

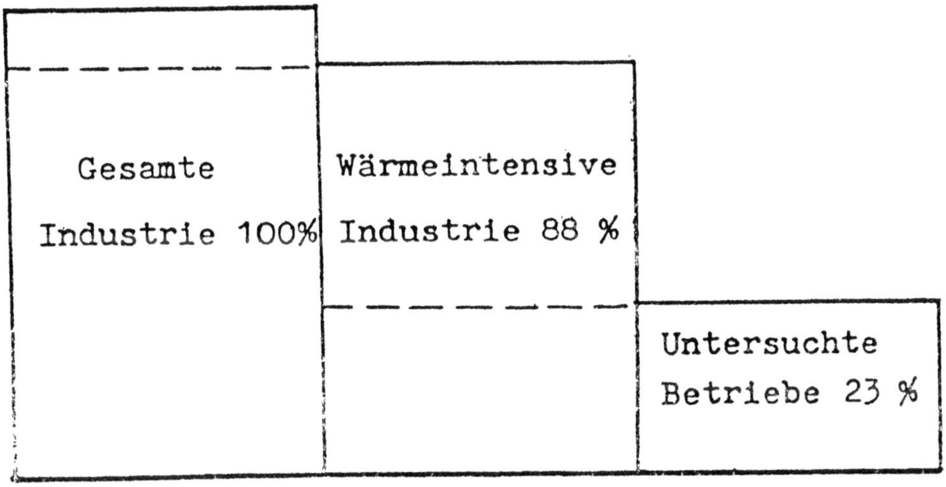

Gesamte Industrie	247,522 PJ	100%
Wärmeintensive Industrie	216,887 PJ	88%
Untersuchte Betriebe	57,427 PJ	23%

Abb. 1.4–3 Energieverbrauch der gesamten Industrie, der wärmeintensiven Industrie und der untersuchten Betriebe im Jahre 1976

Die Aufgliederung der wärmeintensiven Industrie auf einzelne Branchen, deren Verbrauch an Brennstoffen und Fremdstrom sowie deren gesamter Energieverbrauch und die Aufgliederung der in den einzelnen Branchen von der vorliegenden Untersuchung erfaßten Betriebe (in Prozent des gesamten Energieverbrauches sowie absolut) sind aus Tab. 1.4–2 zu ersehen.

1976	Wärmeintensive Industrie			Untersuchte Betriebe	
	Brennstoffe	Fremdstrom	Insgesamt	Insgesamt	
	TJ	TJ	TJ	TJ	%
Eisen- und Stahlindustrie	52 203	6 293	58 496	33 667	57,6
Stein- und keramische Industrie	30 747	3 460	34 207	8 215	24,0
Chemische Industrie	22 276	8 235	30 511	651	2,1
Papierindustrie	22 320	6 560	28 880	9 906	34,3
Erdölindustrie	27 962	860	28 822	–	0,0
Nahrungsmittelindustrie	16 255	1 800	18 055	2 594	14,4
Textilindustrie	6 873	1 791	8 664	784	9,0
Holzverarbeitende Industrie	4 784	1 209	5 993	1 430	23,9
Gießereiindustrie	2 534	725	3 259	180	5,5
Wärmeintensive Industrie	185 954	30 933	216 887	57 427	26,5

Tab. 1.4–2 Aufgliederung des Energieverbrauches der wärmeintensiven Industrie und der untersuchten Betriebe

1.5 Ziel, Organisation und Durchführung der Untersuchung

1.5.1 Ziel der Untersuchung:

Grundsätzlich lassen sich in Produktionsbetrieben Energieeinsparungen unter der Voraussetzung gleicher Produktionshöhe und zumindest gleicher Produktqualität auf drei Arten erzielen:

a) Laufende, entsprechend sorgfältig durchgeführte Betriebsüberwachung ermöglicht, daß größere Abweichungen vom erforderlichen Energieaufwand unterbleiben, indem unnötige Verlustquellen stets kurzfristig geortet und behoben werden. Die Ermittlung von Energiekennlinien (Soll-Werten) der Produktionsanlagen bilden die Basis für die Überwachung. Methodische Anleitungen dafür werden in den Kapiteln 2.1 und 2.2 gegeben.

b) Die zweite Möglichkeit zur Einsparung besteht im Eingriff in den apparativen Teil der Produktion zur Verbesserung der Energieökonomie, allerdings ohne Abänderung der Produktionstechnologie selbst (also z. B. Einbau zusätzlicher Wärmetauscher, Austausch eines Trockners gegen eine andere Konstruktion usw.). Dies erfordert zumeist größere Investitionen, und daher sind genaue energie- und betriebswirtschaftliche Analysen zur Abschätzung des Nutzens jeder einzelnen Maßnahme notwendig. Die Betrachtungen, die im Einvernehmen mit den Interessensvertretungen für energiewirtschaftlich interessante und der Größe nach repräsentative Betriebe in verschiedenen Zweigen der wärmeintensiven Industrie (siehe Tabelle 1.4–1) angestellt wurden, bilden den Schwerpunkt der Untersuchung.

c) In einzelnen Fällen werden auch Vorschläge gemacht, die nur bei Neuerrichtung von Anlagen realisierbar sind, da sie entweder einen sehr tiefgreifenden Eingriff in die Produktionstechnologie oder eine grundsätzliche Änderung der technologischen Konzeption darstellen. Eine umfassende Darstellung dieser Möglichkeiten würde den Umfang einer technologischen Enzyklopädie annehmen und den Rahmen dieser Untersuchung daher bei weitem sprengen.

1.5.2 Organisation und Durchführung:

In jenen Betrieben, die sich bereit erklärten, energiewirtschaftliche Untersuchungen durchführen zu lassen, wurden

- Energie- und Produktionsdaten erfaßt,
- Energie- und Produktionsbilder erstellt,
- Exergieflüsse erfaßt und
- eine Energie- und Exergiebilanz aufgestellt.

Dabei wurde folgende Vorgangsweise gewählt:

- Die Betriebe selbst trugen in eigens dafür entworfenen Mustertabellen die Energieverbrauchs- und Produktionsdaten ein.
- Ebenso wurden von ihnen anhand vorgelegter Musterzeichnungen (siehe Abb. 1.5–1 a + b) Energie- und Produktionsflußbilder erstellt.

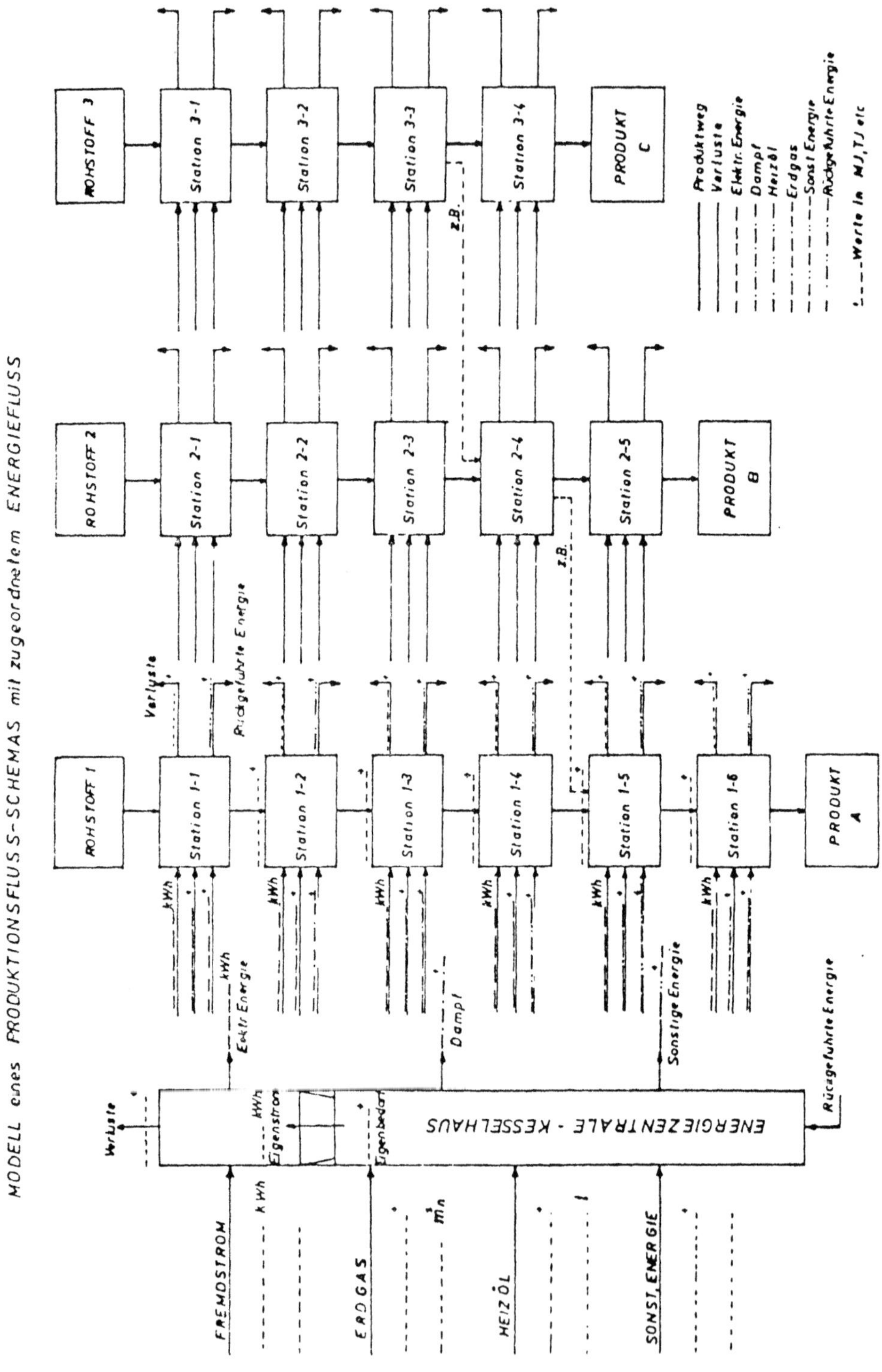

Abb. 1.5-1a Musterzeichnung eines Produktions- und Energieflußbildes

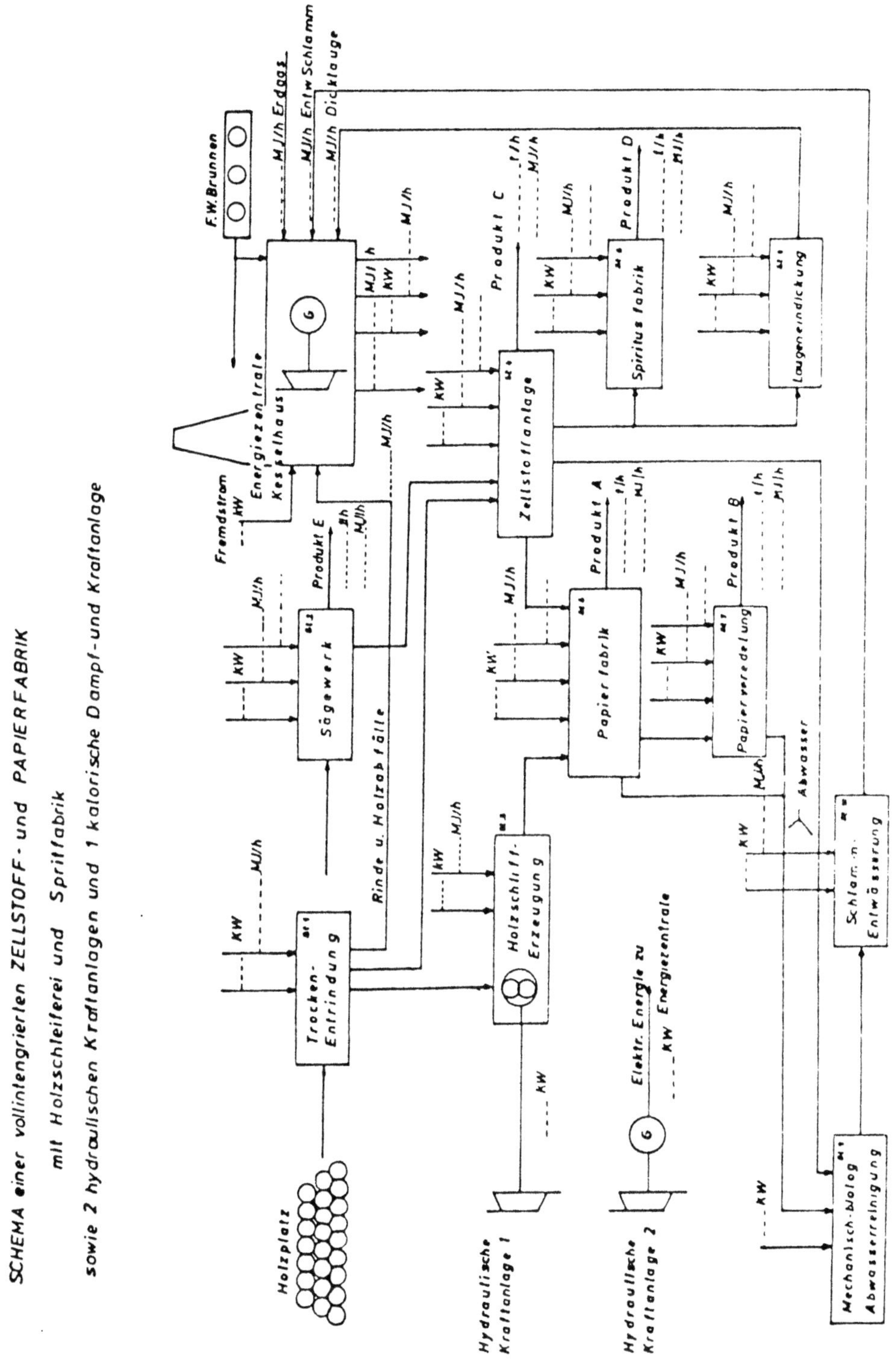

Abb. 1.5–1b Musterzeichnung eines Produktions- und Energieflußbildes

- Darauf erfolgte eine erste Auswertung der Betriebsunterlagen für die nachfolgende
- energiewirtschaftliche Betriebsuntersuchung durch die vom Ö.E.K.V. beauftragten Referenten.

Die Betriebsuntersuchung bestand aus der:

- Kontrolle des zum Produktionsablauf zugehörigen Energieflusses,
- Feststellung von vermeidbaren Exergieverlusten,
- vorläufige Bewertung der möglichen Energieeinsparung.

Dem folgte:
- eine kritische Auswertung der Untersuchungsergebnisse durch einen Arbeitskreis, mit dem Ziel der Erstellung eines Kataloges von empfehlenswerten Maßnahmen zur Einsparung von Primärenergie, unter Angabe des Anwendungsbereiches der vorgeschlagenen Maßnahmen und der Bewertung dieser Maßnahmen im Hinblick auf die hiedurch erzielbare Primärenergieeinsparung;
- die Bekanntgabe der ausgewerteten Untersuchungsergebnisse an die Betriebe und
- die Vorbereitung der vorliegenden Veröffentlichung unter Wahrung der Vertraulichkeit von Einzel-Betriebsdaten.

1.6 Die Bedeutung von Exergiebilanzen für die Ermittlung von Verlustquellen in wärmeintensiven industriellen Prozessen

Die bessere Nutzung des Energieeinsatzes in Produktionsprozessen gehörte schon immer zu den Hauptanliegen der Betriebsingenieure und der Konstrukteure der anlagenbauenden Firmen.
Vielfach konnten ihre Vorschläge wegen der mit den vorgeschlagenen Maßnahmen verbundenen Investitionen bzw. den zu langen Amortisationszeiten nicht realisiert werden.
Oftmals waren aber auch die zur Beurteilung der Sachlage herangezogenen Analyseverfahren nicht geeignet, das volle Ausmaß der bei den einzelnen Prozeßabläufen auftretenden Verluste zu erkennen und wirtschaftlich vertretbare Lösungen anzubieten.

Ohne hier auf die wissenschaftlichen Grundlagen im einzelnen einzugehen, wofür auf die Fachliteratur [1–6], [1–7], [1–8] verwiesen wird, sei festgehalten, daß zur physikalisch vollständigen Beschreibung eines energetischen Prozesses die Vorgänge sowohl nach dem ersten Hauptsatz (Satz von der Erhaltung der Energie in abgeschlossenen Systemen) wie nach dem zweiten Hauptsatz der Thermodynamik (Satz, wonach die gesamte Entropie in einem geschlossenen System nicht abnehmen kann) darzustellen sind. Beide Hauptsätze sind voneinander unabhängig und lassen sich nicht aufeinander reduzieren.
Während die Verhältnisse nach dem ersten Hauptsatz sich in eine einfache und anschaulich faßbare Aussage in Form einer Bilanz kleiden lassen, beruhen die Aussagen nach dem zweiten Hauptsatz erstens auf dem abstrakten und dem unmittelbaren Verständnis schwer zugänglichen Begriff der Entropie, die eine Zustandsgröße ist, und haben zweitens – in der ursprünglichen Form nach dem oben erwähnten Satz – die Form einer Ungleichung.
Deshalb hat man, um den dadurch gegebenen Schwierigkeiten auszuweichen, in der Vergangenheit vielfach auf die Analyse der Verhältnisse nach dem zweiten Hauptsatz verzichtet und sich mit der Aufstellung einer Energiebilanz begnügt. Dadurch wurde jedoch weder der Wechselwirkung mit der Umgebung noch den durch Irreversibilitäten entstehenden Verlusten adäquat bzw. überhaupt Rechnung getragen, und die verschiedene Wertigkeit einzelner Energieformen vom Standpunkt ihrer Umwandlungsfähigkeit unter den gegebenen Umweltbedingungen blieb unberücksichtigt.
Durch den Begriff der Exergie, die als maximale technische Arbeitsfähigkeit definiert ist, die sich unter gegebenen Umweltbedingungen aus einem bestimmten System gewinnen läßt, lassen sich die Aussagen nach dem zweiten Hauptsatz jedoch in eine verständliche Form bringen. Die Exergie hat die gleiche Dimension wie die Energie und ist eine anschauliche Größe. Sie gehorcht zwar keinem Erhaltungssatz, jedoch haben die Verluste an ursprünglich vorhandener Exergie – wie sie etwa durch Irreversibilitäten im Prozeßverlauf entstehen – gerade jenen Wert, der sich mit der jeweils noch vorhandenen Exergie zu einem konstanten Wert ergänzt. In diesem Sinne ist daher die Exergie bilanzfähig, und die Aussagen nach dem zweiten Hauptsatz lassen sich auf diese Weise in eine der Energiebilanz entsprechende Exergiebilanz formulieren.
Nochmals sei ausdrücklich darauf verwiesen, daß eine Exergiebilanz die Energiebilanz nicht überflüssig macht und erst beide Bilanzen zusammen eine physikalisch vollständige Beschreibung des betreffenden Prozesses liefern. Die Exergiebilanz enthält jedoch die für viele Verbesserungsmöglichkeiten des betreffenden Prozesses wesentlichen Angaben über das Ausmaß und den Ort der durch Irreversibilitäten eintretenden Verluste, weshalb ihr bei der vorliegenden Untersuchung ein besonderes Augenmerk geschenkt wird.
Die Exergie von mechanischer oder elektrischer Energie ist (definitionsgemäß) gleich dem Wert dieser Energie.

Bei irreversiblen Prozessen nimmt die Exergie im Ausmaß der auftretenden Verluste ständig ab.
Nur bei reversiblen, in der Praxis nicht realisierbaren Prozessen bleibt die Exergie konstant.
Die Exergie E einer Wärmemenge Q, die einem Wärmebehälter bei der (als gleichbleibend vorausgesetzten) Temperatur T entnommen wird, beträgt, wenn T_u die Umgebungstemperatur bezeichnet:

$$E = Q\left(1 - \frac{T_u}{T}\right) \qquad \left(1 - \frac{T_u}{T}\right) \text{ wird als Carnotfaktor bezeichnet.}$$

Besteht die Wechselwirkung des bestimmten Systems mit der Umgebung nun in einem Wärmeaustausch, so geht in die Exergie nur die – o. a. als konstant vorausgesetzte – Umgebungstemperatur T_u als Bestimmungsgröße ein. Ist die Wechselwirkung auch durch einen Stoffaustausch mit der Umgebung gegeben, wie dies etwa bei chemischen Umsetzungen der Fall sein kann, so gehen darüber hinaus auch die Konzentrationswerte der einzelnen Stoffe und deren Partialdrucke in die Bestimmung der Exergie ein. In vielen Fällen kann man dabei – ohne merkbare Fehler zu begehen – weitgehende Vereinfachungen treffen, um die Berechnungen praktisch ausführbar zu machen.
Jene Energie, aus der keine mechanische Arbeit zu gewinnen ist – etwa Wärme bei Umgebungstemperatur – wird als Anergie bezeichnet.
Die Zerlegung der Energie in einem Anteil Exergie und einen Anteil Anergie gemäß der Formel

$$\text{Energie} = \text{Exergie} + \text{Anergie}$$

ist aber – wenn man keine negativen Größen zulassen will – nur bedingt richtig. Denn die Exergie eines bestimmten Systems kann auch größer sein als die Enthalpiedifferenz. Dies ist beispielsweise bei der Exergie der Verbrennung von Kohlenstoff der Fall, die sich als etwas größer als die Verbrennungsenthalpie ergibt.
Uneingeschränkt richtig ist die Gleichung dann, wenn auf der linken Seite anstelle Exergie Anfangsexergie steht und auf der rechten Seite statt Exergie vorhandene Exergie gesetzt wird. Der Wert der Anergie ist dann gleich der Summe der eingetretenen Exergieverluste, d. h.
Anfangsexergie = am Ende noch vorhandene Exergie + Anergie
Anergie = Summe der eingetretenen Exergieverluste.
In den folgenden Überlegungen werden wir die Exergie stets auf stationäre Energieflüsse anwenden.
Um den Umgang mit ihr vorzubereiten, seien einige wichtige Anwendungsfälle im folgenden erörtert, wobei auch dafür, was die wissenschaftlichen Grundlagen und Begriffe, die verwendet werden, betrifft, auf die einschlägige Fachliteratur verwiesen sei. [1–9], [1–10], [1–11]

Gegenüberstellung Energieanalyse – Exergieanalyse am Beispiel des Dampferzeugers

An Hand des Dampferzeugers soll nunmehr der Energiefluß mit dem Exergiefluß verglichen und die daraus resultierenden Erkenntnisse erläutert werden. Die Brennstoffenergie und -exergie wird hiebei mit 100% angesetzt, durch die Zufuhr von Speisewasser wird der Input an Wärmeenergie um 10%, jener der Exergie um 1% erhöht.
In Abb. 1.6–1 werden die Ergebnisse einer an einem Dampferzeuger durchgeführten Energie- und Exergieanalyse wiedergegeben.

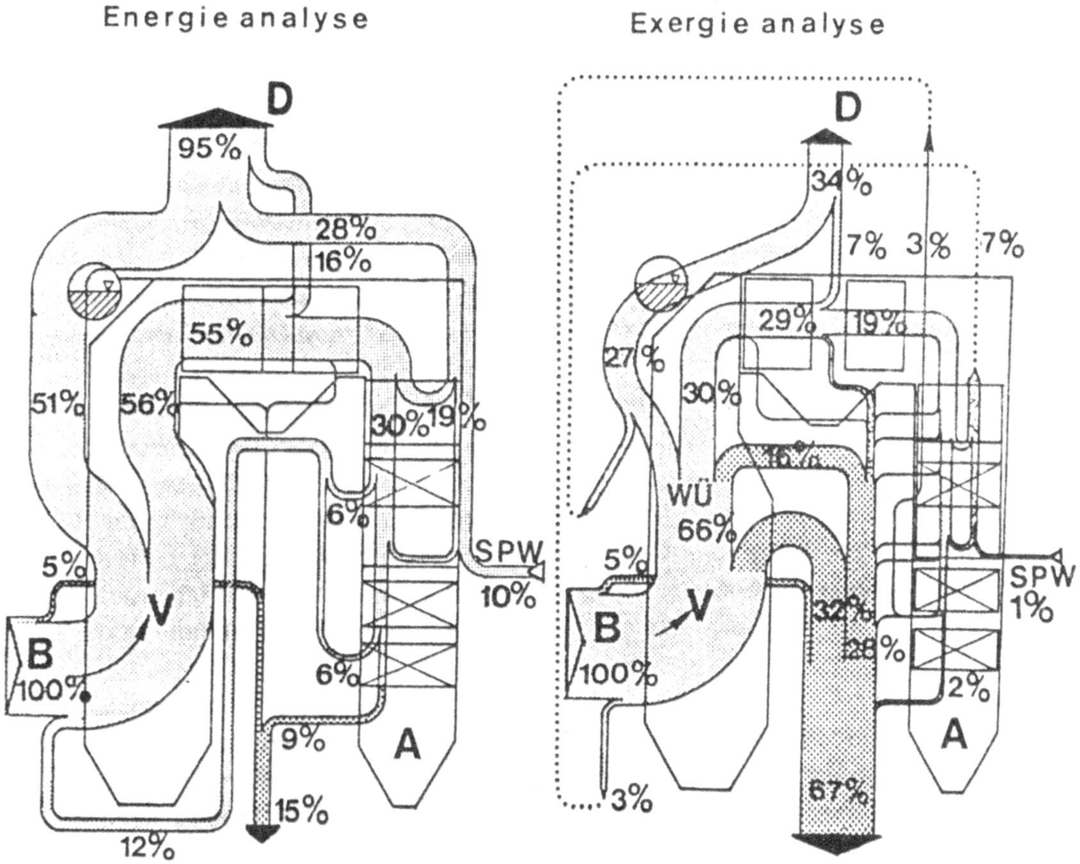

A	Abgase	SPW	Speisewasser
B	Brennstoff	V	Verbrennung
D	Dampf	WÜ	Wärmeübertragung

Abb. 1.6–1 Gegenüberstellung Energieanalyse – Exergieanalyse

Wenn man den Energie- bzw. Exergiegehalt des Speisewassers als ungeschmälerten Durchgangsposten zwischen Energie- bzw. Exergiezufuhr und Energie- bzw. Exergienutzabgabe betrachtet, ergibt sich in der **Energieanalyse,** daß 15% der dem Dampferzeuger zugeführten Brennstoffenergie wärmetechnisch nicht genutzt und an die Umgebung abgeführt werden.
Es entfallen 5% auf Feuerungsverluste, 9% auf Abgasverluste und 1% auf sonstige Wärmeverluste. Der energetische Wirkungsgrad dieses Dampferzeugers, bezogen auf die Brennstoffenergie, beträgt demnach 85%.
Die **Exergieanalyse** läßt jedoch erkennen, daß bei der Energieumwandlung innerhalb des Kessels ganz erhebliche Exergieverluste auftreten, und zwar insbesondere:

32% der eingesetzten Brennstoffexergie bei der Verfeuerung des Brennstoffes (zufolge der bei der Verbrennung auftretenden Irreversibilitäten)
und
28% bei der Wärmeübertragung (davon entfallen 16% auf die Wärmeübertragung an die Heizflächen im Feuerraum).

Dieser Exergieverlust tritt wegen der zum Teil sehr hohen Temperaturunterschiede zwischen Rauchgas und den anderen strömenden Medien (Wasser, Dampf oder Luft) auf.
Insgesamt betragen die Exergieverluste 67%, was, bezogen auf die eingesetzte Brennstoffexergie, einem exergetischen Wirkungsgrad dieses Dampferzeugers von 33% entspricht.
Das heißt, von der Arbeitsfähigkeit, die in der dem Dampferzeuger zugeführten Primärenergie enthalten ist (Brennstoffexergie), kann nur maximal ein Drittel auf den erzeugten Frischdampf übertragen werden. Zumeist geht aber auch hievon noch ein Teil in den nachgeschalteten Anlagen verloren. Beispielsweise dann, wenn Hochdruckdampf zur Aufheizung niedertemperierter Medien (Wasser oder Luft) oder zu Raumheizzwecken herangezogen wird, was nur allzuoft in Industriebetrieben der Fall ist. Der exergetische Wirkungsgrad derartiger Systeme beträgt dann in der Regel 2 bis 5%.
Es entspricht daher einer energiewirtschaftlichen Grundregel, den Hochdruckdampf nicht arbeitslos auf das zur Heizung benötigte niedrigere Temperaturniveau zu bringen, sondern die Exergiedifferenz zur Erzeugung von elektrischer Energie in Vorschaltanlagen (Gegendruckdampfanlagen) heranzuziehen. Dies ist auch dann volkswirtschaftlich gerechtfertigt, wenn die so erzeugte elektrische Energie den Eigenbedarf übersteigt und der Überschuß in das öffentliche Netz eingespeist werden muß. Die Vorschaltanlagen in der Industrie und die mit ihnen verbundenen energiewirtschaftlichen Vorteile waren bereits früher Gegenstand umfassender Untersuchungen, an denen teilweise auch der Österreichische Energiekonsumenten-Verband beteiligt war. [1–12], [1–13].

Im übrigen hat der Gesetzgeber mittlerweile diesen Untersuchungsergebnissen weitgehend Rechnung getragen.
Es muß jedoch in diesem Zusammenhang betont werden, daß der volkswirtschaftliche Vorteil der Wärme-Kraft-Kupplung im einzelnen Betrieb mit einer Erhöhung des Primärenergieeinsatzes verbunden sein kann – die Einsparung an Primärenergie erfolgt eben an jener Stelle, deren (Kondensations-)Stromerzeugung entsprechend zurückgenommen wird – und es ist in jedem derartigen Fall zu prüfen, ob dem einzelnen Betrieb ein derartiges, über seinen Bereich hinausgehendes Engagement zugemutet werden kann.
Ist Dampferzeugern (mit einem durchschnittlichen exergetischen Wirkungsgrad von 33%) eine Kondensationskraftanlage nachgeschaltet, so treten in diesem Umwandlungsprozeß weitere Exergieverluste von ca. 8% auf, und als Exergie im erzeugten Strom verbleiben schließlich 25%, das heißt nur ein Viertel der dem Dampferzeuger zugeführten Primärenergie (Brennstoffexergie entspricht annähernd der Primärenergie).

Die eben genannten exergetischen Nutzungsgrade für Dampf (33%) und Strom (25%) können als repräsentativ für kleinere bis mittlere modernere Industrie-Kondensationskraftanlagen angesehen werden. Solche sind in Österreich jedoch nur in sehr seltenen Fällen vorhanden.
Bei älteren bzw. nicht sorgfältig gewarteten derartigen Anlagen liegen derren Werte, dem Anlagenzustand entsprechend, niedriger.
Bei Kondensationskraftwerken der Elektrizitätsversorgungsunternehmen und auch in entsprechend großen gleichartigen Anlagen der Industrie treten wegen der hochwertigeren Ausführung der Kessel und Turbinen geringere Exergieverluste auf.

LITERATURVERZEICHNIS – Kapitel 1

[1–1] Österreichisches Institut für Wirtschaftsforschung: Energiebilanzen; Stand September 1981

[1–2] Österreichisches Institut für Wirtschaftsforschung; Statistische Übersichten 2/1980

[1–3] EVA, 1981

[1–4] Energiebericht der Bundesregierung 1981, Wien, November 1981

[1–5] Österreichisches Institut für Wirtschaftsforschung; Neufassung der Energieprognose bis 1990, 10/1980

[1–6] H. D. BAEHR, Thermodynamik; Springer, Berlin 1962

[1–7] F. BOSNJAKOVIC, Technische Thermodynamik; Band I und II Steinkopf, Dresden und Leipzig 1961

[1–8] F. W. WINTER, Technische Wärmelehre; Giradet, Essen 1954

[1–9] Z. RANT, Exergie, ein neues Wort für technische Arbeitsfähigkeit; Forschung auf dem Gebiet des Ingenieurwesens; Bd 22/1956

[1–10] P. GRASSMANN, Die technische Arbeitsfähigkeit als praktische Rechengröße; Allgemeine Wärmetechnik 8/1951

[1–11] J. SZARGUT, A. ZIEBIK, Ausgewählte Probleme der industriellen Energiewirtschaft; Springer, Wien 1976

[1–12] K. GRAF, R. WEIS, Die Rolle und zukünftige Bedeutung der industriellen Eigenkraftanlagen; Ö.E.K.V.-Bericht 10/1958

[1–13] R. SCHLENK, H. MELAN, Eigenkraftanlagen in Industrie und Gewerbe; Ö.E.K.V.-Bericht 11/1958

2. ENERGIEEINSPARUNG DURCH VERBESSERTE BETRIEBSFÜHRUNG

Wie bereits in Kapitel 1.5.1 erwähnt, besteht der erste Schritt zur Verminderung des spezifischen Energieverbrauches in einer sorgfältigen, laufend durchgeführten Betriebsüberwachung (Erfassung der Betriebsdaten, statistische Auswertung der Daten). Diese ermöglicht ceteris paribus einerseits, kurzfristig Verlustquellen festzustellen und diese zu beheben, andererseits bei etwas aufwendigeren Untersuchungen auch die Optimierung der Betriebsparameter im Hinblick auf einem minimalen spezifischen Energieeinsatz. Je detaillierter die Untersuchungen, desto größer sind im allgemeinen die erzielbaren Einsparungen, aber natürlich auch um so größer die für den Personal- und Meßgeräteaufwand entstehenden Kosten. Denn gerade bei tiefergehenden Erhebungen sind oft relativ teure Meßinstrumente (z. B. Wärmemeßgeräte für HD-Dampf) erforderlich. Da die Reduktion des Verbrauches erheblich ist und zudem sehr kurzfristig eintritt und die Amortisationszeiten niedrig sind, hat die Bundesregierung für die Anschaffung und Installation solcher Meßgeräte eigene Förderungsmittel bereitgestellt.

In den folgenden Kapiteln (2.1 und 2.2) werden an Hand zweier Beispiele die Anwendung statistischer Auswertungsmethoden von Betriebsdaten demonstriert.

2.1 Energiebuchhaltung – Kontrolle des Energieverbrauches aus Erfahrungswerten vorangegangener Verbrauchsperioden

Dieses Verfahren ermöglicht die mathematische Darstellung des Zusammenhanges zwischen dem spezifischen Energieverbrauch und einem anderen Betriebsparameter (im allgemeinen mit dem Produktionsausstoß).
Zumeist ist eine entsprechende Buchhaltung – einschließlich einer Energiebuchhaltung – als Datenbasis ausreichend. Für die Berechnung genügt ein einfacher Taschenrechner. Ist der Zusammenhang bekannt, so kann für jeden beliebigen, zukünftigen Wert des Betriebsparameters der Soll-Wert des spezifischen Energieverbrauches mit einer bestimmten Streuung festgestellt werden. Liegt der tatsächlich festgestellte Wert (Ist-Wert) außerhalb des Streubereiches, so ist dies für den Betriebsverantwortlichen ein Zeichen, daß an irgendeiner Stelle unnötige Verluste auftraten, sei es nun durch ein technisches Gebrechen, sei es durch einen Fehler in der Regelung der Betriebsfahrweise. Nach Beheben der vermuteten Ursachen für die Verluste kann anhand des neuen Ist-Wertes leicht festgestellt werden, ob die richtigen Maßnahmen gesetzt wurden.

Bei dem hier verwendeten Verfahren wird vorausgesetzt, daß

- der Zusammenhang zwischen spezifischen Energieverbrauch (y) und einem anderen Betriebsparameter (x) linear ist, also sich in Form einer Gleichung
  $y = a + b\,x$
  a, b . . . Konstante.
  anschreiben läßt
- die Verteilung der Wertepaare (y . x) einer Normalverteilung entspricht.

Bei mehr als 30 Wertepaaren ist diese Bedingung fast immer erfüllt. Treten Abweichungen von der Normalverteilung auf, z. B. dadurch, daß ein Betriebsparameter nach oben begrenzt ist (Produktionsausstoß durch Anlagenengpässe), so müssen diese Verteilungen mit Hilfe statistischer Methoden erst normalisiert werden, die ebenso wie die Prüfung auf Normalität in der einschlägigen Literatur [2–1], [2–3] ausgeführt sind. Ebenso sei für die nähere Erklärung der im Anschluß verwendeten Begriffe und Fomeln auf die Fachliteratur verwiesen [2–2], [2–4], [2–5], [2–6].

Das Verfahren zur Ermittlung der Soll-Wert-Gleichung (lineare Regressionsgleichung) wird hier anhand eines Beispiels aus einer Kartonfabrik erläutert. Es teilt sich in drei Schritte:

- Aufbereiten der Betriebsdaten für die Regressionsrechnung.
- Durchführen der Regression, d. h. Bestimmen der Konstanten a, b.
- Bestimmen des zulässigen Streubereiches.

2.1.1 Aufbereiten der Verbrauchsdaten

Tabelle 2.1–1 enthält die Aufzeichnungen der Produktionsmengen (tato) und der spezifischen Energieverbräuche (MJ/100 kg) für die Monate April bis Juni 1978. Insgesamt sind 90 Wertepaare enthalten (je größer die Anzahl der Wertepaare, um so wahrscheinlicher ist Normalität gegeben).

	April 1978		Mai 1978		Juni 1978	
	tato (x)	MJ/100 kg (y)	tato (x)	MJ/100 kg (y)	tato (x)	MJ/100 kg (y)
1	441	1 045	440	1 150	475	(min.) 1 010
2	428	1 100	488	1 050	(max.) 499	1 010
3	500	(min.) 1 010	480	1 058	489	1 042
4	462	1 045	475	1 075	480	1 072
5	398	1 180	490	1 080	460	1 070
6	469	1 045	468	1 050	480	1 068
7	480	1 090	(max.) 502	(min.) 1 035	485	1 132
8	445	1 130	495	1 050	465	1 125
9	435	1 140	455	1 045	455	1 075
10	425	1 170	460	1 135	465	1 130
11	428	1 165	460	1 050	432	1 118
12	380	1 168	470	1 120	468	1 072
13	408	1 162	465	1 072	463	1 078
14	400	1 130	448	1 085	440	1 100
15	448	1 125	435	1 110	467	1 043
16	450	1 123	454	1 077	435	1 155
17	(max.) 508	1 010	432	1 158	442	1 135
18	448	1 158	398	1 190	405	1 230
19	425	1 168	467	1 048	460	1 048
20	433	1 165	398	1 210	415	1 238
21	395	1 230	400	1 235	430	1 120
22	440	1 180	429	1 162	415	1 200
23	443	1 175	420	1 130	425	1 170
24	412	1 160	425	1 125	428	1 209
25	440	1 210	–	–	430	1 162
26	448	1 206	448	1 190	450	1 182
27	(min.) 375	(max.) 1 238	432	1 174	(min.) 395	(max.) 1 250
28	382	1 210	(min.) 372	(max.) 1 275	450	1 122
29	415	1 180	448	1 130	465	1 090
30	414	1 090	468	1 085	488	1 046
31	–	–	428	1 165	–	–

Tab. 2.1–1 Produktionsmengen (x) und spezifischer Energieverbrauch (y) einer Kartonfabrik (Monate April bis Juni 1978)

Bei einer Anzahl von Wertepaaren (n) größer als 30 müssen die Werte in Klassen gruppiert werden. Die Anzahl der Klassen K ergibt sich mit

K = 1 + 3,32 lg n, also in einem Beispiel (P):
K = 1 + 3,32 lg 90 = 7,49

Die Klassenzahl wird auf ganze Zahlen gerundet (P : K = 7).

Wird die Differenz zwischen den Maximal- und den Minimalwerten (Spannweite R), die für P in Tabelle 2.1–2 zusammengestellt sind, durch die Anzahl der Klassen dividiert, so erhält man die Klassenbreite B.

$$B = \frac{R}{K} \qquad P: B_x = \frac{136}{7} = 19{,}43 \text{ rd. } 20$$

$$B_y = \frac{265}{7} = 37{,}86 \text{ rd. } 40$$

	n	tato		MJ/100 kg	
		max	min	max	min.
April	30	*508	375	1 238	*1 010
Mai	30	502	*372	*1 275	1 035
Juni	30	499	395	1 250	1 010
		R = 508–372 = 136		R = 1 275–1 010 = 265	

Tab. 2.1–2 Ermittlung der Maximal- und Minimalwerte bzw. der Spannweite des betrachteten Zeitraumes

Nun können bereits die Klassengrenzen und die Klassenmitte der Wertmengen (x, y) berechnet werden. Für unser Beispiel ist dies in Tabelle 2.1–3 dokumentiert.

K	x			y		
	Untere Klassengrenze	Klassenmitte	Obere Klassengrenze	Untere Klassengrenze	Klassenmitte	Obere Klassengrenze
1	370	380	390	1 000	1 020	1 040
2	391	400	410	1 041	1 060	1 080
3	411	420	430	1 081	1 100	1 120
4	431	440	450	1 121	1 140	1 160
5	451	460	470	1 161	1 180	1 200
6	471	480	490	1 201	1 220	1 240
7	491	500	510	1 241	1 260	1 280

Tab. 2.1–3 Berechnung der Klassengrenzen und Klassenmitten

In einer Klassierungstabelle (P: Tab. 2.1–4) werden anschließend die aus der Betriebsstatistik (P: Tab. 2.1–1) entnommenen Werte für y den Klassenmittenwerten für x zugeordnet.

	m =			1	2	3	4	5	6	7
	Klassenmitten			380	400	420	440	460	480	500
j	x (tato) → ↓ y (MJ/100 kg)			370 390	391 410	411 430	431 450	451 470	471 490	491 510
1	1 020	1 000	1 040						2	4
2	1 060	1 041	1 080				2	4	6	1
3	1 100	1 081	1 120			1	5	10	2	
4	1 140	1 121	1 160		1	5	10	4	1	
5	1 180	1 161	1 200	1	3	9	6			
6	1 220	1 201	1 240	2	5	2	2			
7	1 260	1 241	1 280	1	1					
	$\sum$ ny = 90 = ny →			4	10	17	25	18	11	5
	$\bar{y}$ (MJ/100 kg)			1 220	1 204	1 168	1 142	1 100	1 067	1 028

Tab. 2.1–4 Klassierungstabelle

Die Mittelwerte $\bar{y}_m$ für die m-ten Klassen von x werden dabei folgendermaßen berechnet:

$$\bar{y}_m = \frac{\sum_{j=1}^{k} l_j y_j}{\sum_{j=1}^{k} l}$$

l_j Anzahl der Zuordnungen von y aus der j-ten Klasse der y-Werte zur m-ten Klasse der x-Werte

y_j Klassenmittelwert der j-ten Klasse der y-Werte

In unserem Beispiel ist etwa

$$\bar{y}_3 = \frac{(1.1100 + 5.1140 + 9.1180 + 2.1220)}{17} = 1\,168$$

Aus dieser Berechnung erhält man k Wertepaare (Mittelwert $\bar{y}_m$, Klassenmittenwert x_m), die die Grundlage für die Regressionsrechnung darstellen (P: siehe Tab. 2.1–5).

m	x_m tato	$\bar{y}_m$ MJ/100 kg
1	380	1 220
2	400	1 204
3	420	1 168
4	440	1 142
5	460	1 100
6	480	1 067
7	500	1 028

Tab. 2.1–5 Wertepaare für die Regressionsrechnung

2.1.2 Regressionsrechnung

Sind weniger als 30 Wertepaare in der Betriebsstatistik erfaßt, kann auf die vorher beschriebene Aufteilung in Klassen verzichtet werden und die Regression direkt für die Wertepaare durchgeführt werden. Es ist jedoch bei so kleinen Datenmengen unerläßlich, die Normalität der Verteilung zu prüfen.

In der linearen Regression werden die Koeffizienten a und b der Regressionsgeraden (Menge der mittleren Sollwerte für y bei gegebenem x) ermittelt.

Vorerst werden, wie für das Beispiel in Tab. 2.1–6 gezeigt, die Summe der x (P: x_m), der x^2 (P: x_m^2), der $\bar{y}$ (P: $\bar{y}_m$), der y^2 (P: y_m^2), der $x\bar{y}$ (P: $x_m\bar{y}_m$) über alle Klassen berechnet.

m	x_m tato	x_m^2	y_m MJ/100 kg	y_m^2	xy_m
1	380	144 400	1 220	1 440 000	463 600
2	400	160 000	1 204	1 449 616	481 600
3	420	176 400	1 168	1 364 224	490 560
4	440	193 600	1 142	1 304 164	502 480
5	460	211 600	1 100	1 210 000	506 000
6	480	230 400	1 067	1 138 489	512 160
7	500	250 000	1 028	1 056 784	514 000
	3 080	1 366 400	7 929	9 011 677	3 470 400
	$\sum_{m=1}^{k} x_m$	$\sum_{m=1}^{k} x_m^2$	$\sum_{m=1}^{k} y_m$	$\sum_{m=1}^{k} y_m^2$	$\sum_{m=1}^{k} x_m y_m$

Tab. 2.1–6 Rechenschema (lineare Regression)

Die Koeffizienten a, b erhält man aus:

$$a = \frac{\sum y - b\sum x}{k} \qquad b = \frac{Q_{xy}}{Q_x} \qquad \text{dabei ist}$$

$$Q_x = \sum x^2 - \frac{(\sum x)^2}{k} \qquad P: Q_x = 1\,366\,400 - \frac{(3\,080)^2}{7} = 11\,200$$

$$Q_{xy} = \sum xy - \frac{(\sum x) \cdot (\sum y)}{k} \qquad P: Q_{xy} = 3\,470\,400 - \frac{3\,080 \cdot 7\,929}{7} = -18\,360$$

Aus der Gleichung $\hat{y} = a + b\,x$ ergeben sich somit die Punkte der Regressionsgeraden. In unserem Beispiel ist:

$$a = \frac{7\,929 - (-1{,}6393 \cdot 3\,080)}{7} = 1\,854{,}00 \qquad b = \frac{-18\,360}{11\,200} = -1{,}6393$$

und $\hat{y} = 1\,854 - 1{,}6393\,x$

2.1.3 Ermittlung des zulässigen Streubereiches

Berechnungen mit Hilfe statistischer Methoden sind immer mit einer gewissen Streuung der Ergebnisse behaftet, d. h., je nach Güte der statistischen Verteilung (in diesem Fall Normalverteilung) treten Abweichungen nach oben und unten auf. Die Streubreite ist also durch die untersuchten Daten (hier also betriebsstatistische Daten) selbst gegeben.

Die Streubreite wird folgendermaßen bestimmt:

Vorerst wird die sogenannte Restvarianz s^2_{yx} errechnet:

$$s^2_{yx} = \frac{\sum(\hat{y} - \bar{y})^2}{k - 2} \qquad \left(P: s^2_{yx} = \frac{(\hat{y}_m - \bar{y}_m)^2}{k - 2}\right)$$

Tab. 2.1–7 zeigt die Bestimmung der Restvarianz für das Beispiel aus der Kartonfabrik.

$\hat{y}_m = a + bx_m$	$\hat{y}_m - \bar{y}_m$	$(\hat{y}_m - \bar{y}_m)^2$	
1 231	+11	121	Restvarianz:
1 198	− 6	36	
1 166	− 2	4	$s^2_{y \cdot x} = \frac{(\hat{y} - \bar{y})^2}{k - 2}$
1 133	− 9	81	
1 100	0	0	
1 067	0	0	$s^2_{y \cdot x} = \frac{278}{7 - 2} = 55{,}60$
1 034	+ 6	36	
	$(\hat{y}_m - \bar{y}_m)^2 = 278$		$s_{y \cdot x} = \sqrt{55{,}60} = 7{,}457$

Tab. 2.1–7 Bestimmung der Restvarianz

Durch Normierung auf die Normalverteilung (Ermittlung des σyx) erhält man die Breite des statistischen Streubandes:

$$\sigma_{yx} = \sqrt{\frac{s_{yx}^2 \cdot (k - 2)}{\chi_v^{2;\,0,975}}}$$

v = k — 2, Anzahl der Freiheitsgrade

Die Werte für χ_v^2 können für bestimmte Aussagewahrscheinlichkeiten (hier: 0,975) und bestimmte Freiheitsgrade v statistischen Tabellenwerten entnommen werden [2-7].

$$P: \sigma_{yx} = \sqrt{\frac{55{,}60 \cdot 5}{0{,}831}} = 18{,}290$$

In Abb. 2.1–1 sind für das Beispiel die Regressionsgerade $\hat{y} = a + b\,x$ und das statistische Streuband $\hat{y} \pm \sigma_{yx} = a + b\,x$ in ein x, y-Diagramm eingetragen.

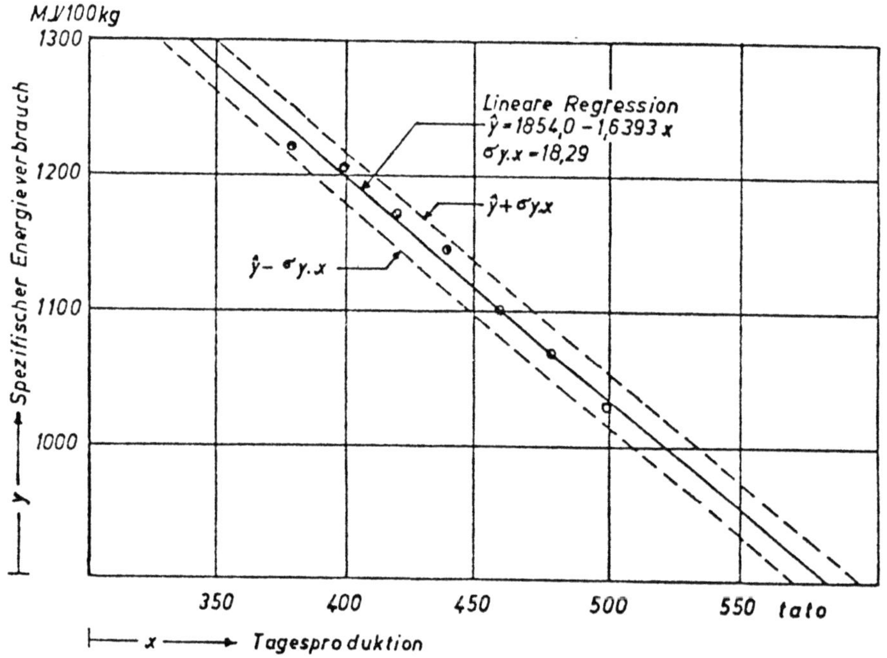

Abb. 2.1–1 Diagramm der Regressionsgeraden und des statistischen Streubandes

2.1.4 Bewertung neu ermittelter Energieverbrauchswerte

Für die Bewertung neu ermittelter Energieverbrauchswerte ist nur die Abweichung des Ist-Wertes vom Soll-Wert interessant. Daher ist die Verwendung einer in Abb. 2.1–2 aufgezeichneten Tagesdiagramm-Kontrolltabelle zweckmäßig.

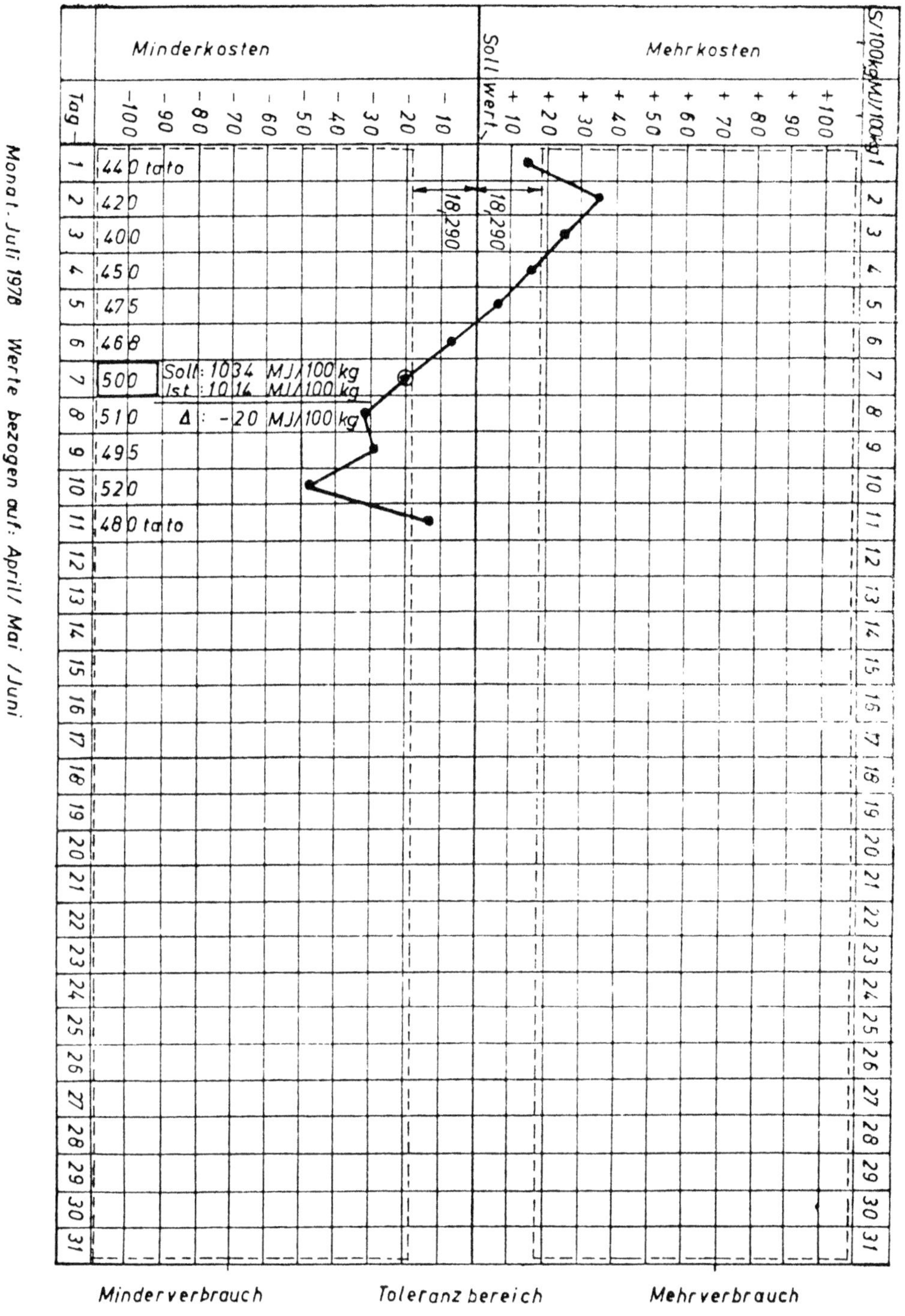

Abb. 2.1–2 Tagesdiagramm-Kontrolltabelle

Ist die Abweichung größer als σ_{yx}, so wird der Betriebsverantwortliche, wie bereits eingangs erwähnt, entsprechende Maßnahmen einzuleiten haben.

So kann, wenn eine entsprechende Datenerfassung durchgeführt wird, mit relativ geringem Aufwand erhebliche Einsparung erzielt werden. Im Fall der vorher angeführten Kartonfabrik lagen sie im Durchschnitt bei etwa 10%, das sind rd. 150 TJ/a.

Die Energiebuchhaltung gehört somit zu den wirksamsten Mitteln zur kurzfristigen Einsparung von Energie am Produktionssektor.

2.2 Multiple Regressionsanalyse – Bewertung von Energieverbrauchs-Einflußgrößen am Beispiel einer Rohöldestillationsanlage

Das im vorhergehenden Abschnitt behandelte Verfahren gilt für den Fall eines linearen Zusammenhangs zwischen einer unabhängigen Variablen (Produktionsausstoß) und einer abhängigen Variablen (spez. Energieverbrauch).

Müssen jedoch mehrere Parameter, d. h. Variable, berücksichtigt werden, von denen der spezifische Energieverbrauch abhängig ist, kann als statistisches Verfahren die multiple Regressionsanalyse angewandt werden.

Die Raffinerie Schwechat der ÖMV AG hat die multiple Regressionsanalyse zur Bestimmung der Heizgasverbrauchsfunktion einer Rohöldestillation eingesetzt.

Es wurde der Versuch unternommen, die Abhängigkeit des beobachteten Heizgasverbrauches von einer Reihe von Verfahrensparametern (z. B. Durchsatzmenge, Produktqualitäten usw.) in Form einer linearen Gleichung mit in erster Näherung voneinander unabhängigen Variablen darzustellen:
$y = a_0 + a_1x_1 \ldots a_nx_n$

Dazu bedarf es der Berechnung der Koeffizienten $a_0 \ldots a_n$, die den Einfluß der Variablen $x_1 \ldots x_n$ gewichten.

Zur Wertung der statistischen Güte der Anpassung der errechneten Gleichung an die beobachteten Betriebsparameter werden statistische Kennziffern wie der multiple Korrelationskoeffizient, der t-Wert und der F-Wert herangezogen.

Auf die mathematische Beschreibung der Regressionsrechnung wird hier nicht näher eingegangen werden. Es wird hiefür auf die Fachliteratur verwiesen [2–8], [2–9], [2–10].

Für eine geeignete und rasch zu treffende Auswahl der unabhängigen Variablen hat sich die sogenannte Faktoranalyse als zweckmäßig erwiesen.

Folgende Schritte sind bei der praktischen Durchführung der Regressionsanalyse erforderlich (Abb. 2.2–1):

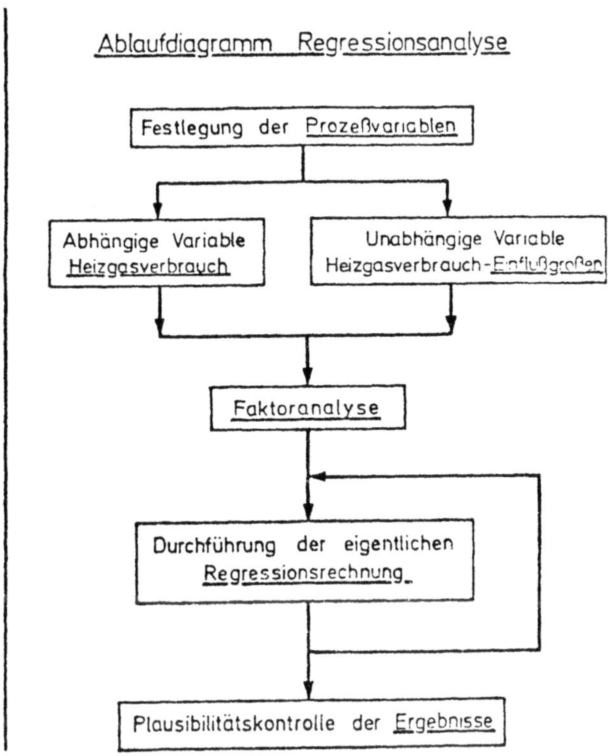

Abb. 2.2.–1 Ablaufdiagramm

- Auswahl der zu beobachtenden Prozeßvariablen, der abhängigen Variablen (Heizgasverbrauch) und der unabhängigen Variablen (Heizgasverbrauch-Einflußgrößen); dazu gehören auch Heizgasbilanzierung, Listung und endgültige Speicherung der Ausgangsdaten sowie deren Plausibilitätsprüfung.

- Faktoranalyse: Hier wird geprüft, ob die gewählten Heizgasverbrauch-Einflußgrößen untereinander unabhängig sind. Das ist im allgemeinen nicht der Fall. Die Faktoranalyse liefert nun Gruppen oder sogenannte Faktoren von Größen, die nicht oder nicht hoch korrelieren und die daher in diesem eingeschränkten Sinn als unabhängige Variable angesehen werden können.

- Eigentliche Regressionsrechnung: Bestimmung der Koeffizienten $a_0 \ldots a_n$.

- Zusammenstellung der Endergebnisse und deren Plausibilitätskontrolle.

Als Ergebnis der Auswertung der Regressionsanalysen für die betrachtete Rohöldestillation konnten folgende Haupteinflüsse nachgewiesen werden:

Koeffizienten für absoluten Heizgasverbrauch

Anlage : Rohöldestillation / Run B,D

Variable \ Variante	B1	B2	D1	D2	D3	D4	D5	D6	D7	D8
DS	0,553	0,561	0,569	0,666	0,645	0,548	0,557	0,578	0,540	0,574
O 2	275,5	136,5								
AUSP		13,4		12,6	13,8					12,6
SEGO	-2,47									
AURS	-23,61							-14,90		
DIRS						-3,27				
OFTE			-8,04							
DIRO			-2,97	-3,10	-3,56				-2,76	
TTDS				0,080						
AULB					4,86					
TEDI						0,201	0,205			
SLKG						-8,92	-8,58			
DISP							-3,48			
OFDT								10,22	8,71	8,16
AUBI										21,60
ABS.GL.	1323	-348	4559	2261	2759	3412	3370	-623	1461	-1348
KMK	989	987	895	906	895	900	902	891	894	880
MK	991	989	902	915	906	910	912	898	902	892
F	167	191	41	35	31	33	33	39	41	26

DS	Rohöldurchsatz
DIRO	Rohöldichte
O2	Sauerstoffgehalt im Rauchgas
RGT	Rauchgastemperatur
OFTE	Ofeneintrittstemperatur
OFDT	Temperaturdifferenz Ofenein-/Ofenaustritt
AURS	Rückstandsausbeute
DIRS	Dichte des Rückstandes
DISP	Dichte des Spindelöls
AUSP	Ausbeute des Spindelöls
SEGO	Siedeende des Gasöls
SLKG	Siedelücke Kerosen – Gasöl
AUBI	Ausbeute an Benzin
TTDS	Trennteil-Durchsatz
TEDI	Dichte Trennteil-Einsatz
AULB	Ausbeute an Leichtbenzin

Tab. 2.2–1 Koeffizienten für absoluten Heizverbrauch

Weiters sind die Konstante

ABS.GL.	das absolute Glied der Auswertungsgleichung

und die ermittelten Kenngrößen

KMK	der korrigierte multiple Korrelations-Koeffizient
MK	der multiple Korrelations-Koeffizient
F	der statistische F-Wert

von Bedeutung.

Für jene Einflußgrößen, die sich im Beobachtungszeitraum nicht verändern, kann die Regressionsrechnung auch keinen Einfluß nachweisen.

Ein typisches Ergebnis der Regressionsanalyse für die betreffende Rohöldestillationsanlage ist durch folgende (vereinfachte) Gleichung gegeben:

Q	= 0,578.DS	– 14,9.AURS	+ 10,2.OFDT	– 623 (ABS.GL.)
(GJ/ZE)	(t/ZE)	(%)	(K)	(GJ/ZE)

mit einem 95%-Vertrauensintervall von
$\pm 0{,}111$ für DS, $\pm 9{,}0$ für AURS, $\pm 4{,}9$ für OFDT

Dabei bedeutet:

Q	Heizgasverbrauch	AURS	Rückstandausbeute
DS	Rohöldurchsatz	OFDT	Temperaturdifferenz
ZE	Zeiteinheit		Ofenein- zu Ofenaustritt

Man sieht also aus der Regressionsanalyse, in welchem Ausmaß die voneinander unabhängigen Größen Durchsatz, Rückstandsanteil und Differenz Ofenein-/Austrittstemperatur den Heizgasverbrauch beeinflussen, das heißt, der Raffinerietechniker bzw. Produktionsplaner kann z. B. den Heizgasverbrauch für den nächsten Monat voraussagen, wenn er Durchsatzmenge, Rückstandsanteil und die Differenz zwischen der Ofenein- und Austrittstemperatur kennt.

Interessieren die Auswirkungen anderer unabhängiger Einflußgrößen, so können auch diese in gleicher Art errechnet werden.

Die Tab. 2.2-1 zeigt eine Auswahl von annähernd gleichwertigen Regressionsergebnissen für den Heizgasverbrauch einer Rohöldestillationsanlage. Zur Beurteilung der Güte dieser Ergebnisse kann man die statistischen Kenngrößen, den korrigierten multiplen Korrelations-Koeffizienten, den multiplen Korrelations-Koeffizienten und den statistischen F-Wert – die letzten drei Zeilen der Abbildung – heranziehen.

Anschaulicher ist jedoch die graphische Darstellung der Abweichungen zwischen gemessenen und berechneten Werten (Basis Variante B 1 nach Tab. 2.2-1) des Heizgasverbrauches (Abb. 2.2-2). Man erkennt ganz deutlich die hervorragende Übereinstimmung von Voraussage und Wirklichkeit:

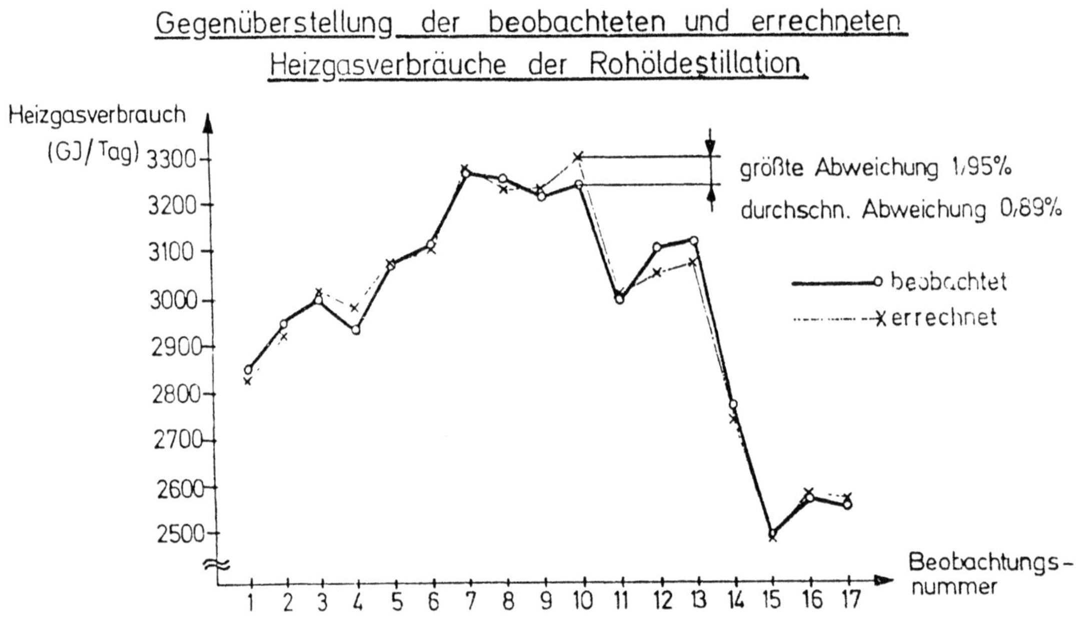

Abb. 2.2-2 Gegenüberstellung der beobachteten und errechneten Heizgasverbräuche

Es ergibt sich eine

- maximale Abweichung von 1,95%
- durchschnittliche Abweichung von 0,89%.

Mit dieser Regressionsvariante wäre somit die Heizgasverbrauchsfunktion hinreichend genau abgebildet.

Der Praktiker hat damit ein sehr starkes Instrument in der Hand, Rückschlüsse auf den zukünftigen Heizgasverbrauch zu ziehen, den täglichen Heizgasverbrauch zu kontrollieren und entsprechende Steuerungsmaßnahmen zu veranlassen. Die Regressionsanalyse kann daher für Zwecke der Energieeinsparung bei Planung der Betriebsfahrweise und bei Kontroll- und Steuerungsaufgaben wirkungsvoll eingesetzt werden.

Tab. 2.2–2 beinhaltet die Abschätzung der Energieeinsparung, die durch die Variation einzelner Einflußfaktoren bei einer Rohöldestillationsanlage möglich ist und unterstreicht die Bedeutung des beschriebenen Verfahrens.

Selbst bei einer Anlage, die nur 5% des gesamten Primärenergieverbrauches der Raffinerie Schwechat benötigt, sind jährliche Einsparungen in Millionenhöhe erzielbar.

Abschätzung für Energieeinsparung:

Einflußfaktor	Änderung		
	Grenzen	Ausmaß	ca.-Wert (S/Jahr)
O2-Rauchgas	5% → 3%	– 2% O2	1.400.000.–
Δ T Ofen	160°C → 140°C	– 20 °C	2.000.000.–
Trennteilanschluß	0 t → 1800 t	+ 1800 t	2.600.000.–

Tab. 2.2–2 Abschätzung für Energieeinsparung

Im Beispiel wird gezeigt, was die Verminderung des Sauerstoffüberschusses im Rauchgas, eine Senkung der Rauchgasaustrittstemperatur und eine Anlagenerweiterung (Trennteilanschluß) zur Erhöhung der Durchsatzmenge jährlich an Einsparungen bringen kann.

Darüber hinaus ist das Verfahren allgemein auf Betriebsanlagen anwendbar, weshalb über die Einsatzbedingungen und Aussagekraft der Regressionsanalyse zusammenfassend folgende Feststellungen getroffen werden:

- Sie ist ein mathematisch-statistisches Verfahren zur Auswertung von Versuchen oder Datensätzen mit mehreren Einflußgrößen, das ein stetiges Funktionsergebnis liefert. (Im Fall des linearen Regressionsansatzes eine lineare Funktion.)
- Sie hat einen großen Anwendungsbereich, da sie allgemeine Mengen- und Kostenfunktionen (z. B. Energieverbrauchsfunktionen) führt.
- Alle wesentlichen (Energie-)Einflußgrößen werden nachgewiesen und gewichtet (Schwerpunkt: Prozeßbedingungen).
- Sie liefert Hinweise für die Produktionsplanung, -steuerung und -kontrolle im praktischen Betrieb.
- Sie zeigt nutzbare Energiereserven indirekt auf (ableitbar aus dem Regressionsergebnis) und hilft, einen Mehrverbrauch durch entsprechende Planung, Steuerung und Kontrolle im Produktionsablauf zu verhindern.
- Es ist eine Datenaufnahme bei unterschiedlichen Prozeßbedingungen erforderlich, jedoch sind keine Daten außer den Prozeßdaten notwendig.
- Mehrere EDV-Standardprogramme für sie sind vorhanden; diese sind nicht rechenzeitintensiv. Es ist jedoch ein genügendes Beobachtungsmaterial (Daten) erforderlich.
- Sie liefert jedoch keine direkten Rückschlüsse hinsichtlich Energieverbrauchsänderung durch konstruktive und verfahrensmäßige Änderungen.

LITERATURVERZEICHNIS - Kapitel 2

[2-1] L. SACHS: Statistische Methoden
2. Aufl. Springer-Verlag, 1972

[2-2] L. SACHS: Statistische Auswertungsmethoden
3. Aufl. Springer-Verlag, 1971

[2-3] R. STRUCK: Kurzfristige Statistische Vorausberechnung
Verlag Die Wirtschaft, Berlin 1973

[2-4] K. STANGE: Angewandte Statistik
Springer-Verlag, 1970

[2-5] M. R. SPIEGEL: Statistik
McGraw-Hill Book Company, Düsseldorf 1976

[2-6] M. FISZ: Wahrscheinlichkeitsrechnung und mathematische Statistik
VEB Deutscher Verlag der Wissenschaften, Berlin 1976

[2-7] FISHER and YATES: Statistical Tables for Biological, Agricultural and Medical Research
Oliver and Boyd Ltd., Edinburgh 1963

[2-8] K. ÜBERLA: Faktorenanalyse
Springer, Berlin 1971

[2-9] W. WEHRMANN u. a.: Korrelationstechnik
Technische Akademie Esslingen
Lenka-Verlag, 1977

[2-10] H. SPÄTH: Algorithmen für multivariable Ausgleichsmodelle
Oldenburg-Verlag, München - Wien 1974

3. TECHNOLOGIEN ZUR EINSPARUNG VON ENERGIE

Um eine sinnvolle Auswahl von Energiesparmaßnahmen zu ermöglichen, müssen vorerst alle wesentlichen Energie- und Exergieflüsse innerhalb des Betriebes bekannt sein und auf Verlustquellen analysiert werden. Ein entsprechendes Ensemble von Meßgeräten ist dafür ebenso Voraussetzung wie ein übersichtliches Schema zur Bilanzierung der Energiedaten und zum Vergleich der Ist- und Soll-Werte des Energieverbrauches. Letzteres wurde im Detail bereits im vorhergehenden Kapitel 2 erläutert.
Diese daraus resultierende Übersicht gibt die Möglichkeit, die maximal einsparbare Energiemenge abzuschätzen. Die Prioritäten bestimmter Einsparungsmaßnahmen ergeben sich allerdings erst nach Prüfung der Wirtschaftlichkeit der einzelnen Projekte. Zur Ermittlung der Rentabilität von Maßnahmen wird die Anwendung der dynamischen Investitionsrechnung empfohlen [3–1].
Da wegen der real steigenden Energiepreise immer mehr und immer umfangreichere Energiesparmaßnahmen rentabel wurden, hat in den letzten Jahren im In- und Ausland eine rege Forschungs- und Entwicklungstätigkeit auf diesem Sektor eingesetzt, die in zahlreichen Publikationen und Vortragsveranstaltungen ihren Niederschlag fanden. In diesem Zusammenhang wird nachfolgend auf einige signifikante Veröffentlichungen hingewiesen.
Die amerikanische Parallele zu der hier vorgelegten Studie ist eine Publikation über die praktischen Technologien zur Einsparung von Energie in der chemischen, erdölverarbeitenden und metallverarbeitenden Industrie von M. SITTIG [3–2].
Eine Übersicht über Aktivitäten in Europa in bezug auf eine verbesserte Nutzung der Energie gibt der Berichtsband eines von der Europäischen Gemeinschaft 1979 in Brüssel durchgeführten Seminares [3–3]. Dieser Band enthält, neben Beiträgen über Arbeiten und Studien zur Einsparung von Energie in Industriebetrieben, eine Reihe von Vorträgen auf dem Gebiet der Wärmepumpenentwicklung. Unter den Neuentwicklungen treten besonders Absorptionswärmepumpen und Wärmepumpen mit nichtareotropen Wärmeträgergemischen hervor.
Weitere interessante Publikationen und Symposien im In- und Ausland sind im Literaturverzeichnis unter [3–6] bis [3–8] bzw. [3–4] und [3–5] zitiert.

3.1 Energieeinsparungen durch organisatorische Maßnahmen

Die Güte der Ausnutzung von Energie in Industrieanlagen hängt zu einem großen Teil von der Betriebsführung ab. Energiebewußtes Betreiben einer Anlage kann, z. T. ohne Investitionen, zu erheblichen Einsparungen von Energie führen. Auch dafür ist die ausreichende Instrumentierung mit Meßgeräten eine notwendige Voraussetzung.

Beispiele für derartige organisatorische Maßnahmen sind:

- bedarfsgerechte Regelung von Heizungen, Antrieben und Maschinen
- angepaßte Regelung des Luftüberschusses in Kesseln
- Vermeidung von Leerlaufzeiten durch Produktionsplanung
- Reparatur von beschädigter Wärmedämmung und Leckstellen.

Im Verhältnis zur jeweiligen Betriebsgröße ist auch eine entsprechende personelle Besetzung notwendig. Die Ernennung eines **Energiebeauftragten**, zu dessen Obliegenheit die Bestimmung und Durchführung aller organisatorischen Maßnahmen zählt, ist allerdings für alle Betriebsgrößen zu empfehlen.

3.2 Energieeinsparungen durch Wärmerückgewinnung

Neben den obengenannten angedeuteten organisatorischen Maßnahmen finden für die Nutzung von Abwärme in industriellen Prozessen vorwiegend drei Technologien Verwendung [3–9], die noch nicht mit einer echten Veränderung der Prozeßtechnologie verbunden sind, und zwar:

- Wärmetausch
- Wärmepumpenprozesse
- Kaltdampfprozesse

Wärmetauscher sind wärmetechnische Anlagen mit dem Zweck, Wärmeenergie aus Abwärme – meist Abluft, Brüden und Abwässer – auf kältere Medien zu übertragen, die einer Aufwärmung bedürfen.
Die je Zeiteinheit ausgetauschte Wärmemenge $\dot{Q}$ ist abhängig von den Mengenströmen, den Eintritts- und Austrittstemperaturen der Medien und deren spezifischen Wärmen.
Sie ist andererseits gleich dem Projekt aus der Wärmeaustauscherfläche F, dem Wärmedurchgangskoeffizient k und der – in geeigneter Weise (näheres siehe Fachliteratur, z. B. [3–10]) anzusetzenden mittleren Temperaturdifferenz tm zwischen den Mengenströmen, d. h.

$$\dot{Q}\,(W) = F\,(m^2) \cdot k\,(W/m^2K) \cdot \Delta tm\,(K)$$

Unter den verschiedenen Wärmeaustauschersystemen sind folgende die wichtigsten:
Rekuperatoren haben große Leistungsdichte, niedrige Wärmespeicherung und damit schnellere Anwärmemöglichkeit. Sie können auch bei Anlagen mit aussetzendem Betrieb verwendet werden. Neben dem üblichen Wärmetauscher aus Stahl werden für besondere Anforderungen immer mehr spezielle Ausführungen z. B. mit Keramik- und Graphitteilen sowie aus Nirostametallen für sogenannte „Taupunkt-Wärmetauscher" erzeugt. Zur besseren Wärmeausnützung wird dabei vielfach auch die Kondensationswärme von Wasserdampf genutzt [3–11].

Ekonomiser für **flüssige** Wärmeübertragungsmedien sind im Niedertemperaturbereich von großer Bedeutung. Sie werden in vielfältigen Konstruktionsformen, z. B. als Rohrbündel-, Spiral-. Plattenwärmetauscher usw. angeboten. Durch die erzielbaren hohen Wärmeübergangszahlen haben diese Anlagen bei gegebener Wärmeübertragungsmenge den Vorteil des relativ geringen Platzbedarfes und der Kostengünstigkeit.
Dunstkondensatoren dienen zur energetischen Nutzung von Kochbrüden oder von Abluft mit hohem Feuchtigkeitsgehalt, aber geringen flüchtigen und korrosiven Feststoffanteilen zur Warmwasserbereitung. Sie finden z. B. in Papierindustrie und Brauereien Verwendung.
Eine Sonderform von Wärmetauschern stellen die sogenannten **Wäscher** dar, die auch die Abwärmenutzung von Abluft mit höherem Gehalt an flüchtigen und chemischen Feststoffanteilen gestatten (z. B. Waschmittelerzeugung).
Regeneratoren sind Wärmetauscheranlagen mit wärmespeichernden Materialien, die von heißen Abgasen beheizt werden. Im Anschluß an die Aufheizperiode gibt der Wärmespeicher die Nutzwärme an ein Medium z. B. zur Vorwärmung der Verbrennungsluft einer Kesselanlage ab.
Für einen kontinuierlichen Betrieb sind daher Regeneratoren mit mindestens zwei Kammern notwendig. Eine spezielle Ausführung eines kontinuierlichen Regenerators ist der rotierende Wärmespeicher wie beim Ljungström-Regenerator, bei dem die eine Hälfte jeweils im Abgasstrom und die andere im Aufheizstrom liegt.
Ein wichtiger Vorteil der Regeneratoren sind die erzielbaren hohen Vorwärmtemperaturen. Sie werden daher vornehmlich bei Industrieöfen in der eisenerzeugenden, in der keramischen und in der chemischen Industrie eingesetzt.

Wärmepumpen

In jenen Fällen, bei denen die Abwärme mit einer Temperatur anfällt, die nicht sehr weit unter jenem Temperaturniveau liegt, bei dem ein Bedarf an Nutzwärme besteht, sind sinnvollerweise Überlegungen anzustellen, ob die Temperaturdifferenz nicht wirtschaftlich durch Anwendung einer **Wärmepumpe** – also durch Zufuhr hochwertiger Brennstoffenergie bzw. reiner Exergie – überwunden werden kann. Die **Wirtschaftlichkeit** des Wärmepumpeneinsatzes hängt dabei sehr stark vom **Temperaturunterschied** zwischen Wärmebedarf (Kondensator) und Wärmequelle (Verdampfer) ab. Es ergeben sich um so größere Energieeinsparungen, je geringer die Temperaturdifferenz zwischen Wärmebedarf und Wärmequelle ist.
Eine weitere für die Wirtschaftlichkeit von Wärmepumpenanlagen wesentliche Randbedingung ist der **gleichzeitige Anfall** von entsprechend temperierten Abwärmen (Abluft, Abwasser) und **Bedarf** an Wärme, z. B. Warmwasser für Produktionszwecke, Reinigung, sanitäre Anlagen usw. Der Ausgleich zeitlicher Unterschiede

beim Anfall der Abwärme bzw. Wärmebedarf mittels Wärmespeichern ist nur in einem eng begrenzten Bereich wirtschaftlich realisierbar.
Bei elektrischem Antrieb des Wärmepumpenverdichters ist von der konservativen Annahme auszugehen, daß der elektrische Strom von einem kalorischen Kraftwerk unter Berücksichtigung aller Verluste nur mit einem Gesamtwirkungsgrad von rd. 32–34% bereitgestellt werden kann, so daß der Einsatz einer elektrischen Wärmepumpe vom **energiewirtschaftlichen Standpunkt** erst sinnvoll wäre, wenn das Verhältnis von abgegebener Nutzenergie (Wärme) zu elektrischer Antriebsenergie (= Leistungsziffer) größer als 3 ist. **Volkswirtschaftlich** gesehen wären die Gestehungskosten der aufzuwendenden elektrischen Antriebsenergie und der durch die Wärmepumpe zum Teil eingesparten Energieträger in Relation zu setzen. Bei beiden Betrachtungsweisen wirkt sich der in Österreich auch im Winter verfügbare Anteil an hydraulisch erzeugter Elektrizität an der gesamten Stromaufbringung jedoch positiv aus.
Bei der industriellen Anwendung der Wärmepumpe wird i. a. der nach betriebswirtschaftlichen Gesichtspunkten errechnete Amortisationszeitraum der Investitionskosten infolge der Einsparungen an laufenden Brennstoffkosten das bestimmende Moment darstellen.
Besonders interessant in energetischer Hinsicht sind **Absorptionswärmepumpen.** Hier erfolgt der Antrieb nicht durch reine Exergie (Elektrizität) bzw. hochwertige Brennstoffenergie, sondern durch Wärme, die auch Anergie enthält. In vielen Fällen wird es möglich sein, Abwärme oder billigen Niederdruckdampf zur Beheizung der Absorptionswärmepumpe zu verwenden.
Von besonderer Bedeutung für die industrielle Wärmerückgewinnung in naher Zukunft verspricht die **gegenläufige Absorptionswärmepumpe** (Wärmetransformator, Thermosorb-Prozeß) zu werden. Bei diesem Prozeß wird ein Abwärmestrom mittlerer Temperatur durch zwei Umwälzpumpen und ein System mehrerer Wärmetauscher auf zwei verschiedenen Druckstufen zum Teil in einem Wärmestrom mit höherer Temperatur transformiert, während die restliche Energie in einen Kühlwasserstrom abgeführt wird [3–12]. Hierdurch ist es möglich, Nieder- oder Mitteldruckdampf aus Abwärmeströmen zu erhalten.
Über die Einsetzbarkeit von Wärmepumpen in Industrie und Gewerbe Österreichs wurde im Auftrag des Bundesministeriums für Handel, Gewerbe und Industrie eine Basisstudie an der Technischen Universität Graz durchgeführt [3–13].
In **Kaltdampfprozessen** (ORC, Organic Rankine Cycles) läßt sich Abwärme in elektrische oder mechanische Energie umwandeln [3–14].
Dies ist auch vor allem dann wünschenswert, wenn kein Wärmebedarf im unteren oder mittleren Temperaturbereich vorliegt, oder dieser schon durch Wärmetausch gedeckt ist. Möglichkeiten zur Substitution von Strom besteht hingegen nahezu in jeder Produktionsanlage, selbst wenn eine Kraft-Wärme-Kupplung vorhanden ist.

Die Funktionsweise von Kaltdampfprozessen ist analog der des Wasserdampfprozesses zur Herstellung elektrischer Energie. Anstelle von Wasser wird jedoch als Kreislaufmedium eine organische Substanz, z. B. ein hologenierter Kohlenwasserstoff oder Toluol verwendet. Hierdurch läßt sich an der Expansionsturbine schon bei niedrigen Verdampfungstemperaturen ein beachtliches Druckgefälle erreichen. Der Wirkungsgrad dieser Prozesse ist entsprechend der bei der Abwärmenutzung geringen Temperaturdifferenz selten höher als 10%.
Dennoch ist wegen der universellen Verwendbarkeit der elektrischen Energie eine Zunahme des Einsatzes dieser Prozesse wahrscheinlich zu erwarten.

3.3 Energieeinsparung durch verfahrenstechnische Maßnahmen

Durch verfahrenstechnische Maßnahmen sind potentiell größere Mengen an Energie einzusparen als durch Verfahren zur Energierückgewinnung. Es ist zweifelsohne besser, Abwärme nicht entstehen zu lassen als sie rückzugewinnen.
Diese Untersuchung beinhaltet in erster Linie Maßnahmen, die unter 3.2 genannt wurden. Nur in einzelnen Fällen werden neue Prozeßtechnologien mit besonders günstigem spezifischen Energiebedarf behandelt (z. B. Tunnelofen, Zentrallanzenbrenner, Sprühtrocknungsanlagen, mechanische Eindickungsanlagen, prozeßrechnergesteuerte Anlagen). Andere Beispiele für solche Technologien sind die Kokstrockenlöschung und die Anwendung der Thermokompression.
Das von der VOEST in Vorbereitung befindliche Projekt zur Koks-Trockenlöschung mit inerten Gasen ist im weiteren Sinn als Wärmetauscheranlage zu verstehen, in der die fühlbare Wärme des ausgedrückten Kokses im Werk Linz der VOEST Alpine AG (2000 TJ/a) künftig zur Vorwärmung der eingesetzten Kohle verwendet werden soll und in diesem Ausmaß der Energieaufwand für die Koksherstellung vermindert werden kann (siehe auch Kap. 4.1).
Für Eindampfprozesse und Destillationen steht heute neben der einstufigen Eindampfung und den Mehrstufenanlagen die **Thermokompression** als marktreife Technologie zur Verfügung.
Anstelle der sehr energieintensiven Destillation können heute für Flüssig-Flüssig-Stofftrennungen Extraktionsverfahren und Membranprozesse angewendet werden, die wesentlich geringeren spezifischen Energieverbrauch haben [3–15].

Verfahrenstechnische Maßnahmen sind jedoch zumeist nur bei Neuanlagen wirtschaftlich. Darüber hinaus bedingt der Einsatz einer neuen Technologie eine gewisse Bereitschaft zum technischen und unternehmerischen Risiko.

LITERATURVERZEICHNIS – Kapitel 3

[3–1] SEICHT G.: „Investitionsentscheidungen richtig treffen", Industrieverlag P.Linde, Wien 1976.

[3–2] SITTIG M.: Practical Techniques for Saving Energy in the Chemical, Petroleum and Metal Industries, Noyes Data Corporation, New Jersey, USA, 1977.

[3–3] STRUB A.S. CHRINGEN H. (Hrsg.): New Ways to Save Energy; Proceedings of the International Seminar hold in Brussels, 23 – 25 Oct. 1979, D. Reidel Publishing Company, Dordrecht 1980.

[3–4] SCHAEFER H.: Forschungsstelle für Energiewirtschaft München, Technologien zur Einsparung von Energie im Endverbrauchssektor, FFE Schriftenreihe 77-04.

[3–5] Energy Audit Series, No.1–11, Department for Energy and Department of Industry, Great Britain, 1978–1980.

[3–6] Österreichische Arbeitsgruppe chemisches Apparatewesen und Verfahrenstechnik; Theoretische Grundlagen und praktische Aspekte der Energieeinsparung in der verfahrenstechnischen Industrie. Arbeitstagung 9. und 10. Mai 1978, Graz.

[3–7] 3. Recycling-Symposium „Nutzung industrieller Abwärme", Technische Universität Wien, 4. und 5. Dezember 1980.

[3–8] Energiebewußte Eisen- und Stahlherstellung, Internationales Symposium im Rahmen des Eisenhüttentages 1980, Eisenhütte Österreich, Leoben, 22. und 23. April 1980.

[3–9] MOSER F., PETRIN W., SCHNITZER H.: Energiewirtschaftliche Gegenüberstellung von Wärmepumpen, Kraftanlagen und konventioneller Wärmerückgewinnung im niederen und mittleren Temperaturbereich. Vortrag gehalten bei [3–7].

[3–10] JÜTTEMANN H.: Wärmerückgewinnung in raumlufttechnischen Anlagen, Verlag C.F. Müller, Karlsruhe 1980.

[3–11] Abwärmerückgewinnung in Betriebsanlagen der Industrie, VDI-Bericht 435, VDI-Verlag Düsseldorf, 1982.

[3–12] COHEN G., SALVAT J., ROJEY A.: A New Absorption-Cycle Process for Upgrading Waste Heat. 14th Intersociety Conversion Engineering Conference 79, XVIII 1186.

[3–13] MOSER F., SCHNITZER H.: Energieeinsparung durch Wärmepumpen in Industrie und Gewerbe, Band VII der Energiepolitischen Schriftenreihe des Bundesministeriums für Handel, Gewerbe und Industrie, Springer-Verlag, Wien – New York, 1982.

[3–14] GNEUSS G., BOSSE J.: Umwandlung niedriggradiger Industrieabwärme in mechanische oder elektrische Energie durch Ausnutzung neuer Erkenntnisse über Kreislaufmedien. Chemie-Technik (1980) 8, 387.

[3–15] RUSH F.E.: Energy-Saving Alternatives to Destillation. Chem. Energy Proc. (1980) 7, 44.

4. FALLSTUDIEN – ERGEBNISSE UND VORSCHLÄGE

Im Sinne der Zielsetzung des Gutachtens, durch entsprechende Maßnahmen den Primärenergiebedarf in der wärmeintensiven Industrie zu senken, wurde in den untersuchten Unternehmen der Produktionsablauf mit zugehörigen Energie- und Exergieanalysen in Stationen und Anlagen mit höherem Energieeinsatz durchgeführt. Aus Gründen der den Industrievertretungen bzw. Unternehmen zugesicherten Vertraulichkeit von Angaben über Produktionsdaten und anderen betriebsspezifischen Informationen können aber vollständige Stationsbilanzen in den folgenden Fallstudien oft nur in sehr vereinfachter Form aufscheinen.
Die Energie- und Exergiebilanzen für die einzelnen Industriebetriebe mit Ausnahme der eisenerzeugenden Industrie wurden im Rahmen dieses Gutachtens erstellt und daher in einer einheitlichen Form gestaltet. Sämtliche Energie-Werte der Wärmemengen wurden, um Verzerrungen des Ergebnisses durch große Wasser- und Luftmengen bei Umgebungstemperatur zu vermeiden, auf die mittlere Jahrestemperatur in Österreich, 10 °C bzw. 283,15 K, bezogen. Lediglich in den Energie- und Exergieanalysen der eisenerzeugenden Industrie, die von der VOEST-Alpine AG und den VEW ausgearbeitet und für diese Veröffentlichung zur Verfügung gestellt wurden, sind die Enthalpiewerte auf der in diesen Betrieben üblichen Bezugsbasis von 0 °C bzw. 273,15 K berechnet. Auf eine Umrechnung wurde vor allem aus Gründen der Vergleichbarkeit mit späteren Bilanzergebnissen verzichtet.
Die vorgeschlagenen Maßnahmen zur Reduzierung des Primärenergieeinsatzes in der wärmeintensiven Industrie beziehen sich in diesem Kapitel zwar primär auf die jeweilige Industriesparte, sie sind jedoch oft auch auf andere Industriesparten anzuwenden. In der Zusammenfassung der vorgeschlagenen Maßnahmen – Kapitel 5: Folgerungen/Maßnahmenkatalog – wird daher der Konnex dieser branchenähnlichen Prozeßabläufe und Verfahrenstechniken mit Hinweisen und industriespartenmäßiger Aufteilung hergestellt.

4.1 Eisenerzeugende Industrie

Der Energieverbrauch der Eisen- und Stahlindustrie Österreichs liegt bei ca. 10% des gesamtösterreichischen Energieverbrauches bzw. bei rund $\frac{1}{3}$ des Industrieverbrauches. Diese Zahlen zeigen, welche Bedeutung der hüttenmännischen Energiewirtschaft zukommt.

Im internationalen Vergleich weisen die Werke des österreichischen Stahlkonzernes VOEST-Alpine AG sehr günstige spezifische Energieverbrauchswerte aus, so daß künftige Sparerfolge nur mehr in kleinen Schritten zu erwarten sind.
Auf die Werke der VOEST-Alpine AG entfallen rd. 95% der österreichischen Stahlproduktion, der dafür erforderliche Energieeinsatz in Form von zugekaufter Fremdenergie beläuft sich derzeit auf rd. 25 Mio. MWh im Jahr, umgerechnet rd. 90 PJ oder 3,1 Mio. t SKE. Das entspricht etwa dem gesamten derzeitigen Stromverbrauch in Österreich.

Dieser Fremdenergieverbrauch teilt sich wie folgt auf:

	Prozent
Kohle und Koks	63
Heizöl	16
Erdgas	15
Strom zugekauft	3,7
Sonstige (Dieselöl, Benzin)	2,3

Von den Werken der Eisen- und Stahlbranche wurden nun einerseits das Werk Linz der VOEST-Alpine AG zufolge seiner Bedeutung als größter Energieverbraucher im Konzern, ca. 60%, als Beispiel für ein gemischtes Hüttenwerk und andererseits das Werk Kapfenberg der VEW als Beispiel für ein Edelstahlwerk untersucht.

Werk Linz:

Kokerei
Kraftwerk
Erzvorbereitung
Hochofen Gebläsezentrale
Betrieb
Gichtgasanreicherung
Stahlwerke Betrieb
Abhitzekessel
Verarbeitung
Energiebetriebe

Im Bereich „Verarbeitung" sind nicht nur die Warm- und Kaltwalzwerke, sondern auch die Gießerei, die Schmiede, die Wärmebehandlungsbetriebe sowie alle übrigen Verarbeitungsbereiche wie Maschinenbau und Stahlbau zusammengefaßt. Auf eine Untergliederung wurde verzichtet, weil sich dadurch im Hinblick auf die Aussagekraft der Energie- und Exergiebilanzen, außer einer feineren Untergliederung, keine wesentlichen neuen Gesichtspunkte ergeben würden.

Werk Kapfenberg: Stahlwerk
- Walzwerke
  - Block- u. Grobwalzwerk
  - Feinwalzwerk
  - Blechwalzwerk
- Schmiedebetriebe
  - Erlachhammer
  - Gesenkschmiede
- Wärmebehandlung
- Kesselhäuser
  - Kesselhaus Kapfenberg
  - Kesselhaus Deuchendorf

Die Finalbetriebe haben mit 2% der Brennstoffenergie und 8% der elektrischen Energie einen verschwindend kleinen Anteil am Gesamtverbrauch.
Wegen der großen Zahl von Aggregaten, die in den genannten Betrieben Erdgas und Strom verbrauchen, ist eine im einzelnen aufgegliederte Bilanzerstellung kaum möglich und nicht sinnvoll.
Das gleiche gilt für Strahlerheizungen, Beleuchtung, Preßlufterzeugung und Nutzwasserversorgung.
In Tabelle 4.1–1, Blatt 1–4 sind die Berechnungsgrundlagen, Druck- und Temperatur, sowie die Berechnungsergebnisse der spezifischen Energie und Exergie dargestellt. Es wurde unterschieden zwischen allgemeinen Energieträgern, die in allen Produktionsbereichen in gleicher Form auftreten und speziellen Energien, bei deren Berechnung die besonderen Verhältnisse im jeweiligen Betriebsbereich zu berücksichtigen waren.

Tab. 4.1–1

Berechnung der spez. Energie und Exergie für sämtliche Energieträger	Druck	Temp.	Dim.	potent. Energie = Exergie	chem. Energie = Exergie	physikalische Energie	physikalische Exergie	Gesamt Energie	Gesamt Exergie
	bar	°C	–	Dim	Dim	Dim	Dim	Dim.	Dim
I. Werk Linz									
1) **Allgemeine Energieträger:**									
Steinkohle	–	t_u	Wh/kg	–	8 000	–	–	8 000	8 000
Koks	–	t_u	Wh/kg	–	7 900	–	–	7 900	7 900
Kokereinebenprodukte	P_u	t_u	Wh/kg	–	9 300	–	–	9 300	9 300
Koksofengas	0,039	t_u	Wh/m³	–	5 162	–	1	5 162	5 163
Erdgas	6	t_u	Wh/m³	–	10 115	–	55	10 115	10 170
Hochofengas 800	0,039	t_u	Wh/m³	–	921	–	1	921	922
Hochofengas 950	0,039	t_u	Wh/m³	–	1 105	–	1	1 105	1 106
Heizöl schwer (Hütte)	21	70	Wh/kg	(0,7)	11 421	41	5	11 462	11 426
Dieselöl, Benzin	P_u	t_u	Wh/l	–	9 900	–	–	9 900	9 900
Strom	–	–	kWh	1	–	–	–	1	1
Industriedampf	17	320	Wh/kg	–	–	852	329	852	329
Speisewasser	P_u	100	Wh/kg	–	–	130	21	130	21
Nutzwasser	3	t_u	Wh/kg	83	–	–	–	83	83
Reinwasser	2,5	t_u	Wh/kg	69	–	–	–	69	69
Preßluft	6	t_u	Wh/m³	–	–	–	55	–	55
Sauerstoff	15	t_u	Wh/m³	–	–	–	78	–	78
2) **Spezielle Energien:**									
2.1) **Kokerei**									
fühlbare Wärme im Koks	–	1 100	Wh/kg	–	–	460	276	460	276
fühlbare Wärme im Roh-Koksofengas	P_u	800	Wh/m³	–	–	329	177	329	177
Rauchgasverluste	P_u	250	Wh/m³	–	–	96	29	96	29
Kühlwasserverluste	P_u	3	Wh/m³	–	–	3 488	19	3 488	19
Wandverluste	–	70	–	–	–	–	–	–	–
2.2) **Kraftwerk**									
Heizöl schwer	P_u	t_u	Wh/kg	–	11 421	–	–	11 421	11 421
Heizölenthalpie	21	70	Wh/kg	(0,7)	–	41	5	41	5
Industriedampfabgabe	17	348	Wh/kg	–	–	872	338	872	338
Rauchgasverluste	P_u	140	Wh/m³	–	–	54	10	54	10
Kühlwasserverluste	P_u	7	Wh/m³	–	–	8 140	103	8 140	103
2.3) **Erzvorbereitung**									
Gichtstaub	–	t_u	Wh/kg	–	940	–	–	940	940
Mischgesteinsatz	–	t_u	Wh/kg	–	14	–	–	14	14
Sinter	–	t_u	Wh/kg	–	86	–	–	86	86
fühlbare Wärme des Sinters	–	800	Wh/kg	–	–	200	107	200	107
Kühlluftenthalpie	P_u	130	Wh/m³	–	–	47	9	47	9
Restwärme im Sinter	–	80	Wh/kg	–	–	16	2	16	2
Rauchgasverluste	P_u	250	Wh/kg	–	35	94	28	129	63
2.4) **Hochofen**									
2.4.1) **Gebläsezentrale**									
Industriedampfabgabe	17	348	Wh/kg	–	–	872	338	872	338
Kaltwind	1,25	100	Wh/m³	–	–	37	12	37	12
Rauchgasverluste	P_u	170	Wh/m³	–	–	65	15	65	15
Kühlwasser	P_u	7	Wh/m³	–	–	8 143	106	8 143	106
2.4.2) **Betrieb**									
Sonstige Einsatzstoffe	–	t_u	Wh/kg	–	613	–	–	613	613
Roheisen	–	1 400	Wh/kg	–	2 371	355	230	2 726	2 601
Gichtstaub, Reaktionsenthalpie	–	t_u	Wh/kg	–	940	–	–	940	940
fühlbare Wärme:									
Hochofengas	P_u	266	Wh/m³	–	–	106	32	106	32
H_2O im Hochofengas	P_u	266	Wh/kg	–	–	835	221	835	221
Gichtstaub	–	266	Wh/kg	–	–	58	17	58	17
Schlacke	–	1 410	Wh/kg	–	–	468	223	468	223

Berechnung der spez. Energie und Exergie für sämtliche Energieträger	Druck	Temp	Dim.	potent Energie = Exergie	chem Energie = Exergie	physikalische		Gesamt	
						Energie	Exergie	Energie	Exergie
	bar	°C	–	Dim	Dim	Dim.	Dim	Dim	Dim
Rauchgasverluste	P_u	150	Wh/m³	–	–	60	12	60	12
Kühlwasserverluste	P_u	3,5	Wh/m³	–	–	4 077	32	4 077	32
Oberflächenverluste	P_u	50	–	–	–	–	–	–	–
Kühlwasser Gasreinigung	P_u	19,3	Wh/m³	–	–	22 415	727	22 415	727
2.5) **Stahlwerke**									
2.5.1) **Betrieb**									
Rohstahl, Schrott	–	t_u	Wh/kg	–	2 054	–	–	2 054	2 054
Legierungen	–	t_u	Wh/kg	–	4 743	–	–	4 743	4 743
fühlbare Wärme bei Warmlieferung	–	600	Wh/kg	–	–	96	45	96	45
Rohstahl flüssig an Gießerei	–	1 600	Wh/kg	–	2 054	352	236	2 406	2 290
Tiegelgas	P_u	1 400	Wh/m³	–	2 985	574	371	3 559	3 356
fühlbare Wärme der Schlacke	–	1 600	Wh/kg	–	–	464	312	464	312
Rauchgasverluste	P_u	600	Wh/m³	–	–	240	113	240	113
Kühlwasserverluste	P_u	7,8	Wh/m³	–	–	7 908	96	7 908	96
Abkühlung der Blöcke	–	100	–	–	–	–	–	–	–
Abkühlung der Stranggußbrammen	–	100	–	–	–	–	–	–	–
2.5.2) **Abhitzekessel**									
Abhitzedampf	17	280	Wh/kg	–	–	830	320	830	320
Rauchgasverluste:									
Blasebetrieb	P_u	50	Wh/m³	–	136	20	2	156	138
Zwischenfeuerung	P_u	50	Wh/m³	–	–	20	2	20	2
Fremdüberhitzer	P_u	350	Wh/m³	–	–	140	50	140	50
2.6) **Verarbeitung**									
Stahlerzeugnisse, Schrott	–	t_u	Wh/kg	–	2 054	–	–	2 054	2 054
Rauchgasverluste	–	400	Wh/m³	–	–	160	61	160	61
Kühlwasserverluste	–	8	Wh/m³	–	–	9 302	132	9 302	132
Umgebungsverluste	–	50	–	–	–	–	–	–	–
II. Werk Kapfenberg									
Stahl	P_u	500	Wh/kg	–	–	76	30	–	–
Stahl	–	600	Wh/kg	–	–	95	41	–	–
Stahl	–	700	Wh/kg	–	–	130	61	–	–
Stahl	–	800	Wh/kg	–	–	154	78	–	–
Stahl	–	900	Wh/kg	–	–	178	93	–	–
Stahl	–	1 000	Wh/kg	–	–	198	109	–	–
Stahl	–	1 100	Wh/kg	–	–	217	123	–	–
Stahl	–	1 200	Wh/kg	–	–	237	138	–	–
Stahl	–	1 300	Wh/kg	–	–	257	156	–	–
Stahl flüssig	P_u	1 600	Wh/kg	–	–	384	253	384	253
Schlacke flüssig	P_u	1 600	Wh/kg	–	–	628	461	628	461
Zunder	P_u	1 250	Wh/kg	–	–	334	203	334	203
Asche	P_u	700	Wh/kg	–	–	187	85	187	85
Braunkohle	P_u	t_u	Wh/kg	–	3 840	–	–	–	3 840
Heizöl	P_u	t_u	Wh/kg	–	11 165	–	–	–	11 165
Erdgas	0,05	t_u	Wh/m³	–	10 118	–	–	–	10 118
Dampf	9	180	Wh/kg	–	–	767	259	767	259
Preßluft	8	100	Wh/m³	–	–	36	61	36	61
Abgas	P_u	300	Wh/m³	–	–	118	34	118	34
Abgas	–	400	Wh/m³	–	–	154	54	154	54
Abgas	–	500	Wh/m³	–	–	198	77	198	77
Abgas	–	600	Wh/m³	–	–	244	115	244	115
Abgas	–	700	Wh/m³	–	–	285	144	285	144
Abgas	–	800	Wh/m³	–	–	326	174	326	174
Abgas	–	900	Wh/m³	–	–	364	199	364	199
Abgas	–	1 000	Wh/m³	–	–	407	227	407	227
Heißwasser	8	80	Wh/kg	–	–	93	11	93	11
Heißwasser	8	120	Wh/kg	–	–	140	24	140	24

4.1.1 Werk Linz

Gesamtdarstellung

Die zusammenfassende Darstellung (Tab. 4.1-2 und Abb. 4.1-1) der exergetisch bewerteten Stoffströme durch das Werk Linz zeigt die Exergie der im konventionellen Sinne als solche bezeichneten Energieträger wie Kohle, Koks, Heizöl, Erdgas, Strom usw., weiters die Exergie der sonstigen Einsatzstoffe wie z. B. Erz, Schrott, Legierungen, Sinter, Roheisen und Rohstahl sowie die Exergie der in den einzelnen Verfahrensstufen nicht genutzten Wärme. Die inneren Exergieverluste in den einzelnen Verfahrensstufen ergeben sich aus der Differenz der zugeführten zu den abgegebenen Exergien.

Im Zusammenspiel der einzelnen Stufen wird zunächst im Kraftwerk und in den Energiebetrieben ein Teil der zugekauften Primärenergie in die bei den Verfahren benötigten Energieträger Dampf, Strom, Preßluft und Sauerstoff umgeformt bzw. zur zentralen Wasserversorgung aufgewendet. In der Kokerei erfolgt die Umwandlung von Kohle in Koks, Koksofengas sowie Teer- und Benzolprodukte, in der Sinteranlage die Herstellung von Sinter aus Roherz. Die Bereiche Kraftwerk, Energiebetriebe, Kokerei und Erzvorbereitung dienen somit zur Konditionierung der zugeführten Stoffe in eine für die hüttenmännischen Prozesse erforderliche Form.

Im Hochofen werden Sinter, Roherz und sonstige Einsatzstoffe gemeinsam mit dem Koks und Heizöl unter Zuführung von zusätzlichen Energien in Form von Koksofengas, Erdgas, Strom usw. in Roheisen umgewandelt. Als Kuppelprodukt entsteht Hochofengas, das zur weiteren Verwendung mit Starkgas angereichert wird. Miteinbezogen in den Hochofenbereich sind in der Gesamtdarstellung die Winderhitzer und die Gebläsezentrale.

In den Stahlwerken wird aus dem Roheisen unter Zusatz von Schrott und Legierungen sowie einer relativ geringfügigen Zufuhr von Energieträgern Rohstahl erschmolzen.

In den bisher beschriebenen Verfahrensstufen Kokerei, Sinteranlage, Hochofen und Stahlwerke erfolgen chem. Umsetzungen, während die weiteren Prozeßstufen Warm- und Kaltwalzwerke sowie die übrigen Verarbeitungsbetriebe, in denen keine chem. Umsetzungen mehr erfolgen, zusammengefaßt sind.

Besondere Aufmerksamkeit verdient der Umstand, daß der in der Natur vorkommende Rohstoff Erz in den einzelnen Verfahrensstufen, insbesondere beim Hochofenprozeß, exergetisch aufgeladen wird und das fertige Stahlprodukt als wertvoller Exergieträger das Werk verläßt. Zusätzlich werden auch noch Koks und Koksofengas abgegeben.

Die Gesamtdarstellung zeigt nun im Falle Werk Linz, daß vom Exergieeinsatz, in Summe 100%,

39% als genutzte Exergie in Form von Stahlprodukten und Kokereiprodukten das Werk verlassen, und
47% als Prozeßverluste, als sogenannte innere Exergieverluste, bzw.
14% als äußere Exergieverluste
ausgewiesen werden.

Tab. 4.1–2

Werk Linz Gesamtbilanz	Menge	Dim.	Energie absolut	Energie Anteil	Exergie absolut	Exergie Anteil
	10^6	–	MWh	%	MWh	%
Bezug:						
Steinkohle	2 203,6	kg	17 629 064	71,0	17 629 064	71,0
Koks	141,2	kg	1 115 559	4,5	1 115 559	4,5
Erdgas	120,1	m^3	1 214 478	4,9	1 221 082	4,9
Heizöl schwer	342,1	kg	3 907 090	15,7	3 907 090	15,7
Dieselöl, Benzin	7,8	l	77 240	0,3	77 240	0,3
Strom	227,3	kWh	227 290	0,9	227 290	0,9
Industriedampf	22,1	kg	19 286	0,1	7 276	–
Erz (Mischguteinsatz)	4 685,0	kg	65 588	0,3	65 588	0,3
sonstige Einsatzstoffe für Hochofen	161,9	kg	99 242	0,4	99 242	0,4
Schrott	199,0	kg	408 746	1,6	408 746	1,7
Legierungen	15,0	kg	71 151	0,3	71 151	0,3
Summe	–	–	24 834 734	100	24 829 328	100
Abgabe:						
Nutzenergie:						
Koks	476,9	kg	3 767 194	15,2	3 767 194	15,2
Kokereinebenprodukte	85,6	kg	795 978	3,2	795 978	3,2
Koksofengas	169,6	m^3	876 780	3,5	876 951	3,5
Strom	0,5	kWh	474	–	474	–
Industriedampf	14,7	kg	12 513	0,1	4 833	–
Sauerstoff	0,1	m^3	–	–	11	–
Stahlerzeugnisse	1 996,8	kg	4 101 329	16,5	4 101 329	16,5
fühlbare Wärme in Stoffen	–	–	1 938 232	7,8	976 295	3,9
Rauchgasverluste	–	–	4 010 145	16,2	1 631 673	6,6
Kühlwasserverluste	–	–	3 687 512	14,8	58 462	0,3
Umgebungsverluste	–	–	5 592 443	22,5	747 363	3,0
Lagerbewegung:						
+ Koks	12,7	kg	100 425	0,2	100 425	0,2
– Heizöl schwer	–4,2	kg	–48 291		–48 291	
Summe	–	–	24 834 734	100	13 012 697	52,4
Exergieverlust					11 816 631	47,6

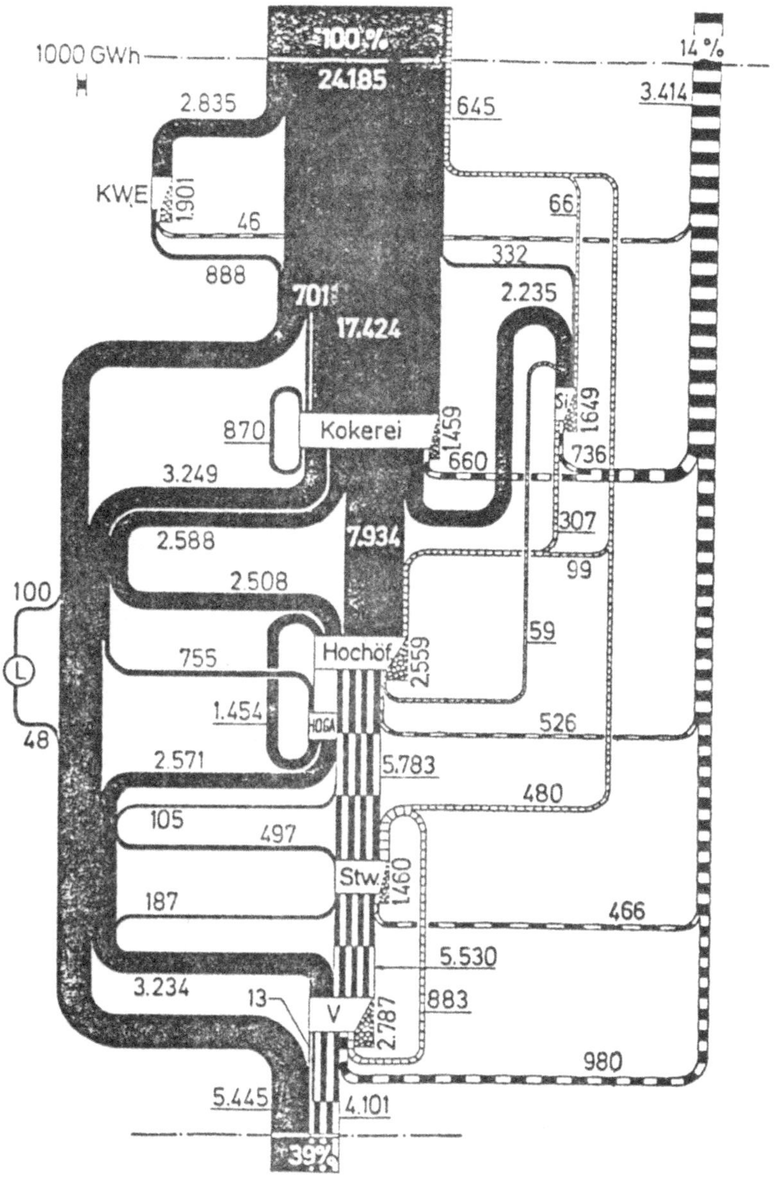

GBZ	Gebläsezentrale	Si	Sinter
HOGA	Hochofengas	Stw	Stahlwerk
KW, E	Kraftwerk	V	Verarbeitung

Abb. 4.1–1 Gesamtdarstellung des Exergieflusses

Würden keine Kokereiprodukte außerhalb des Werkes abgegeben bzw. für ein Hüttenwerk ohne Kokerei oder mit Kokerei nur für den Eigenbedarf, ergäbe die prozentuelle Aufteilung der Exergien etwa folgendes Bild:

Vom Nettoexergieeinsatz 100% fänden sich
20–25% der Exergien in den Stahlprodukten
60–65% als innere und
15–20% als äußere Exergieverluste.

Die Schwankungen hängen vor allem von den Faktoren Hüttenkraftwerk, Kokerei und Tiefe der Verarbeitungsstufen ab.

Werk Linz Stationsbeschreibungen

Kokerei

In der Kokerei können täglich bis zu 6 500 t Kohle verkokt werden, was einer jährlichen Kokserzeugung von etwa 1,7 Mio t entspricht. Hauptzweck der Kokerei ist die Versorgung der Hochöfen in Linz und Donawitz mit hochwertigem Hüttenkoks. Die Zufuhr der Kohle erfolgt zum größten Teil über die Donau, zum Teil aber auch über die Bahn. Die Lagerkapazität des Kohlenlagers am Hafen beträgt ca. 300 000 t und kann damit bei Vollauslastung ungefähr einen 1,5fachen Monatsbedarf auf Vorrat halten. Für die Kokserzeugung sind 10 Koksofenbatterien mit insgesamt 321 Kammern vorhanden. Die Beheizung der Koksöfen erfolgt wahlweise mit Mischgas (Hochofengas plus Koksofengas) oder mit Koksofengas.
Zur Erzeugung von Hochofengas werden die Ofenkammern mit rd. 14 t Kohle gefüllt. Die Garungszeit beträgt bei 1 250 °C Heizungstemperatur ca. 15,5 Stunden. Bei dieser trockenen Destillation entweichen die flüchtigen Bestandteile der Kohle als sogenanntes Rohgas. Der fest zusammengebackene Rückstand Koks wird aus den Öfen in glühendem Zustand ausgestoßen, in Löschtürmen mit Wasser abgelöscht und auf die Koksrampen abgekippt. Nach dem Absieben wird der Hochofenkoks mit Förderbändern zu den Hochöfen befördert oder für den Versand in Waggons verladen.
Außer Hochofenkoks wird Gießereikoks und Brechkoks für die Industrie und den Hausbrand erzeugt. Der beim Absieben abfallende Koksgrus dient als Brennstoff für die Sinterung von Erz in der Sinteranlage.
Das Rohgas wird indirekt mit Donauwasser gekühlt, wobei sich Rohteer und Gaswasser abscheiden. In zwei Stufenwäschern wird mittels Wasser Ammoniak und in zwei weiteren Stufenwäschern mit Waschöl das Benzol aus dem Gas gewaschen. Rohteer und das mit Wasserdampf aus dem Waschöl ausgetriebene Rohbenzol werden in den Nebengewinnungsanlagen zu wertvollen Produkten weiterverarbeitet.

Das gereinigte Koksofengas geht zu etwa 70% an die werkseigenen Betriebe und zu 30% als Rohstoff für die Düngemittelherstellung an die benachbarte Chemie Linz AG.
Zum Ausgleich von Verbrauchsschwankungen und zur Konstanthaltung des Leistungsdruckes steht ein 250 000 m³ fassender Gasbehälter zur Verfügung.
Die Energiebilanz der Kokerei zeigt vor allem einen geringen inneren Energieverlust, was zu einem sehr hohen inneren exergetischen Wirkungsgrad von 92,3% führt. Dies kann erklärt werden durch die Art des Prozesses: Die Trockendestillation ist ein chemischer Vorgang, und chemische Energie kann gemäß der eingangs vereinbarten Definition mit hinlänglicher Genauigkeit zur Gänze als Exergie angesehen werden. Die auftretenden Exergieverluste rühren hauptsächlich von der Verbrennung von Hochofengas und Koksofengas zur Unterfeuerung der Koksbatterien her.

Tab. 4.1–3

Stationsbilanz	Menge	Dim.	Energie		Exergie	
Kokerei			absolut	Anteil	absolut	Anteil
Werk Linz	10^6	–	MWh	%	MWh	%
Bezug:						
Steinkohle	2 178,0	kg	17 424 328	95,5	17 424 328	96.1
Hochofengas 950	530,7	m³	586 247	3,2	586 900	3.3
Strom	28,4	kWh	28 437	0,2	28 437	0,2
Industriedampf	241,8	kg	205 951	1.1	79 547	0,4
Nutzwasser	59,9	m³	4 971	–	4 971	–
Preßluft	17,0	m³	–	–	936	–
Summe	–	–	18 249 934	100	18 125 119	100
Abgabe:						
Nutzenergie:						
Koks	1 614,8	kg	12 756 809	69,9	12 756 809	70,4
Kokereinebenprodukte	93,7	kg	871 531	4,8	871 531	4,8
Koksofengas	460,5	m³	2 376 931	13,0	2 377 391	13,1
fühlbare Wärme:						
im Koks	1 614,8	kg	742 802	4,1	445 681	2.5
im Roh-Koksofengas	629,0	m³	206 935	1,1	111 330	0,6
Rauchgasverluste	1 898,0	m³	182 208	1,0	55 042	0,3
Kühlwasserverluste	59,9	m³	208 921	1,1	1 138	–
Umgebungsverluste:						
Wandverluste	–	–	182 503	1,0	46 796	0,2
Sonstige	–	–	721 294	4,0	–	–
Summe	–	–	18 249 934	100	16 665 718	91,9
Exergieverlust					1 459 401	8,1

Das Hauptanteil der Exergie der ungenutzten Wärmen ist als fühlbare Wärme an Koks und Rohkokereigas gebunden. Bei einer möglichen Rückgewinnung der fühlbaren Wärme aus dem Rohkokereigas ist allerdings besonderes Augenmerk auf die Kondensation von im Koksofengas enthaltenen Teer- und Benzolbestandteilen zu richten.
Die nach dem Ausdrücken des Kokses in diesem gebundene Exergie der fühlbaren Wärme wird derzeit durch Löschen mit Wasser vernichtet. Es wird jedoch an Kokstrockenlöschverfahren gearbeitet, die ein Recycling dieser Exergie, z. B. zur Kohlevorwärmung, möglich machen.

Kraftwerk

Das Kraftwerk dient der Versorgung der Hütte mit elektrischer Energie, es arbeitet auf kalorischer Basis und besteht aus einer Sammelschienenanlage mit einer Gesamtleistung von 175 MW und einer Blockanlage mit 85 MW.
Die Sammelschienenanlage arbeitet mit einem Frischdampfdruck von 64 bar. 7 Strahlungskessel mit Naturumlauf speisen den auf 500 °C erhitzten Dampf in die gemeinsame Frischdampfringleitung, aus der die Haupt- und 2 Hausmaschinen mit Dampf versorgt werden. Jeder Kessel kann auf jede Maschine gefahren werden. Die Kessel können mit festen (Kohle), flüssigen (Heizöl S, Kokereiöl) und gasförmigen (Erdgas, Koksofengas, Hochofengas) Brennstoffen befeuert werden.
Die 5 Hauptturbinen, Leistung je 32 MW, entspannen den Dampf auf Kondensatordruck von 0,03 bar. Das Kondensat wird von den Kondensatorpumpen durch insges. 6 Vorwärmstufen gedrückt.
Die 2 Hausmaschinen, Leistung je 7,5 MW, sind als Entnahme-Kondensationsturbinen ausgeführt, wobei der größte Teil des Primärdampfes in der Stufe bis 18 bar ausgenützt wird. Ein kleinerer Teil wird je nach Belastung im Niederdruckteil auf Kondensatordruck entspannt. Der 18 bar Entnahmedampf wird als Industriedampf über 2 Leitungen an die Hütte geliefert.
Die Blockanlage, Leistung 85 MW, besteht aus einem Zwangsdurchlaufkessel und einer Turbine mit Zwischenüberhitzung. Der Zwangsdurchlauf-Einrohrkessel wird durch 4 Heißwassererzeuger mit flüssigen und gasförmigen Brennstoffen beheizt. Der austretende Frischdampf geht mit 195 bar und 540 °C zur Turbine. Die Dampfdaten nach der Zwischenüberhitzung sind 46,6 bar, 540 °C.
Die Turbine entspannt den Frischdampf im Hochdruckteil auf 48,6 bar. Nach erfolgter Zwischenüberhitzung wird der Dampf im Mittel- und Niederdruckteil auf Kondensatordruck entspannt.

Im besonderen Fall Kraftwerk soll auf die typischen Unterschiede der energetischen und exergetischen Darstellung hingewiesen werden. Aufgrund der Energiebilanz machen allein die Verluste im Kühlwasser rund 48% der zugeführten Energie aus. Da im Kraftwerk Linz auch Gegensdruck-Dampfturbinen betrieben werden, liegt dieser Wert sogar noch unter dem üblichen Prozentsatz von Dampfkraftwerken. Bei den Kühlwasserverlusten handelt es sich zwar um einen großen Massenstrom, jedoch auf geringem Temperaturniveau gegenüber der Umgebung, der Exergieinhalt dieser Verluste ist daher sehr gering, wie aus der Exergiebilanz unmittelbar zu entnehmen ist. Vielmehr liegen die eigentlichen Verluste beim Kraftwerksprozeß nicht im Kühlwasser, sondern, wie die exergetischen Untersuchungen zeigen, vor allem beim Verbrennungsvorgang und dem darauf folgenden Wärmeübergang auf den Dampf im Kessel.

Tab. 4.1–4

Stationsbilanz Kraftwerk	Menge	Dim.	Energie		Exergie	
			absolut	Anteil	absolut	Anteil
Werk Linz	10^6	–	MWh	%	MWh	%
Bezug:						
Kokereinebenprod. (Rohteer)	8,1	kg	75 553	2,9	75 553	2,9
Koksofengas	17,2	m^3	88 817	3,4	88 835	3,4
Erdgas	47,0	m^3	475 870	18,4	478 458	18,4
Hochofengas 950	461,6	m^3	509 955	19,6	510 523	19,7
Heizöl schwer	125,5	kg	1 433 244	55,2	1 433 244	55,1
Nutzwasser	152,7	m^3	12 671	0,5	12 671	0,5
Summe	–	–	2 596 110	100	2 599 284	100
Abgabe:						
Nutzenergie:						
Strom	637,6	kWh	637 580	24,5	637 580	24,5
Industriedampf	531,1	kg	463 126	17,8	179 495	6,9
Speisewasser	138,6	kg	18 014	0,7	2 910	0,1
Wärme f. Heizölversorgung						
Hütte	216,6	kg	8 881	0,3	1 083	0,1
Rauchgasverluste	3 021,5	m^3	163 160	6,3	30 215	1,2
Kühlwasserverluste	152,7	m^3	1 242 709	47,9	15 725	0,6
Umgebungsverluste	–	–	62 640	2,5	–	–
Summe	–	–	2 596 110	100	867 008	33,4
Exergieverlust					1 732 276	66,6

Der exergetische Wirkungsgrad des Kraftwerksprozesses ist daher als äußerst schlecht zu bezeichnen, wobei sich die beiden oben definierten Wirkungsgrade nur geringfügig voneinander unterscheiden und der in erster Linie interessierende innere exergetische Wirkungsgrad bei

$$\eta\ \text{innerer} = 33{,}4\%$$

liegt.
Diese sogenannten inneren Exergieverluste sind auf irreversible Vorgänge im Dampfkessel zurückzuführen. Eine Verringerung dieser Verluste ließe sich grundsätzlich durch Erhöhung der Arbeitstemperaturen im Kessel erreichen.
Die Beherrschung hoher Temperaturen im Kraftwerksprozeß ist in erster Linie ein Werkstoffproblem. Es gibt schon seit Jahren ein gemeinsames Projekt der Vereinigten Edelstahlwerke mit dem Forschungszentrum Seibersdorf, das seit einiger Zeit auf internationale Basis im Rahmen der Internationalen Energieagentur gestellt werden konnte, dessen Ziel die Entwicklung von sogenannten Mehrfach-Dampfprozessen ist, bei denen in einer Art Energiekaskade Wärme mit höherer Temperatur als bei den bisher üblichen Wasserdampfprozessen genutzt werden kann. Für diese Prozesse werden Wirkungsgrade von 60% als durchaus realisierbar erwartet.

Erzvorbereitung

Die bei der Erzgewinnung und Erzaufbereitung anfallenden Feinerze können im Hochofen nicht direkt eingesetzt werden, sondern müssen vorher erst stückig gemacht werden. Auf einer 1973 in Betrieb genommenen Erzmischbettanlage mit anschließender Brech- und Siebanlage wird eine optimale Mischung und Steuerung der Korngröße der verschiedenen eingesetzten Erze erzielt, die sich besonders vorteilhaft auf die Leistung und auf den Energieverbrauch der Hochöfen auswirkt. Auf fünf Sinterbändern, d. s. endlose wandernde Roste, wird das mit festen Brennstoffen (Koksgrus) vermengte Feinerz aufgegeben und bei ca. 1 100 °C zu einem porösen, aber harten Kuchen gesintert. Das nun stückig gemachte Feinerz „Sinter" wird zusammen mit Koks und Zuschlägen den Hochöfen als Einsatz zugeführt. Die Erze stammen zu 50% vom steirischen Erzberg, es werden aber auch größere Mengen ausländischer Erze verhüttet.

Tab. 4.1–5

Stationsbilanz Erzvorbereitung	Menge	Dim	Energie		Exergie	
			absolut	Anteil	absolut	Anteil
Werk Linz	10^6	–	MWh	%	MWh	%
Bezug:						
Steinkohle	25,2	kg	201 624	7,5	201 624	7,5
Koks	257,4	kg	2 033 413	75,3	2 033 413	75,5
Hochofengas 950	197,4	m^3	218 082	8,1	218 324	8,1
Strom	108,0	kWh	107 980	4,0	107 980	4,0
Industriedampf	16,3	kg	13 857	0,5	5 352	0,2
Nutzwaser	2,2	m^3	185	–	185	–
Preßluft	6,1	m^3	–	–	335	–
Gichtstaub, Reaktionsenthalpie	63,0	kg	59 453	2,2	59 453	2,2
Mischguteinsatz	4 685,0	kg	65 588	2,4	65 588	2,5
Summe	–	–	2 700 182	100	2 692 254	100
Abgabe:						
Nutzenergie:						
Sinter an Hochofen	3 573,3	kg	307 302	11,4	307 302	11,4
fühlbare Wärme des Sinters						
am Abwurf	3 930,6	kg	(786 121)	–	(420 574)	–
davon: Kühlluftenthalpie	14 427,0	m^3	675 184	25,0	122 967	4,6
Restwärme im Sinter	3 573,3	kg	57 172	2,1	7 032	0,3
Umgebungsverluste						
Kühler	–	–	53 765	2,0	–	–
Rauchgasverluste	9 618,0	m^3	1 240 722	45,9	605 934	22,5
Umgebungsverluste	–	–	366 037	13,6	–	–
Summe	–	–	2 700 182	100	1 043 235	38,8
Exergieverlust					1 649 019	61,2

Hochöfen

Die wohl bedeutendste Verfahrensstufe bei der Verhüttung von Erz zu Stahl ist der Hochofen; er ist einerseits in jedem Hüttenwerk die Energiedrehscheibe, andererseits bildet er den Kernpunkt der exergetischen Umsetzung.
Von den fünf Hochöfen, die im Jahre 1976 in Betrieb waren, haben drei einen Gestelldurchmesser von 8 m und je einer von 7 m und 6 m.
Alle Öfen sind mit Regelanlagen zum Eindüsen von Schweröl ausgestattet. Der Gebläsewind kann mit Sauerstoff angereichert werden und die Windfeuchtigkeit wird innerhalb bestimmter Grenzen gehalten.

Das erschmolzene Roheisen wird alle 3 Stunden abgestochen und mit 60-t-Pfannen flüssig in die LD-Stahlwerke transportiert. Für den Bedarf an festem Roheisen stehen zwei Masselgießmaschinen zur Verfügung, auf denen 50 kg schwere Roheisenmasseln erzeugt werden können.
Die Erzeugung der Hochöfen hängt wesentlich von der Betriebsweise und der Beschickung ab. Sie beträgt bei den drei großen Öfen bis zu 2 000 t, bei den kleineren zwischen 1 200 t und 1 500 t täglich.
Im Jahre 1977 wurde der Großhochofen A in Betrieb genommen. Dieser ist für eine Jahresleistung von 1 800 000 t Roheisen vorgesehen. Bei einem Gestelldurchmesser von 11 m und einem Nutzinhalt von 2 504 m^3 beträgt die Nennleistung 5 500 t Roheisen/24 Std. Die Einsatzstoffe werden über Bandanlagen zum Möllergebäude geliefert. Dort erfolgt rechnergesteuert die Zusammenstellung der Gichten, der Bandtransport in die Gichtbunker des glockenlosen Gichtverschlusses (System Paul Würth) und die Aufgabe und Verteilung des Möllers.
Die freitragende Ofenkonstruktion, in einem Gerüst geführt, wurde für einen maximalen betrieblichen Gegendruck von 2,5 bar konzipiert.
Die Kühlung erfolgt im Boden durch eine in Graphit geführte Wasserkühlung. Der Ofenmantel wird durch 12 Reihen innenliegender Kühlplatten mit druckloser Verdampfungskühlung nach dem Naturumlaufsystem geschützt.
Die Ausmauerung besteht im Gestell aus Kohlenstoffblöcken, ab Windformebene aus Schamottsteinen, der Schacht wurde mit Spritzmassen zugestellt.
Die Windversorgung wird mit 2 Vollast-Dampfturbogebläsen mit einer maximalen Leistung von je 380 000 m^3/h bei 5 bar Überdruck vorgenommen.
Eine 4-Wind-Erhitzeranlage mit außenstehendem Brennschacht ermöglicht maximale geregelte Heißwindtemperaturen von 1 350 °C. Der Wind wird über 28 Formen dem Ofen zugeführt. Ein Schwerölzusatz bis 80 kg/t Roheisen ist möglich.
Die Gasreinigung erfolgt nach einem Staubsack in einem 2stufigen Ringspaltwäscher, der auch die Gichtdruckregelung übernimmt. Der Ofen verfügt über 3 Roheisenabstiche in 2 Gießhallen, von denen 2 alternierend betrieben werden. Der Roheisentransport wird mit Rohrpfannen von 300 t Füllvolumen vorgenommen, die über eine Entschwefelungsanlage nach dem Tauchlanzenverfahren zu den Stahlwerken geführt werden.
Das beim Hochofenprozeß anfallende Hochofengas wird vom Staub gereinigt und findet im Hüttenwerk als Heizgas verschiedenste Verwendung. Ein Gasometer mit 100 000 m^3 Inhalt dient zum Ausgleich der Druckschwankungen. Die anfallende Hochofenschlacke wird in einer Schlackenverwertungsanlage restlos weiterverarbeitet und ergibt wertvolle Rohstoffe für die Bauindustrie und Isoliermaterial für verschiedene technische Zwecke.
Die Darstellung des Hochofenbetriebes erfolgt unterteilt nach Gebläsezentrale, Hochöfen einschließlich Winderhitzer und Hochofengasanreicherung.

Tab. 4.1–6

Betrieb: Hochofen, Gebläsezentrale Werk Linz	Menge	Dim.	Energie absolut	Energie Anteil	Exergie absolut	Exergie Anteil
	10^6	–	MWh	%	MWh	%
Bezug:						
Koksofengas	12,9	m^3	66 791	6,8	66 804	7,0
Hochofengas 950	725,4	m^3	801 382	81,2	802 274	84,2
Heizöl schwer	3,0	kg	34 294	3,5	34 187	3,6
Strom	21,7	kWh	21 656	2,2	21 656	2,3
Industriedampf	63,5	kg	54 115	5,5	20 901	2,2
Speisewasser	19,4	kg	2 516	0,2	406	–
Nutzwasser	76,2	m^3	6 324	0,6	6 324	0,7
Summe	–	–	987 078	100	952 552	100
Abgabe:						
Nutzenergie:						
Strom	77,5	kWh	77 503	7,8	77 503	8,1
Industriedampf	69,6	kg	60 736	6,2	23 540	2,5
Speisewasser	52,0	kg	6 762	0,7	1 092	0,1
Preßluft	46,8	m^3	–	–	2 573	0,3
Kaltwind an Hochofen	2 798,6	m^3	103 550	10,5	33 584	3,5
Rauchgasverluste	1 361,4	m^3	88 493	9,0	20 422	2,1
Kühlwasserverluste	57,1	m^3	465 318	47,1	6 057	0,6
Kühlwasser an Hochofen-gasreinigung	19,1	m^3	155 104	15,7	2 019	0,2
Umgebungsverluste	–	–	29 612	3,0	–	–
Summe	–	–	987 078	100	166 790	17,5
Exergieverlust					785 762	82,5

Die Gebläsezentrale (abgekürzt GBZ) weist mit 17,5% einen sehr schlechten inneren exergetischen Wirkungsgrad auf, der erklärt werden kann durch die Vielfalt der dort erfolgenden Umformungsvorgänge – Erzeugung des Kaltwindes, von Preßluft, Dampf und Speisewasser – und die in die Gebläsezentrale integrierten Anlagen zur Notstromversorgung. Es wird daher erforderlich sein, die Gebläsezentrale innerhalb der gewählten Bilanzgrenzen näher zu untersuchen mit dem Ziel, den Wirkungsgrad durch Mehrfachnutzung der eingesetzten Exergien nach Möglichkeit zu verbessern.

Tab. 4.1–7

Stationsbilanz Hochofen, Betrieb Werk Linz	Menge	Dim.	Energie		Exergie	
			absolut	Anteil	absolut	Anteil
	10^6	–	MWh	%	MWh	%
Bezug:						
Steinkohle	0,4	kg	3 112	–	3 112	–
Koks	1 004,3	kg	7 933 985	69,1	7 933 985	69,7
Koksofengas	2,1	m^3	10 866	0,1	10 868	0,1
Erdgas	2,0	m^3	20 452	0,2	20 564	0,2
Hochofengas 950	1 314,9	m^3	1 452 646	12,7	1 454 263	12,8
Heizöl schwer	130,0	kg	1 490 348	13,0	1 485 666	13,1
Strom	15,6	kWh	15 570	0,1	15 570	0,1
Industriedampf	39,1	kg	33 341	0,3	12 878	0,1
Nutzwasser	45,8	m^3	3 804	–	3 804	–
Reinwasser	0,1	m^3	10	–	10	–
Preßluft	39,4	m^3	–	–	2 165	–
Sauerstoff	0,2	m^3	–	–	14	–
Kaltwind von Gebläsezentrale	2 798,6	m^3	103 550	0,9	33 584	0,3
Sinter von Erzvorbereitung	3 573,3	kg	307 302	2,7	307 302	2,7
Sonstige Einsatzstoffe	161,9	kg	99 242	0,9	99 242	0,9
Nutzwasser $t = t_u + 7\ °C$	19,1	m^3	(155 104)	–	(2 019)	–
Summe	–	–	11 474 228	100	11 383 027	100
Abgabe:						
Nutzenergie:						
Hochofengas 800, Anreichg.	3 546,1	m^3	3 265 962	28,2	3 269 508	28,7
Roheisen	2 223,2	kg	6 060 454	52,9	5 782 554	50,8
Gichtstaub, Reaktionsenth.	63,2	kg	59 453	0,5	59 453	0,5
fühlbare Wärme in Stoffen:						
Hochofengas (trocken)	3 691,4	m^3	391 289	3,4	118 125	1,0
(Wasserdampf)	72,9	kg	60 872	0,5	16 111	0,2
Gichtstaub	63,2	kg	3 668	–	1 075	–
Schlacke	809,2	kg	378 727	3,3	180 462	1,6
Rauchgasverluste	2 362,9	m^3	141 774	1,3	28 355	0,2
Kühlwasserverluste	45,8	m^3	186 847	1,6	1 467	–
Umgebungsverluste:						
Hochofengas 800, Fackelv.	145,3	m^3	133 822	1,1	133 967	1,2
Wärmeabgabe Oberfläche	–	–	101 201	0,9	18 535	0,2
Sonstige	–	–	690 159	6,0	–	–
Summe	–	–	11 474 228	100	9 609 612	84,4
Exergieverlust					1 773 415	15,6

Tab. 4.1–8

Stationsbilanz Hochofen, -gasanreicherung Werk Linz	Menge	Dim	Energie		Exergie	
			absolut	Anteil	absolut	Anteil
	10^6	–	MWh	%	MWh	%
Bezug:						
Hochofengas 800	3 546,1	m^3	3 265 962	81,3	3 269 508	81,2
Koksofengas	33,2	m^3	171 487	4,3	171 520	4,3
Erdgas	57,4	m^3	580 260	14,4	583 412	14,5
Summe	3 636,7	m^3	4 017 709	100	4 024 440	100
Abgabe:						
Hochofengas 950	3 636,7	m^3	4 017 709	100	4 022 181	99,9
Exergieverlust					2 259	0,1

Im Hochofenprozeß selbst wird die Exergie des Kokses durch die Reduktion des Sinters auf das Roheisen übertragen. Im Hochofen laufen in der Hauptsache chem. Prozesse, was erklärt, daß der innere exergetische Wirkungsgrad mit 84,4% hoch ist. Allein im Roheisen sind rund 50% der zugeführten Exergien gebunden, weitere 29% werden als Hochofengas abgegeben. Zum Zwecke weiterer Verbesserung des Wirkungsgrades wurde beim neuen Hochofen A im Werk Linz der aus dem Carnot-Faktor resultierenden Forderung nach möglichst hohen Prozeß-Temperaturen in Form von Heißwindtemperaturen bis zu 1 350 °C bereits Rechnung getragen.
Den größten Teil der Exergie der ungenutzten Wärmen stellt die fühlbare Wärme in der Schlacke und im Hochofengas dar, deren Nutzung in Wärmetauschern denkbar ist. Im Falle des Hochofens A, der mit einem Gegendruck an der Gicht von 2,2 bar betrieben wird, wird ein Projekt zum Einbau einer Entspannungsturbine in den Gichtgasstrom verfolgt (Abb. 4.1–2).

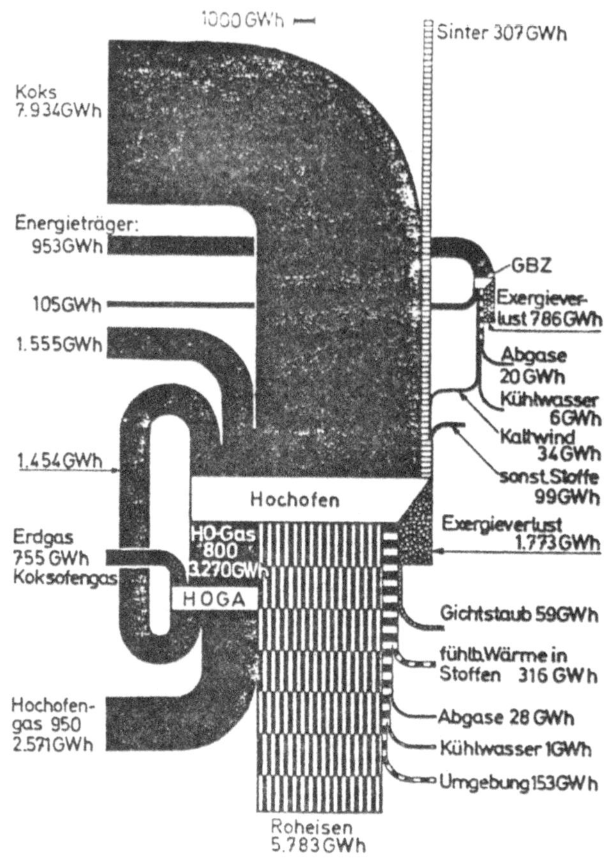

Abb. 4.1–2 Hochofenbetrieb, Exergiefluß

Stahlwerke

Im Werk Linz stehen 3 Stahlwerke in Betrieb, von denen das älteste das Stahlwerk I neben den nachstehend beschriebenen drei 30-t-LD-Tiegeln über zwei Elektroöfen von je 25 t und eine 6-t-Mittelfrequenzofenanlage verfügt.

Die LD-Stahlwerksanlagen im Stahlwerk I mit drei 30-t-Tiegeln nahmen im Jahre 1952 als erste Produktionsanlage der Welt die Stahlerzeugung nach diesem in Österreich entwickelten Herstellungsverfahren auf. Es werden dabei aus einem metallischen Einsatz, der sich aus etwa 80% flüssigem Roheisen und dem Rest von etwa 20% Schrott zusammensetzt, durch Aufblasen von reinem Sauerstoff mit einem Druck von rd. 10 bar durch eine wassergekühlte Lanze in ca. 15–18 Minuten Stahl erzeugt.

Als Speicher und zur Homogenisierung des von den Hochöfen gelieferten flüssigen Roheisens stehen in diesem Stahlwerk zwei Roheisenmischer von je 1 000 t zur Verfügung.
Zur Erzeugung vakuumbehandelter Stähle ist in diesem Betrieb eine Stahlentgasungsanlage installiert, die nach dem Dortmund-Hörde-Vakuumverfahren arbeitet. Sie ermöglicht die Erzeugung von Stählen mit besonderem Reinheitsgrad an Gas- und Oxydgehalt sowie spezieller vakuumentkohlter Tiefziehstähle.
Das LD-Stahlwerk I wurde 1977 außer Betrieb genommen.
Das LD-Stahlwerk II (Inbetriebnahme 1959) arbeitet mit drei 50-t-LD-Tiegeln. Hier stehen zwei Roheisenmischer von 1 000 t und 1 200 t.
Das LD-Stahlwerk III ging 1973 mit einem 130-t-Tiegel, 1975 mit einem zweiten gleichgroßen Tiegel in Betrieb. Für die Speicherung von Roheisen wurde ein 2 000-t-Mischer installiert.
Der in den Stahlwerken erzeugte Stahl wird in den zugeordneten Gießhallen zum Teil in Kokillen zu Rohstahlbrammen vergossen. Ein wachsender Anteil des Rohstahles wird in den Brammenstranggußanlagen zu Stranggußbrammen von 1 000 bis 1 600 mm Breite und einer Dicke von 170 mm bis 225 mm vergossen, wobei die gegossenen Stränge mit einer Autogenbrennschneideanlage auf die dem Walzwerk entsprechende Länge geteilt werden. Zwei Brammenstranggußanlagen sind im LD-Stahlwerk II, eine im LD-Stahlwerk III in Betrieb.
Der hohe Sauerstoffbedarf der LD-Stahlwerke wird durch eine zentrale Sauerstoffanlage gedeckt. Mit einer Leistung von ca. 50 000 m^3/h wird hier Sauerstoff mit einer Reinheit von über 99,6% erzeugt. Außer den Hauptabnehmern, den LD-Stahlwerken, werden auch viele andere Betriebe, die Sauerstoff für metallurgische und thermische Zwecke benötigen, über Rohrleitungen versorgt. Der gleichzeitig anfallende Stickstoff wird derzeit nur zum Teil, und zwar in flüssiger Form, genutzt.
In die Exergiebilanz der Stahlwerksbetriebe sind die Kessel zur Abhitzeverwertung mit eingeschlossen. Der gute innere exergetische Wirkungsgrad von 80,9% basiert auf der hohen Exergienutzung im LD-Prozeß. Die Exergieverluste rühren weitestgehend aus der schlechten Verwertung der Exergie der Tiegelabgase her, da ein Gas, das zu einem hohen Prozentsatz aus CO besteht und außerdem eine Temperatur von 1 400 °C aufweist, nur zur Erzeugung von Dampf mit einer Temperatur von letzten Endes 300 °C verwendet wird. Ein Verfahren, in dem die Exergien der Tiegelabgase besser genutzt werden, muß daher erwogen werden.

Tab. 4.1–9

Stationsbilanz Stahlwerke, Betrieb Werk Linz	Menge	Dim.	Energie absolut	Energie Anteil	Exergie absolut	Exergie Anteil
	10^6	–	MWh	%	MWh	%
Bezug:						
Koksofengas	34,1	m^3	176 236	2,3	176 270	2,3
Erdgas	1,8	m^3	18 247	0,2	18 347	0,3
Heizöl schwer	9,5	kg	108 946	1,4	108 604	1,4
Strom	94,6	kWh	94 613	1,2	94 613	1,3
Industriedampf	49,1	kg	41 809	0,5	16 148	0,2
Speisewasser	5,5	kg	715	–	116	–
Nutzwasser	28,5	m^3	2 365	–	2 365	–
Reinwasser	2,3	m^3	159	–	159	–
Preßluft	69,3	m^3	–	–	3 810	0,1
Sauerstoff	139,8	m^3	–	–	10 901	0,1
Roheisen von Hochofen	2 223,2	kg	6 060 454	76,7	5 782 554	76,0
Schrott	629,0	kg	1 291 966	16,8	1 291 966	17,4
Legierungen	15,0	kg	71 151	0,9	71 151	0,9
Summe	–	–	7 866 661	100	7 577 004	100
Abgabe:						
Nutzenergie:						
Rohstahl (Blöcke und Strangguß)	2 654,1	kg	5 451 014	69,0	5 451 014	71,6
fühlbare Wärme bei Warmlieferung	1 390,0	kg	133 440	1,7	62 550	0,8
Rohstahl flüssig an Gießerei	7,0	kg	16 861	0,2	16 048	0,2
Tiegelgas	172,1	m^3	612 539	7,8	577 633	7,6
fühlbare Wärme der Schlacke	331,8	kg	153 939	1,9	103 511	1,4
Rauchgasverluste	334,1	m^3	80 184	1,0	37 753	0,5
Kühlwasserverluste	30,8	m^3	243 478	3,1	2 956	–
Umgebungsverluste:						
Abkühlung der Blöcke	–	–	409 832	5,2	150 122	2,0
Abkühlung der Stranggußbrammen	–	–	196 318	2,5	71 911	1,0
Sonstige	–	–	569 056	7,6	–	–
Summe	–	–	7 866 661	100	6 473 498	85,1
Exergieverlust					1 103 506	14,9

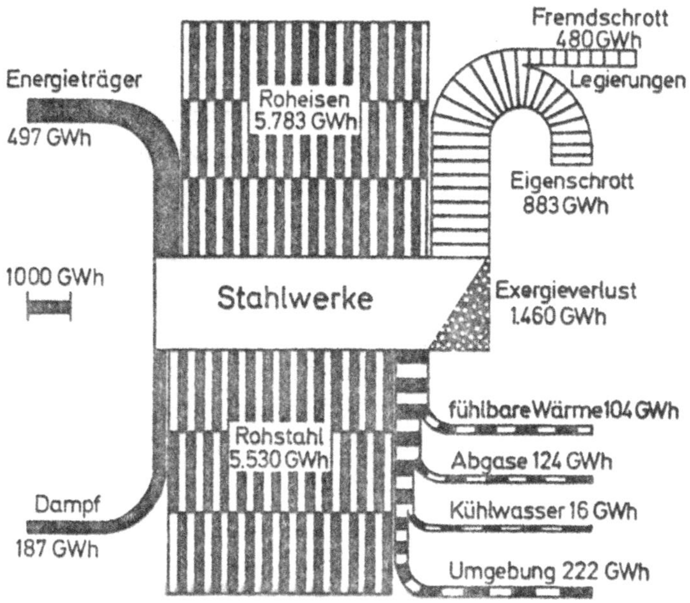

Abb. 4.1–3 Stahlwerke, Exergiefluß

Tab. 4.1–10

Stationsbilanz Stahlwerke, Abhitzekessel Werk Linz	Menge	Dim.	Energie		Exergie	
			absolut	Anteil	absolut	Anteil
	10^6	–	MWh	%	MWh	%
Bezug:						
Kokereigas	1,1	m^3	5 900	0,8	5 901	0,9
Erdgas	1,6	m^3	15 688	2,1	15 774	2,5
Hochofengas 950	4,8	m^3	5 261	0,7	5 267	0,8
Heizöl schwer	2,1	kg	24 414	3,2	24 337	3,8
Speisewasser	687,5	kg	89 380	11,9	14 438	2,2
Tiegelgas	172,1	m^3	612 539	81,3	577 633	89,8
Summe	–	–	753 182	100	643 320	100
Abgabe:						
Wärmeabfuhr mit Filterwasser	–	–	92 820	12,3	13 600	2,1
Nutzenergie:						
Abhitzedampf	586,1	kg	486 622	64,6	187 429	29,1
Rauchgasverluste						
Kessel: Blasebetrieb	621,5	m^3	96 788	12,9	85 336	13,3
Zwischenfeuerung	41,5	m^3	830	0,1	83	–
Fremdüberhitzer	18,1	m^3	2 541	0,3	907	0,2
Umgebungsverluste	–	–	73 581	9,8	–	–
Summe	–	–	753 182	100	287 355	44,7
Exergieverlust					355 965	55,3

Einigermaßen ins Gewicht fällt auch die Exergie der ungenutzt an die Umgebung abgeführten Wärmen. Ein Großteil dieser Verluste wird durch die Abkühlung der Blöcke und Stranggrußbrammen von Gießtemperatur auf etwa 600 °C bei Warmlieferung an das Walzwerk bzw. auf Umgebungstemperatur bei Stranggußbrammen verursacht. Hier kann eine Verringerung der Verluste vor allem durch Anstreben eines hohen Anteiles an Warmeinsatz bzw. weitestgehende Warmverformung in einer Hitze erfolgen.
Andererseits sollte man diese Umgebungsverluste auch nicht überschätzen, da im Vergleich zum spezifischen chemischen Exergieinhalt des Rohstahles von 2 050 Wh/kg die Exergie der fühlbaren Wärme bei einer Blocktemperatur von 600 °C nur mit 45 Wh/kg zu Buche schlägt. Darüber hinaus wartet vor allem das Problem der technischen Nutzung von Abwärmen auf Kühlbetten noch auf befriedigende Lösungen bzw. ist, wenn überhaupt realisierbar, voraussichtlich nur mit entsprechend hohem Aufwand zu bewältigen.

Walzwerke

In den Betrieben der Warm- und Kaltwalzwerke wird der größte Anteil, derzeit über 96%, des in den Stahlwerken erzeugten Rohstahls, der als Brammenblöcke bzw. Stranggußbrammen angeliefert wird, zu Blechen verwalzt. Der gesamte Rohstahl muß zuerst das Warmwalzwerk durchlaufen. Dieses hat drei Walzstraßen:

- Die schwere Blockbrammenstraße, auf der Rohbrammen bis zu einem Gewicht von 17 t zu Vorbrammen für die Fertigstraßen bzw. Rohblöcke zu Einsatzmaterial für die Schmiede (Knüppel) ausgewalzt werden. Die vorgewalzten Brammen müssen vor dem weiteren Einsatz in der 4,2-Quarto-Grobblechstraße bzw. in der halbkontinuierlichen Warmbreitbandstraße zur Entfernung von Oberflächenfehlern geflämmt werden.
- Die 4,2-m-Grobblechstraße besitzt eines der schwersten Walzgerüste Europas. Hier können Bleche bis zu 40 t Gewicht bis max. 4 m Breite und einer Stärke von 6–250 mm hergestellt werden. Diese Blöcke werden für den Schiffsbau, Behälter- und Apparatebau, den Großrohrleitungsbau usw. benötigt.
- Die Warmbreitbandstraße besteht aus einem 2,7-m-Quarto-Vorgerüst und einer 7gerüstigen Fertigtandemstraße, durch die das Vormaterial, geflämmte Vorbrammen oder Stranggußbrammen, in einer Hitze kontinuierlich läuft.

Das Warmband kann in einer Stärke von 1,5–12 mm mit einer Breite von 700–1 540 mm gewalzt werden und wird anschließend entweder in bis zu 28 t schwere Rollen (Coils) aufgehaspelt oder in Tafeln zerschnitten.
Zur Erwärmung von Rohblöcken auf Walztemperatur (ca. 1 250 °C) stehen derzeit 41 Tieföfen, für die Vorbrammen und Stranggußbrammen mehrere Stoßöfen, darunter zwei leistungsstarke 350-t-Stoßöfen, zur Verfügung.
In den Kaltwalzwerken werden Bleche mit besonders hohen Anforderungen an die Oberfläche in Stärken zwischen 0,20 und 2,99 mm in Breiten von 700–1 540 mm erzeugt. Diese werden besonders für Tiefziehteile z. B. in der Automobilindustrie und in der Elektrobranche benötigt.
Im Kaltwalzwerk I durchläuft das vorher warmgewalzte Band nach Durchlauf einer Schwefelsäurebandbeize, in der der Walzzunder entfernt wird, eines der beiden Quarto-Reversiergerüste oder das Sendzimir-20-Rollen-Walzgerüst. Bei einer Verformung von ca. 60% wird die hohe Oberflächenqualität erreicht, die nach einer Glühbehandlung in einem Banddurchlaufofen oder einer Haubenglühanlage in einem abschließenden Walzvorgang in einem Dressiergerüst noch verfeinert wird.
In einer ausgedehnten Adjustage von mehreren Scherenlinien wird das Blech unter laufenden Qualitätskontrollen auf die den Kundenwünschen entsprechende Abmessungen gebracht und versandbereit gemacht. Die Leistung des Kaltwalzwerkes I beträgt ca. 50 000 t/Monat.
Das Kaltwalzwerk II wurde 1974 in Betrieb genommen. Nach einer mit Salzsäure betriebenen Bandbeize durchläuft hier das Vormaterial kontinuierlich eine 4gerüstige Tandemstraße und hat nach dem Austritt aus dem letzten Walzengerüst die vorgesehene Stärke, die zwischen 0,25 mm und 2,99 mm liegt, erreicht.
Die Haubenglühanlage, ein separates Dressiergerüst, sowie die notwendige Adjustage, Inspektions- und Versandeinrichtungen ergänzen die Einrichtungen dieses Walzwerkes.
Im über 6 ha großen Hallenkomplex des Kaltwalzwerkes II lief 1973 eine Bandverzinkungsanlage an, die in der ersten Ausbaustufe eine Leistung von 6 000 t/Monat hat. Kaltgewalztes Blech wird hier beidseitig in einem Feuerverzinkungsverfahren mit einer Zinkauflage von 180–500 g/m² kontinuierlich beschichtet. Die Banddikken liegen zwischen 0,25 und 2,50 mm, die Breiten zwischen 600 und 1 540 mm.

Schmiede

Ca. 2% des Rohstahles gehen in Form von Schmiedeblöcken oder vorgewalzten Knüppeln in die Schmiede. Die Schmiede hat drei Abteilungen, die Freiformschmiede, die Gesenkschmiede und die Blechpresserei.
In der Freiformschmiede können Schmiedeblöcke aus unlegierten und legierten vakuumentgasten Stählen bis zu einem Blockgewicht von 42 t verarbeitet werden. Dazu stehen acht Pressen (max. 2 000 t Preßdruck), 10 Hämmer und eine Horizontalstauchmaschine zur Verfügung.
Auf diesen Maschinen werden Schiffswellen, Warm- und Kaltwalzen, Turbinenläufer, Getriebeteile usw. hergestellt.
Die Gesenkschmiede ist in der Lage, auf 10 Gesenkhämmern, darunter ein moderner 63-mt-Gegenschlaghammer, mit den dazugehörigen Vorschmiede- und Abgratpressen und einer Horizontalstauchmaschine Gesenkschmiedestücke verschiedenster Art bis zu einem maximalen Gewicht von 2 t zu erzeugen.
Das Haupterzeugnis der Blechpresserei sind ein- und mehrteilige Böden für den Behälter- und Apparatebau bis zu einem Durchmesser von 4 m und einer Stärke von 100 mm. Außerdem können Halbschüsse bis zu 200 mm Stärke, Segmente für Kugelbehälter sowie Rahmenlängsträger für Lastkraftwagen in diesem Betrieb hergestellt werden. Die Monatserzeugung des Schmiedebetriebes beträgt ca. 4 200 t.

Gießerei

Auch die Gießerei hat drei Betriebsabteilungen:

In der Graugießerei werden Kokillen und Gießplatten nur für den Bedarf der eigenen Stahlwerke erzeugt. Die Formen und Kerne für die Kokillen werden rationell mit einer Slingeranlage hergestellt. Zur Erzeugung des Graugusses sind zwei Heißwind-Kupolöfen mit einer Stundenleistung von je 14 t vorhanden. Kokillen und Platten werden aus Mischeisen (ca. 40% Kupolofeneisen und 60% Roheisen aus dem Hochofen), wofür ein fahrbarer 100-t-Mischer zur Verfügung steht, vergossen.
Die Stahlgießerei, die in der Hauptsache aus den Elektroöfen des Stahlwerkes I versorgt wird, erzeugt handgeformte Stücke bis 100 t bei einer Kapazität von ca. 600 t/Monat. In legierten und unlegierten Stahlqualitäten werden Gußstücke für den Dampf-, Wasser- und Gasturbinenbau, Anlagen der Kernenergiegewinnung, den allgemeinen Maschinenbau und für zahlreiche andere Anwendungsgebiete erzeugt.

Tab. 4.1–11

Stationsbilanz Verarbeitung Werk Linz	Menge	Dim	Energie		Exergie	
			absolut	Anteil	absolut	Anteil
	10^6	–	MWh	%	MWh	%
Bezug:						
Koks	4,7	kg	37 351	0,4	37 351	0,4
Koksofengas	189,9	m^3	980 054	10,6	980 242	11,2
Erdgas	10,3	m^3	103 961	1,1	104 527	1,2
Hochofengas 950	402,0	m^3	444 136	4,8	444 630	5,1
Heizöl schwer	76,2	kg	873 198	9,5	870 456	10,0
Benzin, Dieselöl	7,8	l	77 240	0,8	77 240	0,9
Strom	441,7	kWh	441 745	4,8	441 745	5,0
Industriedampf	773,8	kg	659 148	7,1	254 591	2,9
Speisewasser	95,1	kg	12 368	0,1	1 998	–
Nutzwasser	77,4	m^3	6 428	0,1	6 428	0,1
Reinwasser	40,0	m^3	2 760	–	2 760	–
Preßluft	167,0	m^3	–	–	9 186	0,1
Sauerstoff	33,0	m^3	–	–	2 578	–
Rohstahl vom Stahlwerk	2 661,1	kg	5 601 315	60,6	5 529 612	63,1
Summe	–	–	9 239 704	100	8 763 344	100
Abgabe:						
Nutzenergie:						
Speisewasser	608,1	kg	79 057	0,8	12 771	0,2
Stahlerzeugnisse	1 996,8	kg	4 101 329	44,4	4 101 329	46,8
Schrott an Stahlwerke	430,0	kg	883 220	9,6	883 220	10,1
Rauchgasverluste	12 584,0	m^3	2 013 445	21,8	767 626	8,7
Kühlwasserverluste	117,4	m^3	1 092 315	11,8	15 500	0,2
Umgebungsverluste	–	–	1 070 338	11,6	196 033	2,2
Summe	–	–	9 239 704	100	5 976 479	68,2
Exergieverlust					2 786 865	31,8

Wärmebehandlungsbetriebe

Die Wärmebehandlungsbetriebe setzen sich aus einer Vergüterei, einer Zentralhärterei sowie einer Oberflächenhärterei zusammen. Mit ihren modernen Einrichtungen ermöglichen sie sämtliche Wärmebehandlungen an Guß- und Schmiedestücken sowie an Blechen und diversen Konstruktionen.
In der Oberflächenhärterei werden sämtliche Kaltwalzen für die Kaltwalzwerke sowie für Kunden in der ganzen Welt gehärtet. Besonders auf dem Gebiet von geschmiedeten Warmwalzen für Aluminium- und Buntwalzwerke hat sich die Oberflächenhärterei einen führenden Ruf erworben.
Im Bereich der Walzwerke und der weiterverarbeitenden Betriebe fällt zunächst der relativ schlechte innere exergetische Wirkungsgrad von rund 68% auf. Die Exergie der zugeführten Energieträger, im wesentlichen die Brennstoffe für die Öfen (Koksofengas, Hochofengas, Heizöl) und elektrische Energie geht bei der Verbrennung und Verformung zu einem erheblichen Teil verloren. Insbesondere bedeutet Verformungsarbeit praktisch 100% Exergieverlust.

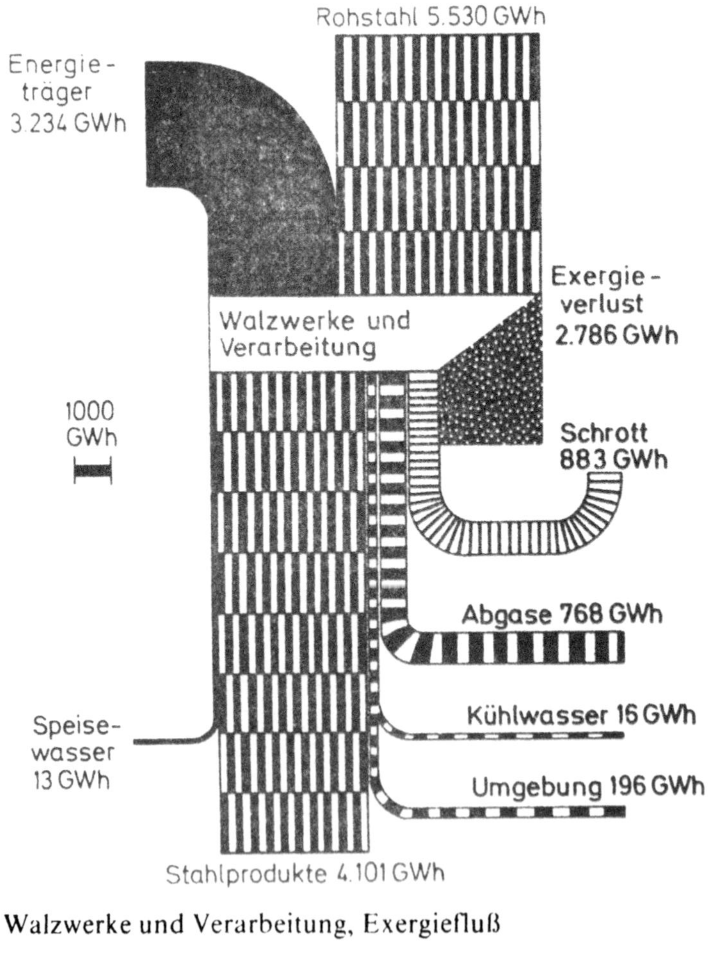

Abb. 4.1–4 Walzwerke und Verarbeitung, Exergiefluß

Verformung und sonstige Weiterverarbeitung erfolgen bekanntlich ohne chemische Umsetzungen, so daß die chemische Exergie der fertigen Stahlprodukte praktisch gleich ist der des eingesetzten Rohstahls. Die Fertigprodukte verlassen den Verarbeitungsbereich kalt, zum Unterschied vom Einsatz, der einen Anteil an fühlbarer Wärme vom Stahlwerk her mitbringt. Die zur Verformung notwendige und in den Öfen dem Material zugeführte Wärme wird zur Gänze an die Umgebung abgegeben.
Ansätze für die wirtschaftliche Energierückgewinnung finden sich am ehesten bei einer weitgehenden Nutzung der noch vorhandenen Abgaswärmen, die gemäß den vorliegenden Bilanzen den größten Anteil an noch ungenutzten Exergien ausmachen. Vorwärmung der Verbrennungsluft auf möglichst hohe Temperaturen und als letztes Glied der Kette der Einsatz von Ekonomisern zur Gewinnung von Heizwärme sind ein heute schon vielfach beschrittener Weg. Gelänge es beispielsweise, nur 50% der in den Walzwerken und Verarbeitungsbetrieben ausgewiesenen Exergieverluste in den Abgasen nutzbringend zu verwerten, das wären rund 400 GWh/Jahr, bedeutete dies, gemessen an den heutigen Energiepreisen für Heizöl oder Erdgas einen Rückgewinn von rund 60 Mio. S jährlich.
Und hier liegt das eigentliche Problem der Rückgewinnung von Abwärme. Der Kapitaldienst für die erforderlichen Investitionen übersteigt selbst bei langfristiger Abschreibungsdauer meist den vergleichbaren Aufwand an Brennstoffkosten. Da außerdem in einem Hüttenwerk Niedertemperaturwärme nur im beschränkten Umfang benötigt wird, kommt für diese Fälle der Abwärmerückgewinnung nur die Fremdnutzung bei Dritten in Frage. In erster Linie ist hier an die öffentliche Fernwärmeversorgung gedacht.
Eine wesentliche Post im Exergiefluß der Walzwerke bildet der Rücklaufschrott. Seine Exergie bleibt zwar dem Prozeß erhalten, ist jedoch am Ende des Kreislaufes wieder mit den Wirkungsgraden des Stahlwerkes und der Walzwerke belastet. Daher sei an dieser Stelle nochmals das Stranggießen als typisches Beispiel für die Entwicklung einer energiesparenden Technologie besonders herausgestellt.
Des weiteren sind im Bereich der Walzwerke und Weiterverarbeitungsbetriebe als energiesparende Technologien das thermomechanische Walzen und Heißkühlsysteme, insbesondere in Stoßöfen, zu nennen.

4.1.2 Werk Kapfenberg

Das Werk Kapfenberg der Vereinigten Edelstahlwerke Aktiengesellschaft (VEW) ist ein Edelstahlwerk mit einer ausgeprägten Finalproduktion. Im folgenden werden die Betriebe mit wesentlichem Energieverbrauch hinsichtlich ihrer Einrichtungen, ihrer Energieverbrauchsstruktur und ihrer Energieeinsparungsmöglichkeiten beschrieben (Abb. 4.1–5).

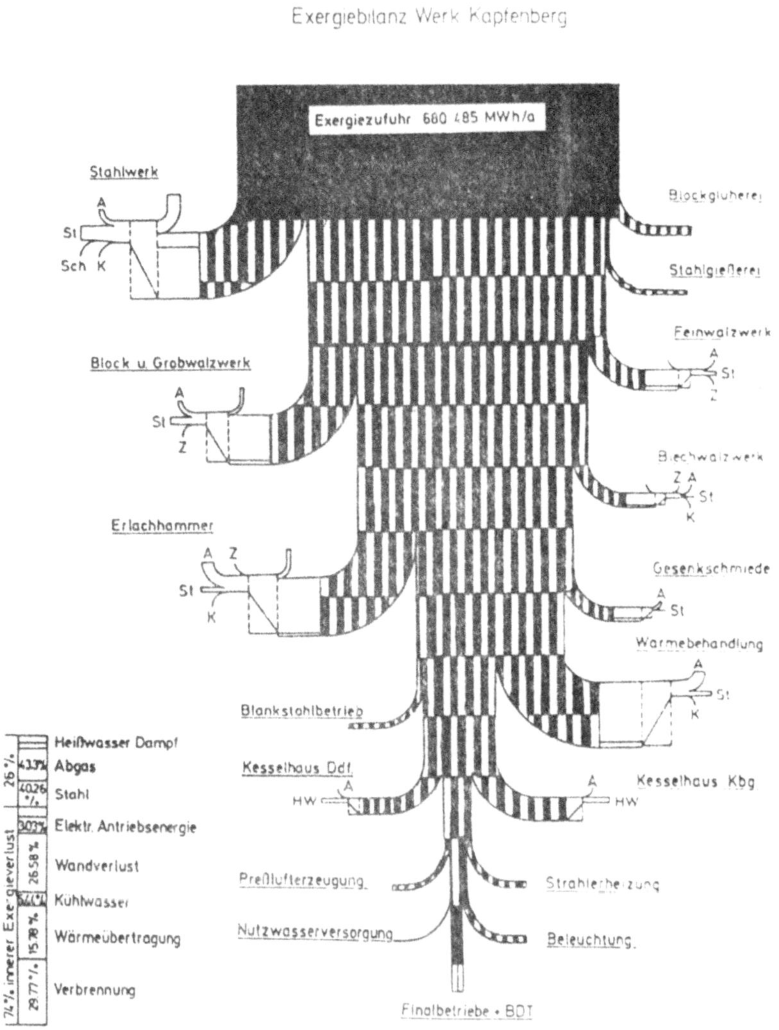

A	Abgas	Sch	Schlacke
HW	Heißwasser, Dampf	St	Stahl
K	Kühlwasser	Z	Zunder

Abb. 4.1–5 Gesamtdarstellung des Exergieflusses

Stahlwerk

Das Werk Kapfenberg verfügt derzeit über zwei Stahlwerksbetriebe, wobei in einem drei Elektroöfen (14 t, 2–8 t) und drei Mittelfrequenzöfen und im anderen vier Elektroöfen (35 t, 20 t, 2–14 t) in Betrieb stehen. Der größere der beiden Stahlwerksbetriebe ist noch mit zwei Gießstrahlentgasungsanlagen und zwei Abstichentgasungsanlagen sowie einer Anlage zur elektrischen Blockschopfbehandlung ausgerüstet.
Im Stahlwerk werden aus Schrott, Roheisen und Legierungsmetallen zumeist unter Einsatz von Sauerstoff etwa 400 verschiedene Stahlmarken erschmolzen, die in Blöcken zu 0,8 t bis 50 t abgegossen werden. Zur Nachbehandlung von Chargen, die zu großen Blöcken abgegossen werden, stehen die oben erwähnten Entgasungsanlagen zur Verfügung sowie die Anlage zur elektrischen Blockschopfbehandlung (ESB). An das Elektrostahlwerk angeschlossen ist ein Elektroschlacke-Umschmelz-Stahlwerk (ESU-Anlagen), in welchem ein Teil der im Stahlwerk erschmolzenen Blöcke zwecks Ausscheidung von Verunreinigungen und damit verbundener Verbesserung der technologischen Eigenschaften in einem Schlackenbad umgeschmolzen werden.

Die Energie- und Exergiebilanz zeigt folgende Möglichkeiten zur Einsparung von Primärenergie auf (Tab. 4.1–12):

- Herabsetzung der Energieverluste an den Pfannenfeuern durch Verbesserungen an der Konstruktion. (Erzielbare Einsparung etwa 8 000 MWh/a in Form von Erdgas.
- Beim Erschmelzen von Edelstählen in Lichtbogenöfen wird in der Regel mit Sauerstoff gefrischt. Auf längere Sicht müssen alle bestehenden und neu zu errichtenden Lichtbogenöfen mit Entstaubungsanlagen ausgerüstet werden. Da die Abgase der Lichtbogenöfen vor dem Eintritt in die Entstaubungsanlagen auf rund 150 °C abgekühlt werden müssen, liegt die Verwendung der abzuführenden Wärme zum Aufwärmen von Heißwasser nahe. Dieser Weg ist technisch möglich und wird nach technischen und wirtschaftlichen Gesichtspunkten geprüft. Die aus den anfallenden 8 000 MWh/a erzielbare Einsparung wird etwa 4 000 MWh/a an Heißwasserenergie im Kesselhaus betragen, wenn das gesamte Stahlwerk mit Entstaubungsanlagen ausgerüstet wird.
- Ein beträchtlicher Teil der bei den Elektroöfen entstehenden Verlustwärme wird mit dem Kühlwasser abgeführt (rund 12 000 MWh/a). Durch Heißkühlungen, ein System, das bei SM-Öfen, Stoßöfen und Hubbalkenöfen gebräuchlich ist, könnte ein Teil der sonst mit dem Kühlwasser abgeführten Wärme zur Erzeugung von Heißwasser herangezogen werden. Nicht jedes Kühlelement an einem Elektroofen läßt sich in ein Heißkühlelement umbauen.

Tab. 4.1–12

Stationsbilanz Stahlwerk Werk Kapfenberg	Menge	Dim.	Energie absolut	Energie Anteil	Exergie absolut	Exergie Anteil
	10^6	–	MWh	%	MWh	%
Bezug:						
Erdgas	2,64	m^3	26 742	17,4	26 742	18,2
Strom	94,49	kWh	94 494	61,4	94 494	64,1
chem. gebundene Wärme	–	–	24 772	16,1	24 772	16,8
Heißwasser	0,06	m^3	7 829	5,1	1 338	0,9
Summe	–	–	153 837	100	147 346	100
Abgabe:						
Lichtbogenöfen:						
Nutzenergie: fühlbare Wärme im Stahl	109,57	kg	42 075	27,4	27 721	18,8
fühlbare Wärme: Schlacke	7,42	kg	4 660	3,0	3 421	2,3
Abgasverluste	1,98	m^3	8 094	5,3	7 829	5,3
Kühlwasserverluste	2,09	m^3	11 932	7,8	131	0,1
Umgebungsverluste:						
Wandverluste	12,93	kWh	12 923	8,4	–	–
Hilfsfeuerstellen	2,64	m^3	26 742	17,4	–	–
elektr. Verluste	12,93	kWh	12 923	8,4	–	–
Rest	8,15	kWh	6 799	4,4	–	–
ESU-Anlagen:						
fühlbare Wärme im Stahl	9,08	kg	686	0,5	266	0,2
Kühlwasserverluste	0,19	m^3	7 145	4,6	380	0,3
Umgebungsverluste	–	–	2 372	1,5	–	–
fühlbare Wärme:						
Heißwasserrücklauf	0,06	m^3	5 224	3,4	642	0,4
Umgebungsverluste:						
Heißwasserverbrauch	0,06	m^3	2 605	1,7	–	–
ESB- und Induktionsöfen	3,54	kWh	3 543	2,3	760	0,5
Abwärme aus Strom	6,11	kWh	6 114	4,0	–	–
Summe	–	–	153 837	100	41 150	27,9
Exergieverlust					106 196	72,1

Da nach jüngsten Informationen bisher erst an einem Elektroofen durch etwa ein Jahr einschlägige Betriebserfahrungen gemacht werden konnten (das betreffende Stahlwerk wurde geschlossen), erscheint im Augenblick das Risiko einer Umstellung noch zu groß, und es sollte der Zeitpunkt abgewartet werden, zu dem umfangreichere praktische Erfahrungen vorliegen. Einschlägige Firmen in der Bundesrepublik Deutschland beschäftigen sich mit dem Problem.
Bei Umstellung aller Lichtbogenöfen könnte eine Einsparung von rund 3 500–4 000 MWh/a an Primärenergie im Kesselhaus erzielt werden.

- Die spezifischen Umgebungsverluste der Lichtbogenöfen lassen sich beim gegenwärtigen Stand der Zustellungstechnik in erster Linie durch Erhöhung der Einschmelzleistung im Ausmaß bis zu 10% des spezifischen Stromverbrauches verringern.
- Ohne Änderung der bestehenden Technologie ist die Ausnützung der im flüssigen Stahl gebundenen Wärme nicht möglich.
- An den ESU-Anlagen fallen jährlich rund 7 000 MWh als Kühlwasserverlust an. Das Kühlwasser hat hiebei eine Temperatur von etwa 43 °C, die wegen der technischen Probleme an den Kokillen nicht gesteigert werden kann. Die Wärme fällt sehr gleichmäßig an.

Wenn die in Entwicklung stehenden Hochtemperatur-Wärmepumpen ohne Risiko einsetzbar sind, kann die oben genannte Wärmemenge nutzbar gemacht werden.

Block- und Grobwalzwerk

Das Block- und Grobwalzwerk verfügt über eine Blockstrecke, deren Walzgut in drei Stoßöfen und sechs Tieföfen erwärmt wird. Für zweihitzige Walzungen steht noch ein fallweise in Betrieb befindlicher Rückwärmofen zur Verfügung.
Ein Teil des in der Blockstraße gewalzten Materials wird anschließend in gleicher Hitze in einer dreigerüstigen Grobstrecke zu Stabstahl fertiggewalzt. Das aus der Grobstrecke kommende Material wird in einem Durchlaufofen einem Glühprozeß unterzogen.
In den Stoßöfen kommen wegen notwendiger vorheriger Oberflächenbearbeitung nur kalte Blöcke zum Einsatz, in den Tieföfen hingegen warme.
Der im Block- und Grobwalzwerk gewalzte Stabstahl, aber auch das Halbzeug werden vor Verlassen des Betriebes in der Adjustage einer Oberflächenkontrolle und den erforderlichen Schleifoperationen unterzogen.
Die Energiebilanz zeigt folgende Möglichkeiten zur Primärenergieeinsparung auf:

Tab. 4.1–13

Stationsbilanz Block- und Grobwalzwerk Werk Kapfenberg	Menge	Dim.	Energie absolut	Energie Anteil	Exergie absolut	Exergie Anteil
	10^6	–	MWh	%	MWh	%
Bezug:						
Erdgas	7,17	m^3	71 692	84,3	71 692	85,2
fühlbare Wärme im Stahl	19,18	kg	1 450	1,7	568	0,7
Reaktionswärme aus Verzunderung	2,58	kg	3 000	3,5	3 000	3,5
Strom	8,90	kWh	8 904	10,5	8 904	10,6
Summe	–	–	85 046	100	84 164	100
Abgabe:						
fühlbare Wärme:						
im Stahl	84,66	kg	20 911	28,5	12 529	16,9
	18,50	kg	3 293		1 720	
des Zunders	3,32	kg	1 110	1,3	676	0,8
Abgasverluste	188,20	m^3	21 586	29,3	5 797	9,0
	9,60	m^3	3 312		1 786	
Umgebungsverluste:						
Wandverluste	–	–	28 442	33,4	–	–
Abwärme aus Strom	8,90	kWh	8 904	10,5	–	–
Bilanzrest	–	–	–2 512	–3,0	–	–
Summe	–	–	85 046	100	22 508	26,7
Exergieverlust					61 656	73,3

Die Abgase fallen mit einer Temperatur von 300 °C hinter dem Zentralrekuperator an. Entsprechend einem Temperaturgefälle von 150 °C können während 2 Schichten rund 10 000 MWh/a genutzt werden.
Im mittelfristigen Ausbauprogramm des Werkes ist vorgesehen, den Zentralrekuperator durch einen leistungsstärkeren zu ersetzen und zur Ausnützung der Abgaswärme hinter dem Rekuperator einen Ekonomiser zur Heißwassererzeugung zu errichten.
Eine Verringerung der Umgebungsverluste der Walzwerksöfen durch bessere Isolierung kann nur langfristig erfolgen, weil die Standzeit bestehender Ofenausmauerungen noch lange nicht abgelaufen ist.

Feinwalzwerk

Im Feinwalzwerk wird das Halbzeug aus dem Block- und Grobwalzwerk mit einem Anstichquerschnitt von 80 bis 120 mm im Quadrat auf einer Mittelfeinstraße gewalzt. Den Walzstrecken sind zwei Hubbalkenöfen zugeordnet, von denen jeder die Strecken versorgen kann. Im betrachteten Zeitraum war jeweils nur einer der beiden Hubbalkenöfen in Betrieb.

Der Stabstahl wird nach dem Walzen in einem Kühlbett an Luft ausgekühlt, zum Teil wird er nach dem Auskühlen in einem Durchlaufglühofen einer Glühung unterzogen und im Betrieb fertig adjustiert.
Der Draht wird, aus der Walzstrecke kommend, zu Bunden aufgewickelt und so zum Teil in Wasser abgelöscht. Für einen Teil der Drahtbunde stehen drei Herdwagenöfen zum Entspannen zur Verfügung.
Der größere Teil des Materials wird nach dem Abkühlen dem Wärmebehandlungsbetrieb zur Durchführung der nötigen Wärmebehandlungsvorgänge zugeleitet.
Die Ofenanlagen arbeiten mit sehr günstigen spezifischen Energieverbrauchswerten, so daß die Exergiebilanz lediglich bei den Abgasen hinter den Rekuperatoren der Hubbalkenöfen Einsparungsmöglichkeiten zeigt (Tab. 4.1–14).
Die Abgase fallen mit Temperaturen zwischen 320 und 380 °C an, so daß eine Ausnützung der Wärme gemäß einem Temperaturgefälle von 150 °C prinzipiell möglich ist. Da jedoch im mittelfristigen Ausbauprogramm der Bau einer neuen Ofenanlage vorgesehen ist, die die bestehenden Hubbalkenöfen ersetzen soll, erscheint eine Investition zur Energieeinsparung an den vorhandenen Öfen nicht vertretbar.

Tab. 4.1–14

Stationsbilanz Feinwalzwerk Werk Kapfenberg	Menge	Dim.	Energie absolut	Energie Anteil	Exergie absolut	Exergie Anteil
	10^6	–	MWh	%	MWh	%
Bezug:						
Erdgas	2,42	m^3	24 481	75,0	24 481	76,6
Reaktionswärme aus Verzunderung	0,92	kg	1 063	3,2	1 063	3,3
Strom	6,30	kWh	6 300	19,3	6 300	19,7
Heißwasser	0,006	m^3	805	2,4	137	0,4
Summe	–	–	32 649	100	31 981	100
Abgabe:						
fühlbare Wärme:						
im Stahl	30,46	kg	7 218	26,2	4 203	15,3
	7,42	kg	1 320		690	
des Zunders	1,18	kg	377	1,2	228	0,7
Heißwasserrücklauf	0,006	m^3	537	1,6	66	0,2
Abgasverluste	36,10	m^3	4 982	25,1	1 859	11,3
	9,33	m^3	3 219		1 735	
Kühlwasserverluste	0,01	m^3	237	0,7	9	–
Umgebungsverluste:						
Wandverluste	–	–	8 625	26,4	–	–
Abwärme aus Strom	6,3	kWh	6 300	19,3	–	–
Heißwasserverbrauch	0,006	m^3	268	0,8	–	–
Bilanzrest	–	–	–434	–1,3	–	–
Summe	–	–	32 649	100	8 790	27,5
Exergieverlust					23 191	72,5

Blechwalzwerk

Das Blechwalzwerk war ein altes Tafelwalzwerk, in welchem auf einem Trio-Vorgerüst Brammen oder Platinen zu Sturzen gewalzt wurden, die auf einer Fertigstrecke, bestehend aus einem Trio- und zwei Duo-Gerüsten, zu Tafeln fertiggewalzt wurden. Die Brammen wurden in einem Stoßofen erwärmt, während für die Rückwärmung der Sturze und Tafeln zwei Hubbalkenöfen zur Verfügung standen.
Ein Teil der Bleche wurde in drei Öfen einer Ablöschbehandlung unterzogen und ein Teil in einer Haubenglühofenanlage unter Schutzgas geglüht. Der Rest wurde an den zentralen Warmbehandlungsbetrieb ausgeliefert.
Für das Beizen stehen sechs Beiztröge, teilweise mit Dampf beheizt, zur Verfügung. Die anhaftenden Beizflüssigkeiten wurden in einer dampfbeheizten Waschmaschine entfernt. Vor dem Versand wurde das gesamte Blech einer Adjustierung unterzogen.

Tab. 4.1–15

Stationsbilanz	Menge	Dim.	Energie		Exergie	
Blechwalzwerk			absolut	Anteil	absolut	Anteil
Werk Kapfenberg	10^6	–	MWh	%	MWh	%
Bezug:						
Erdgas	1,97	m^3	19 981	73,7	19 981	86,4
Reaktionswärme aus Verzunderung	0,33	kg	380	1,4	380	1,6
Strom	1,68	kWh	1 680	6,2	1 680	7,3
Heißwasser	0,03	m^3	3 785	14,0	647	2,8
Dampf	1,74	kg	1 295	4,7	437	1,9
Summe	–	–	27 121	100	23 125	100
Abgabe:						
fühlbare Wärme:						
im Stahl	22,70	kg	4 550	16,8	2 604	11,3
des Zunders	0,37	kg	124	0,4	76	0,3
Heißwasserrücklauf	0,03	m^3	2 512	9,3	309	1,3
Abgasverluste	31,06	m^3	7 908	29,2	3 855	16,7
Kühlwasserverluste	0,03	m^3	977	3,6	40	0,2
Umgebungsverluste:						
Wandverluste	–	–	7 201	26,5	–	–
Heißwasserverbrauch	0,03	m^3	1 256	4,6	–	–
Abwärme aus Strom	1,68	kWh	1 680	6,2	–	–
Rest und Abdampfverluste	–	–	913	3,4	–	–
Summe	–	–	27 121	100	6 884	29,8
Exergieverlust					16 241	70,2

Erlachhammer

Der Erlachhammer ist ein Freiformschmiedebetrieb und verfügt über eine 4 500-t-Presse, eine 1 200-t-Presse (wasserhydraulisch angetrieben) und über eine Langschmiedemaschine mit 1 000 t Druckkraft pro Hammerpaar.
Für die beiden Pressen wird das Material vom Stahlwerk zum Großteil warm mit rund 650 °C, jedoch mit sehr schlechtem Temperaturausgleich angeliefert. Zum Temperaturausgleich wird es in je einem Auffangofen aufgenommen und auf 650 bis 700 °C gehalten, bis es in einem von sechs alten Herdwagen-Schmiedeöfen umgesetzt wird, die auf 1 200 bis 1 250 °C gehalten werden. Das Material wird nach erfolgter Aufwärmung und Durchwärmung einhitzig oder mehrhitzig geschmiedet, nötigenfalls in einer Pulver- und Autogenschneidanlage zugeschnitten und an die Folgebetriebe ausgeliefert.

Tab. 4.1–16

Stationsbilanz	Menge	Dim.	Energie		Exergie	
Erlachkammer			absolut	Anteil	absolut	Anteil
Werk Kapfenberg	10^6	–	MWh	%	MWh	%
Bezug:						
Erdgas	8,97	m^3	90 778	87,6	90 778	90,5
fühlbare Wärme des Stahles	31,63	kg	3 353	3,3	1 512	1,5
Reaktionswärme aus Verzunderung	2,14	kg	2 485	2,4	2 485	2,5
Strom	5,21	kWh	5 210	5,0	5 210	5,2
Heißwasser	0,01	m^3	1 786	1,7	305	0,3
Summe	–	–	103 612	100	100 290	100
Abgabe:						
fühlbare Wärme: im Stahl	45,78	kg	11 308	11,6	6 775	7,1
	4,27	kg	760		396	
im Zunder	2,72	kg	910	0,9	555	0,5
Heißwasser-rücklauf	0,01	m^3	1 191	1,2	146	0,2
Abgasverluste	247,85	m^3	39 160	46,3	15 267	19,5
	39,12	m^3	6 964		3 231	
	5,42	m^3	1 870	10,1	1 008	0,3
Kühlwasserverluste	0,82	m^3	10 517		274	
Umgebungsverluste:						
Wandverluste	–	–	24 325	23,5	–	–
Heißwasserverbrauch	0,01	m^3	595	0,6	–	–
Abwärme aus Strom	5,21	kWh	5 210	5,0	–	–
Bilanzrest	–	–	802	0,8	–	–
Summe	–	–	103 612	100	27 652	27,6
Exergieverlust					72 638	72,4

Für die Langschmiedemaschine wird das Material kalt angeliefert und im Bedarfsfall in einem Herdwagenofen vorgewärmt. Das kalte bzw. vorgewärmte Material wird in einem Drehherdofen auf 1 100 bis 1 250 °C erwärmt und anschließend zumeist einhitzig geschmiedet.
Das fertiggeschmiedete Material wird teils in Luft, größtenteils aber in einem Abschreckbecken auf 500 bis 600 °C abgekühlt, in einem Auffangofen gesammelt und auf Temperatur gehalten. Mit dieser Temperatur wird es in den Durchlaufofen eingefahren und verläßt geglüht den Betrieb.
Eine eingehende wärmetechnische Durchleuchtung der Ofenanlagen in Verbindung mit der Aufstellung der Energiebilanz zeigt folgenden Sachverhalt, aus welchem sich Möglichkeiten zur Primärenergieeinsparung an den Blocköfen und am Drehherdofen herleiten.

Der spezifische Wärmeverbrauch der Blocköfen ist unverhältnismäßig hoch. Durch eine Verbesserung der Ofenkonstruktion, die praktisch nur auf dem Weg über einen Neubau der Öfen erzielbar ist, erschiene es möglich, etwa 2,0 bis 2,5 Mio. m^3/Jahr an Erdgas einzusparen. Folgende Forderungen an die Ofenkonstruktion müßten erfüllt werden:

- Bessere Isolierung des Ofens.
- Bessere Abdichtung des Ofengefäßes, was wegen der hohen Arbeitstemperatur und des rauhen Betriebes nicht leicht zu erreichen ist.
- Bessere Ausnützung der Abgaswärme durch Erhöhung der Luftvorwärmtemperatur und Verwendung der Restwärme zur Heißwassererzeugung. Die Erhöhung der Luftvorwärmtemperatur erfordert Verbesserungen an den Rekuperatoren.
- Ausnützung der mit dem Kühlwasser abgeführten Wärme durch Verwendung von Heißkühlungen.
- Bei Annahme eines ausnützbaren Temperaturgefälles der Abgase im Ausmaß von 250 °C und der Verwendbarkeit von etwa der Hälfte der Kühlwasserwärme ergibt dies eine Wärmemenge von 10 000 MWh/a, die zur Aufwärmung von Heißwasser genutzt werden kann.

Im Rahmen des mittelfristigen Strukturprogrammes ist der Bau eines neuen Blockfonds vorgesehen, bei dessen Planung und Konstruktion die oben genannten Punkte berücksichtigt werden. Durch die Energieeinsparung allein ist jedoch die Wirtschaftlichkeit eines solchen Vorhabens nicht gesichert (günstigstenfalls etwa 13 Jahre Kapitalrückflußzeit).

- Bei einer Abgastemperatur des Drehherdofens von 350 °C bietet sich eine Nutzung des Abgases zur Heißwassererzeugung an. Bei einem nutzbaren Temperaturgefälle von 200 °C könnten monatlich im Zweischichtbetrieb rund 320 MWh rückgewonnen werden. Die Anschaffung eines Ekonomisers ist im Rahmen des mittelfristigen Strukturprogrammes vorgesehen.

In Form kurzfristiger Maßnahmen kann an Anlagen mit hohen Wandverlusten durch Tapezieren mit Mineralfasermatten eine Verbesserung erzielt werden. Die Haltbarkeit der aufgebrachten Mineralfaserisolierung müßte die Kapitalrücklaufzeit von durchschnittlich zwei Jahren übersteigen, damit wirtschaftliche Erfolge erzielt werden können. Zu Versuchszwecken sind seit etwa einem Jahr Mineralfasermatten an zwei Öfen mit gutem Erfolg im Einsatz. Es soll die Standzeit der Matten bei den Betriebsbedingungen von Schmiedebetrieben festgestellt werden.

Gesenkschmiede

In der Gesenkschmiede des Werkes Kapfenberg werden Gesenkschmiedestücke und kleine Freiformschmiedestücke sowie Streckstahl hergestellt. Hiezu stehen 4 Pressen und 22 Hämmer zur Verfügung, wobei der Großteil der Hämmer mit Preßluft angetrieben wird.

Tab. 4.1–17

Stationsbilanz Gesenkschmiede Werk Kapfenberg	Menge	Dim.	Energie absolut	Energie Anteil	Exergie absolut	Exergie Anteil
	10^6	–	MWh	%	MWh	%
Bezug:						
Erdgas	1,89	m^3	19 134	78,1	19 134	80,6
Strom	1,97	kWh	1 972	8,1	1 972	8,3
Preßluft	37,69	m^3	1 366	5,6	2 300	9,7
Heißwasser	0,014	m^3	2 014	8,2	1 032	1,4
Summe	–	–	24 486	100	24 438	100
Abgabe:						
fühlbare Wärme:						
im Stahl	11,1	kg	2 853	11,7	1 732	7,3
Heißwasserrücklauf	0,014	m^3	1 344	5,5	165	0,7
Abgasverluste	38,14	m^3	9 574	39,1	4 391	18,5
Wand- und Kühlwasserverluste	6,71	kWh	6 707	27,4	–	–
Umgebungsverluste:						
Abwärme aus Strom und Preßluft	–	–	3 338	13,6	–	–
Heißwasser für Heizung	0,014	m^3	670	2,7	–	–
Summe	–	–	24 486	–	6 288	26,5
Exergieverlust					17 461	73,5

Für die Versorgung der Verformungsaggregate stehen 18 Schmiedeöfen zur Verfügung, von denen im Jahre 1976 vier zweischichtig, vier ein- bis eineinhalbschichtig und der Rest geringer beschäftigt waren. Das Schmieden erfolgte zumeist mehrhitzig. Durch diese Betriebsart ist das Erstellen einer exakten Energiebilanz sehr erschwert, zumal sich die dem Schmiedematerial zugeführte Wärme nur ungenau berechnen läßt. Des weiteren werden die Öfen häufig abgekühlt, so daß die Verluste durch Speicherwärme, die schwer erfaßbar sind, ziemlich stark ins Gewicht fallen. Aufgrund der Vielzahl der Aggregate sind die Möglichkeiten zur Primärenergieeinsparung sehr gering.

Wärmebehandlung

In der Wärmebehandlung werden die Hüttenprodukte Blöcke, Halbzeug, Stabstahl, Blech und Draht sowie Freiform-Schmiedestücke in verschiedenen Bearbeitungsstufen, Turbinenschaufeln und Gußstücke und eine Reihe von Zwischen- und Fertigprodukten des Finalbereiches, je nach Erfordernis, den Wärmebehandlungsvorgängen Homogenisieren, Ablöschen, Normalisieren, Rückumwandlungsglühen, Vergüten (Härten und Anlassen) und Entspannungsglühen unterzogen.
Dafür steht eine Reihe von mehr oder weniger für den jeweiligen Verwendungszweck spezialisierten Öfen in zwei Betriebsstätten zur Verfügung.

Es sind dies
3 große Herdwagenöfen zum Vergüten von Schmiedestücken,
10 Herdwagenöfen zum Glühen von Blöcken, Stabstahl und Halbzeug,
5 Herdwagenöfen zum Härten von Stabstahl, Gesenkschmiede- und Gußstücken,
5 Herdwagenöfen zum Anlassen von Stabstahl-Gesenkschmiede- und Gußstükken,
10 Herdwagenöfen zum Glühen und Ablöschen von Stabstahl und Drahtbunden,
2 Durchlaufglühöfen zum Glühen von Stabstahl und Drahtbunden,
1 automatische Vergüteanlage zum Härten und Anlassen von Stabstahl und Gesenkschmiedestücken,
5 elektrisch beheizte Schacht- und Kammeröfen.

In der Bilanz sind drei wenig in Betrieb befindliche Schachtöfen, ein kleiner Drehherdofen sowie eine kleine Anzahl elektrisch beheizter Öfen und eine Haubenglühanlage für Tafelbleche wegen ihrer geringen Verbrauchswerte nicht berücksichtigt. Eine wärmetechnische Untersuchung der Ofenanlagen in Verbindung mit der Aufstellung der Exergiebilanz zeigte an den alten Herdwagenöfen, die den Hauptteil der Ofenanlagen ausmachen, eine Reihe von entscheidenden Punkten, die zu hohem Energieverbrauch führten und für Neukonstruktionen richtungsweisend geworden sind.

Durch neue Ofenkonstruktionen mit den technischen Merkmalen:

- gute Isolierung der Ofenwände, gleichzeitig geringe Speicherwärme,
- gute Abdichtung des Ofengefäßes gegen Einsaugen von Falschluft,
- gute Möglichkeit zur Abgaswärmerückgewinnung mittels verbesserter Rekuperatorkonstruktionen, z. B. Rekubrenner,

wird es für möglich gehalten, bis zu 20% der Primärenergie in diesem Bereich einzusparen.

Ein nach diesen Gesichtspunkten konzipierter Ofen ist im Bau. Die Erneuerung des Großteiles des alten Ofenparkes ist mittel- bis längerfristig vorgesehen.

Allerdings sind aus dem Titel der Energieeinsparung allein auch bei Neuinvestitionen von Wärmebehandlungsöfen keine annähernd befriedigenden Kapitalrückflußzeiten zu erzielen.

Tab. 4.1–18

Stationsbilanz	Menge	Dim	Energie		Exergie	
Wärmebehandlung			absolut	Anteil	absolut	Anteil
Werk Kapfenberg	10^6	–	MWh	%	MWh	%
Bezug:						
Erdgas	11,16	m^3	112 916	91,4	112 916	93,1
Heißwasser	0,02	m^3	2 847	2,3	486	0,4
Strom	7,84	kWh	7 836	6,3	7 836	6,5
Summe	–	–	123 599	100	121 238	100
Abgabe:						
fühlbare Wärme in Stoffen:						
Stahl	141,21	kg	16 719	13,5	5 872	4,8
Heißwasserrücklauf	0,02	m^3	1 898	1,5	233	0,2
Abgasverluste	176,5	m^3	42 217	34,2	19 822	16,4
Kühlwasserverluste	0,11	m^3	2 512	2,0	96	0,1
Umgebungsverluste:						
Wandverluste	–	–	53 982	43,7	–	–
Heißwasserverbrauch	0,02	m^3	949	0,8	–	–
Abwärme aus Strom	6,48	kWh	6 480	5,2	–	–
Bilanzrest	–	–	–1 158	–0,9	–	–
Summe	–	–	123 599	100	26 023	21,5
Exergieverlust					95 215	78,5

Kesselhäuser

Im Werk Kapfenberg und im Werk Deuchendorf innerhalb der Werksgruppe Kapfenberg steht je ein Kesselhaus. Zu Beheizungszwecken wird Heißwasser erzeugt, das mit einer Vorlauftemperatur von rund 120 °C – je nach Außentemperatur unterschiedlich – in ein Werksnetz gepumpt und dessen Wärme dort im Durchschnitt mit einer Temperaturspreizung von 40 °C abgegeben wird.
Das Kesselhaus Kapfenberg war im Jahr 1976 mit zwei braunkohle-heizöl-beheizten sogenannten Lofag-Kesseln (max. 5,7 MW) und einem heizölbeheizten Hollandkessel (2,3 MW) ausgerüstet. Im Jahre 1977 wurde ein Dreizugkessel mit 4,3 MW aufgestellt, dem im Jahr 1979 ein weiterer folgte, so daß beide kohlebeheizten Kessel stillgelegt werden konnten. Die Kessel erzeugen annähernd einen Sattdampf mit rund 180 °C bei 10 bar, der über eine Kaskade das Heißwasser aufwärmt.

Tab. 4.1–19

Betrieb: Kesselhaus Kapfenberg	Menge	Dim.	Energie absolut	Energie Anteil	Exergie absolut	Exergie Anteil
	10^6	–	MWh	%	MWh	%
Bezug:						
Braunkohle	8,79	kg	33 735	68,2	33 735	68,2
Heizöl	1,34	kg	14 961	30,3	14 961	30,3
Strom	0,74	kWh	742	1,5	742	1,5
Heißwasserrücklauf*)	0,76	m^3	70 282	–	8 673	–
Summe*)	–	–	49 438	100	49 438	100
Abgabe:						
Nutzenergie:						
Heißwasser	0,76	m^3	35 141	71,1	9 375	19,0
Heißwasser*)	0,76	m^3	70 282		8 672	
Dampf	1,70	kg	1 295	2,6	437	0,9
fühlbare Wärme: Asche	0,70	kg	131	0,3	60	0,1
Abgasverluste	64,76	m^3	7 447	15,1	2 072	4,2
Umgebungsverluste:						
Wandverluste	–	–	4 674	9,4	–	–
Abwärme aus Strom	0,74	kWh	742	1,5	–	–
Summe*)	–	–	49 430	100	11 944	24,2
Exergieverlust					37 494	75,8

*) Heißwasserzirkulation nicht in Summe enthalten

Das Kesselhaus Deuchendorf war mit zwei Dreizugkesseln (je 9,3 MW) ausgerüstet, deren Wirkungsgrad beim Abnahmeversuch im Vollastbetrieb ermittelt wurde: $\eta = 89{,}5\%$ (der Wandverlust betrug 0,25% der im Vollastbetrieb zugeführten Wärme). Die Kessel sind alternativ mit Erdgas und Öl zu feuern und benötigen einen Luftüberschuß von mindestens 20%. Die Kessel erzeugen ein Heißwasser wie oben beschrieben, das direkt in das Netz gepumpt wird. Im Jahr 1979 folgte ein kleinerer Dreizugkessel mit einer Leistung von 3,7 MW, der Dampf mit 180 °C bei 10 bar erzeugt. Ein Teil des Dampfes dient Erwärmungszwecken bei der Beizerei des Blankstahlbetriebes, und der Rest wird über eine Kaskade zur Heißwassererzeugung verwendet.

Tab. 4.1-20

Stationsbilanz Kesselhaus Deuchendorf Werk Kapfenberg	Menge	Dim.	Energie absolut	Energie Anteil	Exergie absolut	Exergie Anteil
	10^6	–	MWh	%	MWh	%
Bezug:						
Heizöl	0,02	kg	223	0,7	223	0,7
Erdgas	3,36	m^3	34 017	98,5	34 017	98,5
Strom	0,28	kWh	284	0,8	284	0,8
Heißwasserrücklauf*)	0,62	m^3	57 382	–	7 056	–
Summe*)	–	–	34 524	100	34 524	100
Abgabe:						
Nutzenergie:						
Heißwasser*)	0,62	m^3	28 691	83,1	7 654	22,2
	0,62	m^3	57 382		7 056	
Abgasverluste	41,61	m^3	3 349	9,7	650	1,9
Umgebungsverluste:						
Wandverluste	–	–	252	0,7	–	–
Abwärme aus Strom, Rest	–	–	2 232	6,5	–	–
Summe*)	–	–	34 524	100	8 304	24,1
Exergieverlust					26 220	75,9

*) Heißwasserzirkulation nicht in Summe enthalten

Die Erneuerung des Großteiles des alten Ofenparks ist mittel- bis längerfristig vorgesehen.
Durch Investitionen, die in letzter Zeit im Bereich des Energiebetriebes (Kesselhäuser und Kompressorenhäuser) getätigt wurden, war es möglich, Primärenergie einzusparen.

Durch den im Jahre 1977 im Kesselhaus Kapfenberg aufgestellten Dreizugkessel ist der spezifische Energieverbrauch von 1,34 MWh als Brennstoffenergie pro MWh als Energie im Heißwasser bzw. Dampf auf 1,17 MWh/MWh gesunken. Dies bedeutet auf den Wärmeverbrauch des Jahres 1976 bezogen, eine Einsparung an Primärenergie von 5 990 MWh.
Der neue 3,7-MW-Kessel für das Kesselhaus Deuchendorf wird auf Grund seiner Auslegung den Wärmebedarf im Sommerhalbjahr besser decken können als die bestehenden Kessel und wird auch durch das ganze Winterhalbjahr hindurch in Betrieb sein. So wird er etwa die Hälfte des Heißwasserbedarfes des Werkes decken. Eine Ausstattung des Kessels mit einer exakten Brennstoff-Luft-Gemischregelung über den Sauerstoffgehalt im Abgas, soll den Luftüberschuß über alle Belastungsstufen auf einem konstant niedrigen Wert halten. Dies könnte gegenüber den bestehenden Kesseln des Kesselhauses Deuchendorf eine Primärenergieeinsparung von 850 MWh/a erbringen.
Durch Installation eines neuen Schraubenkompressors mit niedrigerem spezifischen Stromverbrauch, im Vergleich zu den bestehenden Rotationsverdichtern, konnte Strom zur Preßlufterzeugung im Ausmaß von 650 MWh/a eingespart werden.

Bei Durchführung aller oben dargestellten Vorschläge unter Ausschöpfung aller Möglichkeiten der Abwärmeverwertung in den einzelnen Hüttenbetrieben für Heizzwecke und unter Berücksichtigung der Abnahmestruktur auf dem Heizungssektor und der Kesselwirkungsgrade, könnte eine Primärenergieeinsparung von jährlich rd. 29 100 MWh erzielt werden – allerdings unter Aufwendung hoher Investitionsmittel.

4.1.3 Zusammenfassende Bemerkungen

In einer gemischten Hütte, wie dem **Werk Linz**, sind, bezogen auf den Nettoenergieeinsatz, rund 60% Prozeß- bzw. innere Exergieverluste, während rund 20% als äußere Exergieverluste in Form von Abgas, Kühlwasser usw. an die Umgebung verlorengehen.

Von den untersuchten Verfahrensstufen zeichnen sich

Kokerei,
Hochofen (ohne Gebläsezentrale),
Stahlwerke (ohne LD-Abhitzeverwertung)

durch einen guten inneren exergetischen Wirkungsgrad aus, während

Erzvorbereitung,
Walzwerke und Verarbeitung,
Kraftwerk,
Gebläsezentrale,
LD-Abhitzekessel

im Vergleich dazu hohe innere Exergieverluste aufweisen. Es besteht daher die Aufgabe, vor allem in diesen Bereichen eine wirtschaftlich und technisch vertretbare Verringerung der Verluste herbeizuführen. Bei den heute angewendeten Technologien sind jedoch kaum wesentliche Einsparungen zu erwarten, vielmehr werden weitere Erfolge nur in kleinen Schritten zu erzielen sein. Insbesondere die durch irreversible Vorgänge verursachten Verluste, wie sie bei sämtlichen Verbrennungsvorgängen und bei allen elektrischen Antrieben auftreten (es sei nochmals auf die Exergieverluste bei der Warm- und Kaltverformung hingewiesen), sind verfahrensbedingt nicht zu vermeiden.

Die Verfahrenstechnik des **Werkes Kapfenberg** ist durch das Fehlen einer Kokerei und eines Hochofenbetriebes – abgesehen vom Stahlwerk – nur mit jener der Walzwerke und Weiterverarbeitung des Werkes Linz zu vergleichen. Es fehlt somit die im Hochofen erfolgende Überführung des Großteiles der Brennstoffexergie in das Roheisen, das als wesentlicher Energieträger die Bilanzen des Werkes Linz dominiert. Schrott, Roheisen, Legierungsmetalle und Stahl sind exergetisch gesehen im wesentlichen Durchlaufposten in der Bilanz des Werkes Kapfenberg und sind daher auch nicht in die Bilanz aufgenommen worden.

90,5% der in das Werk Kapfenberg eingebrachten Brennstoff- und Stromexergien wurden untersucht und aufgegliedert; davon entfallen 74% auf sogenannte innere Exergieverluste und 26% auf Exergien, die stoffgebunden nach dem Prozeß vorliegen.
Die Werte für den entsprechenden Bereich des Werkes Linz, Walzwerke und Verarbeitung, liegen gleich.

Die inneren Exergieverluste gliedern sich wie folgt auf:

a) Exergieverlust durch Verbrennung .... ca. 30%
Mit dem Exergieverlust durch Verbrennung muß überall dort gerechnet werden, wo durch Verbrennung Wärme erzeugt wird. Der Prozentsatz läßt sich nur geringfügig durch das Ausmaß der Verbrennungsluftvorwärmung verringern.

b) Exergieverlust durch Wärmeübertragung .... ca. 16%
Der Hauptanteil steuert hier die Wärmeübertragung vom Lichtbogen auf das Band in den Elektroöfen und jene in den Kesseln bei. Grundsätzlich ist auch dieser Exergieverlust verfahrensbedingt und damit nicht vermeidbar.

c) Exergieverlust durch das Kühlwasser .... ca. 5%
Der Exergieverlust durch Wärmeübertragung an das Kühlwasser ist prinzipbedingt und unvermeidbar. Energetisch gesehen kann eine Ausnützung der mit dem Kühlwasser abgeführten Wärme zu Beheizungszwecken zum Teil erfolgen.

d) Exergieverluste durch Wandverluste .... ca. 29%
Der Exergieverlust entsteht durch die Wärmeübertragung der Ofenwände an die Umgebung und kann bei Neubauten von Öfen durch bessere Isolierung der Ofenwände verkleinert werden.

e) Exergieverlust aus elektr. Antriebsenergie .... ca. 8%
Dieser Exergieverlust ist verfahrensbedingt und kann nur in geringstem Maße beeinflußt werden.

f) Rest
Der restliche Exergieverlust entsteht durch diverse elektrische Verluste und Wärmeübertragung in den Rekuperatoren und ist in der gegebenen Situation nur geringfügig beeinflußbar.

Die stoffgebundenen Exergien der bisher nicht genutzten Wärmen wandeln sich durch Abkühlung der nach dem Prozeß vorliegenden heißen Stoffe schließlich in Anergie um bzw. werden an die Umwelt abgegeben.

Sie gliedern sich wie folgt auf:

a) Exergie im Stahl (nur fühlbare Wärme) .... ca. 40%

Da die Abkühlung des Stahles nach Verformungs- und Wärmebehandlungsvorgängen auf ein relativ tiefes Temperaturniveau unter bestimmten, den technologischen Notwendigkeiten entsprechenden Bedingungen erfolgen muß, ist eine Nutzung der Exergie nicht möglich.

b) Exergie im Zunder und Schlacke
(fühlbare Wärme) .... ca. 4%
Aufgrund der Art des Vorliegens dieses Exergieträgers ist eine Nutzung unmöglich.

c) Exergie im Heißwasser und Dampf .... ca. 11%
Die Exergie wird zu Beheizungszwecken genutzt und auf diesem Wege in Anergie umgewandelt.

d) Exergie im Abgas .... ca. 45%
Die Exergie im Abgas nach größeren Ofenanlagen kann zur Heißwassererzeugung genutzt werden, wobei im Kraftwerk bzw. Kesselhaus Primärenergie eingespart werden kann.
Sollte für aus Abwärme gewonnene Heißwässer innerhalb der Werke der Bedarf nicht gegeben sein, erscheint ein Einsatz außerhalb in Form von Fernheizanlagen in Zusammenarbeit mit öffentlicher Fernwärmeversorgung am sinnvollsten.
In einer ersten Abschätzung müßten beispielsweise im Werk Linz von den insgesamt aus an die Umgebung abgegebenen Exergieverlusten rund die Hälfte nutzbringend zu gewinnen sein, insbesondere da in Linz einige Großaggregate zur Verfügung stehen, z. B. die Stoßöfen im Walzwerk. Dies wären dann allenfalls 1 400 GWh/Jahr in Form von Wärme für Heizzwecke, bemessen an den Grenzkosten für Erdgas oder Heizöl rund 250 Mio. S jährliche Ersparnis an Ausgaben für importierte Primärenergie. Die hier in Rede stehende Energiemenge entspricht etwa dem jährlichen Heizwärmebedarf der Stadt Linz oder anders ausgedrückt, mit der Hälfte der bisher ungenutzten Energie aus Abwärmen des Werkes Linz ließe sich die ganze Stadt Linz mit rund 200 000 Einwohnern beheizen.

4.2 Chemische Industrie

In dieser Industriesparte wurden drei Unternehmen von unterschiedlicher Größe und verschiedenartiger Produktion untersucht.

Die Stellung der chemischen Industrie als Energieverbraucher im Vergleich zu anderen Industrien und zum Primärenergieverbrauch

Einen Vergleich des Energieverbrauches der chemischen Industrie mit dem Energieverbrauch anderer Industrien ermöglicht Abb. 1.4–2, die Übersichtstabelle der industriellen Hauptenergieverbraucher. Daraus ist zu erkennen, daß die Eisenhüttenindustrie an der Spitze steht und die Industriesparten Steine und Keramik, Chemie, Papiererzeugung und Erdöl etwa gleichen Energiebedarf haben. Der Energieverbrauch der chemischen Industrie betrug demnach etwa 30 500 TJ, dies entsprach etwa 4% des Primärenergieverbrauches Österreichs. Dieser Anteil ist eigentlich niedrig, wenn berücksichtigt wird, daß in der chemischen Industrie vielfach die Energieträger auch als Rohstoff fungieren.
In der BRD ist der Anteil der Chemie am Primärenergieverbrauch höher; er erreichte beim Erdöl 9% und beim Erdgas 5%. Wenn man bedenkt, welche Palette von Produkten (Kunststoffe, Fasern, Schaumstoffe, Elastomere, Düngemittel) daraus hergestellt werden, ist auch dieser Anteil als niedrig zu bezeichnen.

4.2.1 Betrieb A – Kunststoff- und Spanplattenfabrik

Das Werk produziert Spanplatten, kunststoffbeschichtete Platten, Isoliermaterial und Schigrundstoffe.
An Primärenergie werden rund 317 TJ/a (100%) zugeführt. Davon entfallen auf Heizöl schwer 200 TJ/a (rd. 63%), auf Erdgas 27 TJ/a (9%) und auf Abfälle aus Zuschnitten 64 TJ/a (20%).
Der Stromverbrauch beträgt 7 255 MWh/a bzw. 26 TJ/a (8%).
Der Wärmebedarf der Produktion wird durch Heißwasser aus einem geschlossenen Dampf-Heißwasser-Kreislauf gedeckt. Zur Erzeugung von Dampf verfügt das Werk über 4 ölgefeuerte Sattdampfkessel mit:

15 t/h,	18 bar,	210 °C,	Baujahr 1973;
4 t/h,	18 bar,	210 °C,	Baujahr 1970;
11 t/h,	18 bar,	210 °C,	Baujahr 1966;
7 t/h,	18 bar,	210 °C,	Baujahr 1961.

Zu Hochlastzeiten werden zwei Kessel, ansonsten nur der größte Kessel betrieben. Im letzteren werden auch große Mengen an betrieblichen Abfällen, jedoch kein Schleifstaub verfeuert. Die älteren Kessel stehen als Reserve zur Verfügung.
Eine Erneuerung der Kessel und eventuelle Umstellung auf ein Hochdrucksystem mit Gegendruckturbinenanlage zur Stromerzeugung kommt in absehbarer Zeit nicht in Betracht. Die betrieblichen Voraussetzungen für die Installierung einer Gasturbinen-Vorschaltanlage wären jedoch vorhanden. Zur Diskussion steht auch der Umbau eines Kessels für die Verfeuerung des in großen Mengen anfallenden Schleifstaubes.
Der Sattdampf heizt in den Kaskaden der zwei Heißwasserspeicher (mit 35 bzw. 40 m^3 Inhalt) das Heißwasser direkt auf etwa 190 °C bzw. 206 °C (das entspricht 13,5 bzw. 18 bar) auf. Dieses wird über Netzpumpen zu den einzelnen Verbrauchern und anschließend wieder in die Heißwasserspeicher geführt und ein entsprechender Teil zur Speisung der Dampfkessel herangezogen. Mengenverluste bei den Verbrauchern werden durch aufbereitetes und vorgewärmtes Speisewasser kompensiert.
Tab. 4.2–1 zeigt die Energie- und Exergiebilanz der Station.

Unter dem Begriff Energiezentrale sind hier die örtlich getrennten Energieversorgungsstationen (Kesselhaus, Gas- und Elektrizitätsversorgung) zusammengefaßt und der gesamte Primärenergieeinsatz angeführt bzw. bilanziert.
Die Energiebilanz der Station weist einen hohen Anteil (91%) der zugeführten Energie als genutzt abgehende Energie aus. Die Exergiebilanz zeigt jedoch, daß durch den Energieumwandlungsprozeß nur rd. 43% der zugeführten Exergie genutzt weitergeleitet werden. Die abgeführten Rauchgase beinhalten 2,8%, die inneren Exergieverluste betragen 54% und sind vorwiegend auf die Irreversibilitäten bei der Verfeuerung der Brennstoffe und bei der Wärmeübertragung im Kessel zurückzuführen.

Hauptenergieverbraucher sind:

- eine Beschichtungspresse mit einem Wärmeverbrauch von 45,3 TJ/a (rd. 16% des Primärenergieverbrauches),
- eine Horizontal-Tränkmaschine (a) mit 23,8 TJ/a (rd. 8%) und
- eine weitere Horizontal-Tränkmaschine (b) mit 22,2 TJ/a (rd. 8%).
- Die Raumheizung benötigt eine Wärmemenge von 39,2 TJ/a (rd. 14%).

Tab. 4.2–1

Stationsbilanz Energiezentrale	Bezug von bzw. Abgabe an	Menge	Dim	Energie absolut	Energie Anteil	Exergie absolut	Exergie Anteil	Energie Anteil am Primärenergieeinsatz des Werkes	Exergie Anteil am Primärenergieeinsatz des Werkes
		10^3		TJ	%	TJ	%	%	%
Bezug:									
Heizöl	Lagertank	4 977	kg	200,0	53,0	200,0	61,1	63,0	63,0
Produktionsabfälle	Produktion	3 360	kg	64,0	16,9	64,0	19,6	20,2	20,2
Erdgas	Versorgungsuntern.	767	m^3	27,3	7,2	27,3	8,3	8,6	8,6
Elektrischer Strom	Versorgungsuntern	7 255	kWh	26,0	6,9	26,0	7,9	8,2	8,2
Kondensat 150 °C	Heißwasserspeicher	102 560	kg	60,5	16,0	10,0	3,1	19,1	3,2
Zusatzwasser 10 °C	Wasseraufbereitung	3 000	kg	–	–	–	–	–	–
Verbrennungsluft 10 °C	Umgebung	90 041	m^3	–	–	–	–	–	–
Summe Bezug				377,8	100	327,3	100	119,1	103,2
Abgabe: genutzt									
Dampf 18 bar	Heißwasserspeicher	105 560	kg	292,0	77,3	89,6	27,4	92,1	28,3
Elektrischer Strom	alle Stationen	6 455	kWh	23,2	6,1	23,2	7,1	7,3	7,3
Erdgas	Nachverbrennungsanl.	788	m^3	28,7	7,6	28,7	8,7	9,6	9,6
Summe Nutzabgabe				343,9	91,0	141,5	43,2	108,4	44,6
Abgabe: Verlust									
Rauchgas 200 °C	Umgebung	72 171	m^3	19,3	5,1	6,4	2,0	6,1	2,0
Rauchgas 230 °C	Umgebung	25 536	m^3	7,9	2,1	2,8	0,8	2,5	0,9
Umgebungsver. und innere Exergieverl.				6,7	1,8	176,6	54,0	2,1	55,7
Summe Verluste				33,9	9,0	185,8	56,8	10,7	58,6
Summe Abgabe				377,8	100	327,3	100	119,1	103,2

Beschichtungspresse (einschließlich Heiz- und Kühlanlage)

In der Beschichtungspresse werden Span- oder Hartfaserplatten mit einer Dekorschicht aus Kunstharz versehen und dazu unter Druck auf die erforderliche Temperatur gebracht, über einen bestimmten Zeitraum auf dieser Temperatur gehalten und danach noch immer unter Druck rasch wieder abgekühlt. Die für diesen Vorgang erforderlichen Heiz- und Kühltemperaturen bzw. -zeiten werden als Soll-Werte in eine Regleranlage eingegeben und ihre Einhaltung automatisch überwacht. Das „Pressenspiel" wird in „4 Preßtakte" unterteilt:
Vorheizen, Heizen, Vorkühlen und Kühlen.
Die Anlage besteht aus einem dampfbeheizten Heißwasserspeicher mit verschiedenen Anschlüssen für den Vor- und Rücklauf des Heißwassers, mehreren Absperr-, Umschalt- und Regelarmaturen sowie verschiedenen Pumpen und Gegenstromkühlern.
Der Heißwasserspeicher dient zur Deckung der Wärmeverbrauchsspitzen, die in der Aufheizphase während eines Zeitraumes von 2 bis 3 Minuten auftreten. Dadurch kann der Kessel wesentlich kleiner dimensioniert werden.
Während der Heizphase wird Heißwasser mit 205 °C dem Heißwasserspeicher entnommen und der Presse zugeführt (Heizkanäle in den Platten). Das sehr stark abgekühlte Heißwasser wird über die Rücklaufleitung dem Speicher an einer tiefen Stelle wieder zugeführt (Wechselspeicher). Nach Ablauf der oben genannten 2 bis 3 Minuten sinkt der Wärmeverbrauch stark ab, und die Abkühlung des durch die Presse geschickten Heißwassers wird geringer.
Durch Öffnen eines Rücklauf-Beimischventiles kann nunmehr das geringfügig abgekühlte rücklaufende Heißwasser dem Vorlauf beigemischt und auf diese Weise die Vorlauftemperatur entsprechend dem sinkenden Wärmebedarf reduziert werden.
Während der Vorkühlphase wird aus dem unteren Teil des Speichers tiefer temperiertes Heißwasser entnommen und über Preßpumpen durch die Presse gefördert. Reicht die Kühlwirkung dieses Wassers nicht mehr aus, erfolgt durch die Umschaltung der Ventile eine Kühlung der Pressen mit Wasser aus den Gegenstromkühlern, die sekundärseitig mit Wasser aus dem benachbarten Teich beaufschlagt werden. Demnach geht diese der Presse entzogene Kühlwärme dem Prozeß verloren.
Tabelle 4.2–2 zeigt die Energie- und Exergiebilanz der Beschichtungspressen a, b und c, welche aus produktions- und meßtechnischen Gründen zusammengefaßt wurden.

Tab. 4.2–2

Stationsbilanz Beschichtungspressen a, b und c	Bezug von bzw. Abgabe an	Menge	Dim.	Energie absolut	Energie Anteil	Exergie absolut	Exergie Anteil	Energie: Anteil am Primärenergieeinsatz des Werkes	Exergie: Anteil am Primärenergieeinsatz des Werkes
		10^3		TJ	%	TJ	%	%	%
Bezug:									
Elektrischer Strom	Energiezentrale	1 020	kWh	3,7	1,0	3,7	7,8	1,2	1,2
Heißwasser 205 °C	Speicher 2	236 300	kg	197,8	54,9	40,4	85,8	62,3	12,7
Kühlwasser 20 °C	Betriebsteich	3 782 000	kg	158,8	44,1	3,0	6,4	50,1	0,9
Spanplatten und Papiere, phys. Energie 10 °C	Zwischenlager	18 832	kg	–	–	–	–	–	–
Summe Bezug				360,3	100	47,1	100	113,6	14,8
Abgabe: genutzt									
Heißwasser 150 °C	Speicher 2	236 300	kg	139,3	38,7	24,8	52,7	43,9	7,8
Summe Nutzabgabe				139,3	38,7	24,8	52,7	43,9	7,8
Abgabe: Verlust									
Kühlwasser 23 °C	Betriebsteich	3 782 000	kg	205,8	57,1	3,4	7,2	64,9	1,0
Spanplatten beschichtet, physikalische Energie 100 °C	Zwischenlager	18 832	kg	4,7	1,3	0,9	1,9	1,5	0,3
Umgebungsverluste und innere Exergieverluste				10,5	2,9	18,0	38,2	3,3	5,7
Summe Verluste				221,0	61,3	22,3	47,3	69,7	7,0
Summe Abgabe				360,3	100	47,1	100	113,6	14,8

Die Energiebilanz der Beschichtungspressen ist gekennzeichnet durch die erwähnten Heiß- und Kühlwasserkreisläufe. Prozeßwärme wird mit dem Heißwasserkreislauf zugeführt, die Verlustwärme vornehmlich im Kühlwasser abgeführt. Die zu verarbeitenden Eingangsprodukte (Spanplatten und Beschichtungspapiere) sind mit ihrem physikalischen Energiewert angeführt, da nur dieser für den Prozeß maßgebend ist.

Die Exergiebilanz zeigt besser als die Energiebilanz die Wertigkeit der zugeführten Energieträger. Man erkennt, daß nahezu 86% der der Station zugeführten Exergie aus dem Heißwasser entstammt.

Die Exergieverluste sind hauptsächlich auf die bei der Wärmeübertragung auftretenden Irreversibilitäten zurückzuführen (rd. 38%), während mit dem Kühlwasser nur 7,2% der zugeführten Stationsexergie, mit dem Produkt sogar nur 1,9% abgeführt werden.

Horizontal-Tränkmaschine (a)

Das zur Plattenbeschichtung benötigte Papier wird in einem Phenolharzbad getränkt, in einem nachgeschalteten Trockner mit Warmluft getrocknet und danach geschnitten. Die Aufbereitung der Trocknungsluft erfolgt durch ein mit Heißwasser gespeistes Heizregister.
Die zur Trocknung benötigte Luft wird aus der Halle angesaugt, in den 4 Trocknungsfeldern mit jeweils 2 Heizregistern auf die erforderliche Trocknungstemperatur (110 bis 140 °C) gebracht und durch einen Umluftventilator auf die Ober- und Unterseite der Papierbahn geblasen.
Die Abluft wird einem gemeinsamen Sammler zugeführt und in eine nachgeschaltete Nachverbrennungsanlage (die aus Gründen des Umweltschutzes behördlich vorgeschrieben wurde) geführt. Dort wird sie vorerst durch die heißen Rauchgase der Nachverbrennung in einem Wärmetauscher von 100 °C auf 440 °C erwärmt – die Rauchgase werden dabei von 690 °C auf 330 °C abgekühlt – und anschließend gestützt durch Erdgaszusatz verbrannt.

Tab. 4.2–3

Stationsbilanz Nachverbrennung	Bezug von bzw. Abgabe an	Menge	Dim.	Energie		Exergie		Energie	Exergie
				absolut	Anteil	absolut	Anteil	Anteil am Primärenergieeinsatz des Werkes	
		10^3		TJ	%	TJ	%	%	%
Bezug:									
Erdgas	Energiezentrale	788	m^3	28,7	24,8	28,7	58,8	9,1	9,1
Elektrischer Strom	Energiezentrale	100	kWh	0,4	0,3	0,4	0,8	0,1	0,1
Heißwasser 180 °C	Horizontaltränkm. a	97 000	kg	69,7	60,1	15,1	31,0	22,0	4,8
Abluft 135 °C	Horizontaltränkm. a	83 384	m^3	15,0	13,0	2,5	5,1	4,7	0,7
Chemikalienlösung 135 °C	Horizontaltränkm. a	50	kg	2,1	1,8	2,1	4,3	0,7	0,7
Summe Bezug				115,9	100	48,8	100	36,6	15,4
Abgabe: genutzt									
Heißwasser 200 °C	Speicher 2	97 000	kg	78,3	67,6	18,4	37,7	24,7	5,8
Summe Nutzabgabe				78,3	67,6	18,4	37,7	24,7	5,8
Abgabe: Verlust									
Rauchgas 200 °C	Umgebung	84 000	m^3	18,7	16,1	6,4	13,1	5,9	2,0
Umgebungsverl. und innere Exergieverluste				18,9	16,3	24,0	49,2	6,0	7,6
Summe Verluste				37,6	32,4	30,4	62,3	11,9	9,6
Summe Abgabe				115,9	100	48,8	100	36,6	15,4

In einem zweiten Wärmetauscher wird das Rauchgas zur zusätzlichen Aufheizung des Heißwasserspeichers genutzt und tritt mit 210 °C in den Schornstein ein.
Da Rauchgase einer Erdgasfeuerung ohne Bedenken (Korrosionen usw.) auf 120 °C abgekühlt werden können, wird vorgeschlagen, Heißwasser mit geringeren Temperaturen einem noch tieferen Teil des Heißwasserspeichers zu entnehmen und entsprechend aufzuheizen.
Alternativ dazu könnte die Rauchgaswärme mit 210 °C auch zu einer noch intensiveren Vorwärmung der Trocknerabluft verwendet werden. In einer zusätzlichen Wärmetauscher-Stufe könnte diese von 100 °C vorerst auf 160 bis 180 °C vorgewärmte und erst dann dem bereits bestehenden Wärmetauscher zugeführt werden. In diesem wäre dann eine Erwärmung auf etwa 500 bis 520 °C (derzeit 440 °C) möglich. Dadurch könnte der Erdgaseinsatz für die Stützfeuerung etwa um 30% vermindert werden.
Tabelle 4.2–3 zeigt die Energie- und Exergiebilanz der Nachverbrennung, wie sie derzeit besteht, Tabelle 4.2–4 die gleiche Anlage mit den vorgeschlagenen Maßnahmen.

Tab. 4.2–4

Stationsbilanz Nachverbrennung mit vorgeschlagenen Maßnahmen	Bezug von bzw. Abgabe an	Menge	Dim.	Energie		Exergie		Energie	Exergie
				absolut	Anteil	absolut	Anteil	Anteil am Primärenergieeinsatz des Werkes	
		10^3		TJ	%	TJ	%	%	%
Bezug:									
Erdgas	Energiezentrale	540	m^3	19,2	20,4	19,2	55,0	6,1	6,1
Elektrischer Strom	Energiezentrale	100	kWh	0,4	0,4	0,4	1,1	0,1	0,1
Heißwasser 150 °C	Speicher 2	97 000	kg	57,3	61,0	10,7	30,7	18,1	3,4
Abluft 135 °C	Horizontaltränkm.	83 384	m^3	15,0	16,0	2,5	7,2	4,7	0,7
Chemikalienlösung 135 °C	Horizontaltränkm.	50	m^3	2,1	2,2	2,1	6,0	0,7	0,7
Summe Bezug				94,0	100	34,9	100	29,7	11,0
Abgabe: genutzt									
Heißwasser 200 °C	Speicher 2	97 000	kg	78,3	83,3	18,4	52,7	24,7	5,8
Summe Nutzabgabe				78,3	83,3	18,4	52,7	24,7	5,8
Abgabe: Verlust									
Rauchgas 120 °C	Umgebung	84 000	m^3	11,8	12,6	4,8	13,8	3,7	1,5
Umgebungsverl. und innere Exergieverluste				3,9	4,1	11,7	33,5	1,3	3,7
Summe Verluste				15,7	16,7	16,5	47,3	5,0	5,2
Summe Abgabe				94,0	100	34,9	100	29,7	11,0

Horizontal-Tränkmaschine (b)

Auch in dieser Maschine wird Papier für die Plattenherstellung mit Chemikalien getränkt. Da jedoch kein Phenolharz verwendet wird, ist die bei der Maschine (a) aus Gründen des Umweltschutzes vorgeschriebene Verbrennung der in der Abluft enthaltenen Chemikaliendämpfe nicht erforderlich.

Die Maschine besteht aus 6 Feldern mit je einem Heizregister und einem Umluftventilator. Die Abluft wird aus jedem Trocknungsfeld getrennt mit einem Abluftventilator über Dach geführt. Die Temperaturen der Trocknungsluft liegen zwischen 120 und 140 °C.

In Tabelle 4.2–5 ist die zusammengefaßte Energie- und Exergiebilanz der Horizontal-Tränkmaschinen a und b wiedergegeben.

Tab. 4.2–5

Stationsbilanz Horizontaltränkmaschinen a) und b)	Bezug von bzw. Abgabe an	Menge	Dim.	Energie absolut	Energie Anteil	Exergie absolut	Exergie Anteil	Energie Anteil am Primärenergieeinsatz des Werkes	Exergie Anteil am Primärenergieeinsatz des Werkes
		10^3		TJ	%	TJ	%	%	%
Bezug:									
Elektrischer Strom	Energiezentrale	1 026	kWh	3,7	1,5	3,7	6,8	1,1	1,1
Heißwasser 205 °C	Speicher 2	282 170	kg	236,5	97,6	48,2	89,3	74,6	15,2
Trocknerzuluft 10 °C	Umgebung	248 151	m^3	–	–	–	–	–	–
Papier 10 °C	Lager								
phys. Energie		4 600	kg	–	–	–	–	–	–
Chemikalienlösung 10 °C	Lagertank								
phys. Energie		1 800	kg	–	–	–	–	–	–
chemi. Energie	Lagertank	50	kg	2,1	0,9	2,1	3,9	0,7	0,7
Summe Bezug				242,3	100	54,0	100	76,4	17,0
Abgabe: genutzt									
Heißwasser 150 °C	Speicher 2	282 170	kg	166,2	68,6	29,6	54,8	52,4	9,3
Abluft a) 135 °C	Nachverbrennung	83 384	m^3	15,0	6,2	2,5	4,6	4,7	0,8
Chemikalienlösung 135 °C	Nachverbrennung	50	kg	2,1	0,9	2,1	3,9	0,7	0,7
Summe Nutzabgabe				183,3	75,7	34,2	63,3	57,8	10,8
Abgabe: Verlust									
Papiere 80 °C physi. Energie	Zwischenlager	6 400	kg	1,3	0,5	0,3	0,6	0,4	0,1
Abluft b) 135 °C	Umgebung	164 767	m^3	29,7	12,3	4,9	9,1	9,4	1,5
Umgebungsverl. und innere Exergieverluste				28,0	11,5	14,6	27,0	8,8	4,6
Summe Verluste				59,0	24,3	19,8	36,7	18,6	6,2
Summe Abgabe				242,3	100	54,0	100	76,4	17,0

Erläuterungen zu Tabelle 4.2–5

97,6% der Stationsenergie wird mittels Heißwasser vom Speicher 2 zugeführt. Weiters scheinen im Energiebereich die für Förderantriebe benötigte elektrische Energie (Produkt- und Trocknungsluftbewegung) sowie jener Anteil der eingesetzten Chemikalienlösung auf, der mit der Abluft der Horizontaltränkmaschine (a) einer energetischen Nutzung in der Nachverbrennungsanlage zugeführt wird.
75,7% der zugeführten Stationsenergie werden als genutzt ausgewiesen, wovon der Heißwasserrücklauf 68,6% und die lösungsmittelhältige Abluft (a) 7,1% Anteil beinhaltet.
Eine beachtenswerte Menge an ungenutzt abgehender Energie ist in der Abluft der Horizontaltränkmaschine (b) enthalten, mit der 9,4% des Primärenergieeinsatzes an die Umgebung abgegeben wird.
Die Exergiebilanz zeigt wieder, daß die sogenannten inneren Exergieverluste, die verfahrenstechnisch durch die Irreversibilitäten bei der Wärmeübertragung zwischen den Energieträgern Heißwasser und Trocknungsluft entstehen, die größten Verluste darstellen. Eine Verringerung dieser Verluste ist nur mit aufwendigen Anlagen (z. B. Vergrößerung der Wärmeübertragungsflächen) möglich.
Bei allen Horizontal-Tränkmaschinen sollte die angesaugte Trocknungsluft mit der eigenen Abluft vorgewärmt werden (auf rund 60 bis 70 °C) und damit den Wärmebedarf für die Aufheizung reduzieren (Einsparraten bis zu 30% bzw. 30 TJ/a sind möglich).

Raumheizung

Derzeit werden die im Betrieb vorhandenen Heizluftapparate und Radiatoren mit Heißwasser von 190 °C beaufschlagt. Diese hohen Wärmeträgertemperaturen sind normalerweise nicht erforderlich und verursachen große Leitungsverluste.
Es wird daher vorgeschlagen, auf eine Warmwasserheizung (60 bis 90 °C) überzugehen und die Vorlauftemperatur (70 bis 90 °C) durch eine geregelte Rücklaufbeimischung dem Heizbedarf (der Außentemperatur) anzupassen. Dies erfordert zwar zusätzliche Investitionen wegen der Vergrößerung der Heizkörperflächen, diese würden sich jedoch durch die erzielbaren Einsparungen in einem wirtschaftlich vertretbarem Zeitraum amortisieren.

Maßnahmen zur Reduzierung des Gesamtenergieeinsatzes

- Intensivere Abwärmenutzung bei der Nachverbrennungsanlage der Horizontal-Tränkmaschine (a)
  (zusätzliche Verbrennungsluftvorwärmung und Aufladung des Speichers, dadurch Brennstoffeinsparung).
- Aufwärmung der Zuluft durch Abluftwärmeverwertung bei den Horizontal-Tränkmaschinen.
- Umstellung der derzeitigen Heißwasserraumheizung auf Warmwasserheizung.
- Verbrennen des beim Schleifen, Fräsen und Schneiden der Platten anfallenden Materialstaubes in der Kesselanlage. Es fallen 830 t/a Schleifstaub aus Papier und Lignin mit einem Heizwert von 21,6 MJ/kg und 390 t/a mit 14,5 MJ/kg an. Die zu erwartenden Einsparungen an Heizöl schwer liegen bei **rund 600 t/a bzw. 23,6 TJ/a.** Mit entsprechenden Sicherheitsauflagen beim Anlagenbau könnten den Bedenken wegen der Explosionsgefahr entgegengetreten werden.

Maßnahmen zur Reduzierung des Strombedarfes

Elektrische Energie wird für eine Vielzahl von Antriebsmotoren innerhalb der Produktion, aber auch für den Antrieb von Kühlwasser- und Heißwasserpumpen benötigt.
Die Kühlwasserpumpen der Pressen werden durchgehend betrieben, obwohl der Kühlbedarf nur kuzfristig (innerhalb eines Pressenspiels mit einer Zeitdauer von insgesamt 10 min. bis max. 1,5 Stunden benötigt wird. Das Kühlwasser wird dem benachbarten Teich entnommen und nach Durchlaufen des Kühlers wieder zurückgepumpt. Der Kühlwasserbedarf der großen Presse beträgt 1 200 m^3/h.
Die Pumpen könnten drehzahlgeregelt betrieben werden und bei Nichtbedarf der Kühlung mit niedriger Drehzahl fahren. Damit wäre der Leistungsbedarf beachtlich zu reduzieren (der Leistungsbedarf einer Pumpe steigt mit der dritten Potenz der Antriebsdrehzahl, d. h., bei halber Drehzahl reduziert sich die Antriebsleistung auf ein Achtel des Nennwertes).
Ähnliche Maßnahmen wären auch bei den übrigen Pumpen, z. B. Heißwasser-Umwälzpumpen, rentabel, da die Fördermengen und damit die Antriebsleistung relativ hoch sind. Zum Beispiel fördert die Umwälzpumpe einer Presse rd. 400 m^3 in der Stunde.

4.2.2 Betrieb B – Waschmittelerzeugung

Da eine Ermittlung von energiewirtschaftlichen Kennwerten für die einzelnen Produkte nicht durchgeführt werden konnte – sie erscheint im Rahmen dieser Untersuchung auch nicht notwendig –, konzentrierte sich daher die Untersuchung auf die Energiezentrale und die Hauptenergieverbraucher, die Aufbereitungsanlagen und insbesondere die Heißzerstäubungsanlagen.
Der Gesamtenergieverbrauch des Betriebes beträgt rd. 141,5 TJ (100%), davon wird an Brennstoff – Erdgas – 121,7 TJ (86%) zugeführt und an elektrischer Energie 5,5 GWh bzw. 19,8 TJ (14%).
Von der Gesamtbrennstoffzufuhr wird ein erheblicher Anteil (54%) außerhalb der Energiezentrale (Kesselhaus) in den Lufterhitzern der Heißzerstäubungsanlage verwendet.
Elektrische Energie dient zum Antrieb der Maschinen, Pumpen, Fördereinrichtungen u.a.m. sowie für Beleuchtungs- und Steuerungszwecke.

Energiezentrale

Die beiden erdgasbetriebenen Dampfkessel von 5 bzw. 8 t/h Dampfleistung (14 bar, 195 °C) sind nur beim Einschmelzen von Wasserglas gleichzeitig in Betrieb. Ein Dampfspeicher und ein Umformer zur Warmwasserbereitung (80 °C, 5,5 t) sind vorhanden. Anstelle einer eigenen Luftvorwärmung wird die Kesselluft nahe der Decke entnommen.
Der Kesseldampf wird von 14 bar auf einen Betriebsdruck von 6 bar entspannt. Die Kesselanlage wird wegen der stark schwankenden Bedarfsspitzen bewußt mit höherem Druck betrieben, als von der Produktion verlangt wird. Die jährliche Gesamtproduktion beträgt etwas über 20 000 t Dampf (rd. 56 TJ/a).
Der Betrieb plant eine Intensivierung der derzeitigen Kondensatrückführung. Ein Projekt zur Abwärmeverwertung der Rauchgase für die Speisewasservorwärmung, von derzeit 55 °C auf ca. 100 °C, befindet sich im Planungsstadium, die mögliche Einsparrate beträgt 2,5 TJ/a. Insgesamt werden Kühlwässer (aus Kompressoren, Rührkessel usw.) mit einem Wärmeinhalt bis zu 8 GJ/d bei einer mittleren Temperatur von 27 °C abgeführt.

Aufbereitungsanlagen

Einen besonders hohen Energieverbrauch (etwa 60 t Dampf pro Woche) erfordert das Aufschmelzen von Wasserglas durch Dampfdirekteinspeisung. Die so in die „Schmelze“ eingebrachte Wärmemenge wird in den nachfolgenden Prozeßstufen verwertet. In einer Anzahl von Ansetzbehältern und Rührkesseln werden die verschiedenen Gemische (Slurry) mittels Dampf bzw. Warmwasser auf 80 bis 90 °C erwärmt. Der Energiebedarf der Station beträgt rund 17 TJ/a.

Sprühtrocknung

Die Heißzerstäubungsanlage (HZA) stellt den größten Energieverbraucher des Betriebes dar. Sie benötigt:

Dampf, 6 bar	rd. 8 500 t/a	=	20,0 TJ/a
Erdgas	rd. 1,9 Mio m^3/a	=	69,4 TJ/a
Strom	rd. 1,3 GWh/a	=	4,7 TJ/a
Druckluft, 10 bar	rd. 400 000 m^3/a	=	0,05 TJ/a
Nutzwasser, 12 °C	rd. 35 000 m^3		

Die Anlage dient zur Sprühtrocknung von Waschpulvern und besteht aus zwei praktisch gleichartigen Trockentürmen von etwa gleicher Kapazität, die je nach Bedarf gemeinsam oder abwechselnd betrieben werden.

Die zum Trocknen erforderliche Luft (max. ca. 37 000 m^3/h bei 350 °C) wird in einem Lufterhitzer durch Vermischen von Zuluft (20 °C) mit max. 8.000 m^3/h Brennluft aus einer Erdgasheizung (rd. 17 GJ/h) hergestellt. Während der Anfahrphase strömt die Heißluft über einen Anfahrkamin ins Freie ab. Die Anlage ist sowohl für Gleichstrom- als auch für Gegenstrombetrieb ausgelegt.
Bei Gegenstrombetrieb, der zumeist angewandt wird, gelangt die Trocknungsluft durch eine Rohrleitung von unten in den Turm. Gleichzeitig werden Dralluft (max. 8 000 m^3/h) und Direktluft (max. 8.600 bzw. 12 000 m^3/h) – Abluft von einem Airlift zur Produktförderung – eingeblasen. Der Slurry wird in Ansetzbehältern mittels Dampfes erwärmt und von oben über Einspritzdüsen mit etwa 70 bar und 85 bis 92 °C (im Gegenstrom) eingebracht.
Im Inneren des Turmes trifft der zerstäubte Slurry auf die verwirbelte Heißluft. Durch die Verdampfung des Wassers wird die Heißluft von 350 °C auf 90 °C abgekühlt. Das getrocknete Produkt wird an der Turmsohle über eine Transporteinrichtung abgeführt. Die feuchte Heißluft (etwa 90 °C) wird in Schlauchfiltern ($\Delta p = 0{,}01$ bar) entstaubt und gelangt über ein Abluftgebläse (max. 100 000 m^3/h) und einen Schalldämpfer ins Freie.

Tabelle 4.2.–6 zeigt die Wärmebilanz einer solchen Anlage.

Tab. 4.2–6

Wärmebilanz Sprühtrocknungsanlage A	Bezug von bzw. Abgabe an	Menge	Dim	Energie absolut	Energie Anteil	Exergie absolut	Exergie Anteil	Energie: Anteil am Primärenergieeinsatz des Werkes	Exergie: Anteil am Primärenergieeinsatz des Werkes
			je h	GJ/h	%	GJ/h	%	%	%
Bezug:									
Erdgas	Versorgungs-untern.	350	m³	12,6	76,8	12,6	98,4	34,2	34,2
Zuluft 15 °C	Umgebung	63 930	kg	2,8	17,1	< 0,05	< 0,05	7,6	< 0,05
Wassergehalt des Rohstoffgemisches 90 °C	Aufbereitung	3 000	kg	1,0	6,1	0,2	1,6	2,7	0,5
jeweilige Rohstoffe	Aufbereitung	ohne Bewertung		–	–	–	–	–	–
Summe Bezug				16,4	100	12,8	100	44,5	34,7
Abgabe: genutzt									
jeweiliges Produkt	Verpackung	ohne Bewertung		–	–	–	–	–	–
Summe Nutzabgabe									
Abgabe: Verlust									
Abluft trocken 80 °C	Umgebung	63 060	kg	4,4	26,8	0,9	7,0	12,0	2,4
Luftfeuchte 80 °C	Umgebung	4 000	kg	10,4	63,4	1,8	14,1	28,2	4,9
Umgebungsverl. und innere Exergieverluste				1,6	9,8	10,1	78,9	4,3	27,4
Summe Verluste				16,4	100	12,8	100	44,5	34,7
Summe Abgabe				16,4	100	12,8	100	44,5	34,7

Aus der Wärmebilanz kann entnommen werden, daß die Abluft der Sprühtrocknungsanlage noch rd. 90% der Station zugeführten Energiemenge enthält – äquivalent von 40% des betrieblichen Energieeinsatzes – und demnach ein entsprechendes Potential für eine Abwärmenutzung darstellt.

Die Exergiebilanz zeigt auf, daß diese Abwärme durch den vorangehenden stark verlustbehafteten thermischen Umwandlungsprozeß (Brennstoffverfeuerung zur Erzeugung von Trocknungsluft) nur mehr eine verhältnismäßig niedrigen Wert besitzt.

Im folgenden Abschnitt werden Maßnahmen zur Nutzung der Abwärme (Warmwasserbereitung) bzw. Reduzierung der Exergieverluste (Stromerzeugung mittels Gasturbinen-Vorschaltanlage) aufgezeigt.

Maßnahme zur Reduzierung des Gesamtenergieeinsatzes

Energiezentrale:

- Intensivierung der Kondensatrückführung.
- Nutzung der Rauchgasabwärme zur Anhebung der Speisewassertemperatur (Druckentgaser).
- Die geringe Leistung der Kesselanlage und ihre Betriebsweise lassen die Installierung einer Vorschaltanlage (Gasturbine oder Gegendruck) von vornherein nicht zu.

Für die Heißzerstäuberanlage, deren Heißluftbedarf derzeit nicht von der Energiezentrale gedeckt wird, könnten jedoch die Trocknungsgase in einer Vorschaltgasturbinenanlage erzeugt werden, da bei rd. 6000 Betriebsstunden im Jahr nicht nur der Eigenstrombedarf gedeckt, sondern zusätzlich etwa 4 GWh/a ins Netz geliefert werden könnten.
Damit kann mit einer Amortisationszeit der Anlage von rd. 3 Jahren (auf der Basis derzeitiger Energiepreise) gerechnet werden.

Kühlwasser

In Anbetracht des mit niedrigen Temperaturen anfallenden Kühlwassers (durchschnittliche Temperatur 27 °C) erscheint eine Nutzung, etwa durch Einsatz von Wärmetauschern oder Wärmepumpen derzeit nicht wirtschaftlich.

Abluft-Wärmeverwertung

Bei der Heißzerstäubungsanlage wird derzeit eine ungenutzte Energie von **15,8 GJ/h** in Form von warmer Luft nach außen geführt.
Die Verwendung eines Wärmetauschers im Abluftstrom würde eine Steigerung des Druckverlustes verursachen und daher eventuell eine Verstärkung des Abluftgebläseantriebes erfordern.

Die Abluft enthält wasserdampfflüchtige Verbindungen, die zu einer raschen Bildung von schlickartigen und schwer entfernbaren Ablagerungen auf der Kühlfläche führen (häufige und aufwendige Reinigung, um schlechte Wärmeübergänge zu vermeiden).
Sinnvoller erscheint der Einbau eines Einspritzkühlers, in dem das erforderliche Betriebswasser (von 15 °C auf 57 °C) durch Abkühlen der Abluft (von 80 °C auf 40 °C) erwärmt wird und demnach ca. 35% **(5,44 GJ/h)** der oben genannten Wärme genutzt werden können. Erst bei Bedarf höher temperierten Betriebswassers wird der Einsatz von Wärmepumpen sinnvoll. Abb. 4.2–1 zeigt das Energie-Exergie-Flußbild einer Sprühtrocknungsanlage mit der vorgeschlagenen Wärmerückgewinnungsanlage, in Tabelle 4.2–7 wurde die Wärmebilanz der Anlage aufgestellt.

Tab. 4.2–7

Wärmebilanz der vorgeschlagenen Wäscheranlage	Bezug von bzw. Abgabe an	Menge	Dim	Energie		Exergie		Energie	Exergie
				absolut	Anteil	absolut	Anteil	Anteil am Primärenergieeinsatz des Werkes	
			je h	GJ/h	%	GJ/h	%	%	%
Bezug:									
Zuluft trocken									
80 °C	Sprühtrockner	63 060	kg	4,4	28,0	0,9	33,3	12,0	2,4
Luftfeuchte 80 °C	Sprühtrockner	4 100	kg	10,7	68,2	1,8	66,7	29,1	4,9
Einspritzwasser									
15 °C	Pumpenanlage	29 850	kg	0,6	3,8	< 0,05	< 0,05	1,6	< 0,05
Summe Bezug				15,7	100	2,7	100	42,7	7,3
Abgabe: genutzt									
Warmwasser 57 °C	Betrieb	30 930	kg	6,2	39,5	0,8	29,6	16,9	2,2
relative Nutzung									
15–57 °C				**(5,4)**	(34,4)	**(0,6)**	(22,2)	(14,7)	(1,6)
Summe Nutzabgabe				6,2	39,5	0,8	29,6	16,9	2,2
Abgabe: Verlust									
Abluft 40 °C	Umgebung	63 060	kg	1,9	12,1	0,2	7,4	5,2	0,5
Luftfeuchte 40 °C	Umgebung	3 020	kg	7,6	48,4	0,5	18,5	20,6	1,3
Umgebungsverl. und innere Exergieverluste				< 0,05	< 0,05	1,2	44,5	< 0,05	3,3
Summe Verluste				9,5	60,5	1,9	70,4	25,8	5,1
Summe Abgabe				15,7	100	2,7	100	42,7	7,3

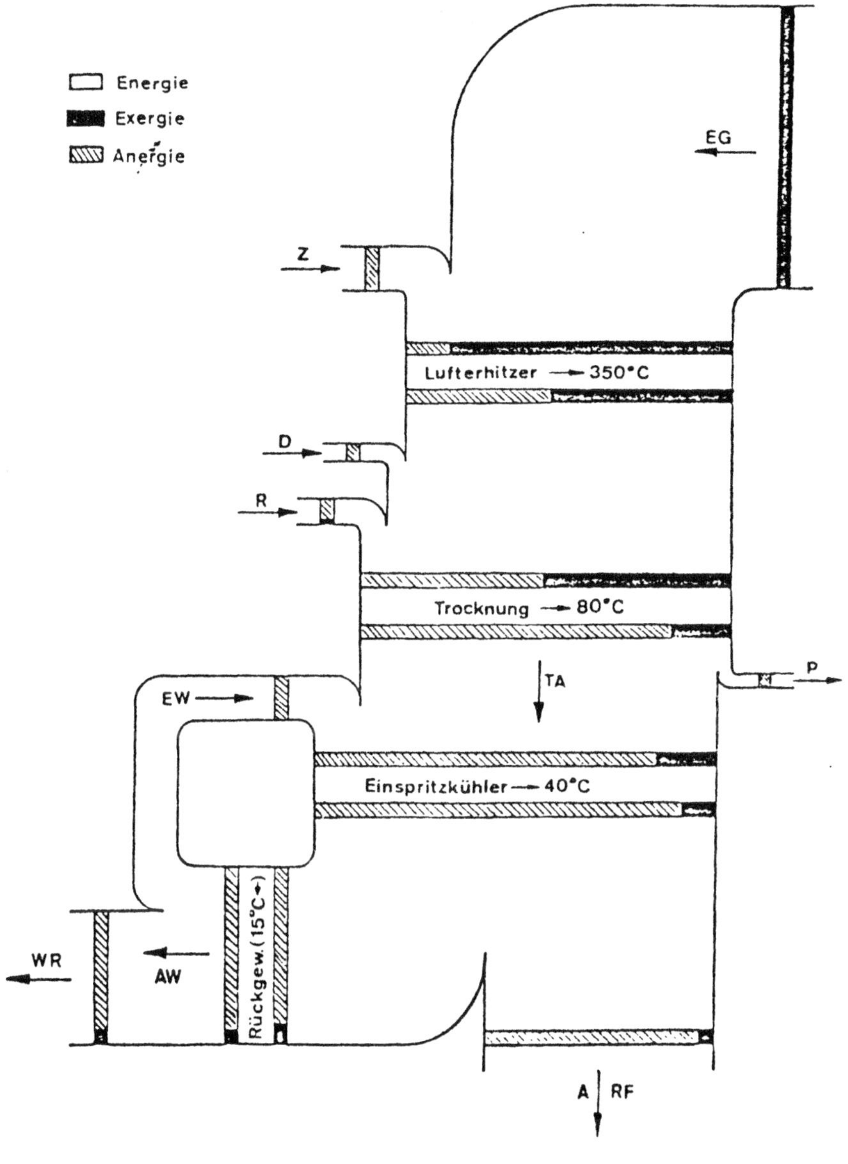

EG	Erdgas	A	Abluft
Z	Zuluft	RF	Restfeuchte
D	Dralluft und Direktluft	EW	Einspritzwasser
R	Rohstoffgemisch	AW	Abwasser
TA	Abluft Trockner	WR	Wärmerückgewinnung
P	Produkt		

Abb. 4.2–1 Energie- und Exergieflußbild einer Sprühtrocknungsanlage

4.2.3 Betrieb C – Integrierter Emaillierbetrieb und Behälterbau

Dieses Unternehmen wurde als Beispiel aus der großen Zahl von österreichischen Klein- und Mittelbetrieben ausgewählt, in denen der Rationalisierungsstandard auf dem Energiesektor trotz Bemühungen noch nicht jenen einiger Großbetriebe erreicht hat. In dieser Industriegruppe liegen daher in Summe relativ große Möglichkeiten zur Energieeinsparung vor.
Der Betrieb besteht aus zwei Werken, die rd. 500 m voneinander entfernt liegen. Der Transport der Zwischen- und Endprodukte zwischen den beiden Werken und dem Bahnhof erfolgt mit Lastkraftwagen.
Im Erzeugungsprogramm des Unternehmens sind Kessel für Zentralheizungen, Warmwasserspeicher, Werkzeugbau u. a. Der Gesamtenergiebedarf der beiden Werke beträgt rd. 33,4 TJ/a, davon entfallen 31,1 TJ/a (93,1%) auf Fremdstrom (650 MWh/a).

Im Werk I liegen
- die Schweißerei,
- der Kesselbau,
- der Werkzeugbau;

im Werk II
- die Vorfertigung,
- Emaillierung,
- Oberflächenveredelung,
- Endmontage und Versandlager.

Hauptwärmeverbraucher sind die Emaillierung (13,4 TJ/a) sowie die Heizanlagen im Werk II (10,9 TJ/a) und Werk I (4,7 TJ/a).
Hauptstromverbraucher sind die rd. 400 Maschinenantriebe bzw. die Schweißanlagen, der Rest entfällt auf die Beleuchtung.
Da der Betrieb derzeit nicht über entsprechende Meßgeräte bzw. Energiedaten verfügt, war eine Aufstellung von Energie- und Exergiebilanzen nicht möglich.

Werk I
In der Werkshalle ist die Kesselfertigung mit vierzig Arbeitsplätzen für Schweißer untergebracht. Die beim Schweißen entstehenden Abgase werden nicht direkt am

Arbeitsplatz abgesaugt, sondern die ganze Halle zentral durch Axialverdichter großer Leistung be- und entlüftet. Dadurch müssen, um die arbeitshygienischen Bedingungen einzuhalten, wesentlich größere Frischluftmengen zugeführt werden. Dies führt nicht nur zu erhöhtem Strombedarf, sondern im Winter zu erheblichem Mehrverbrauch an Energie für Beheizung.
Wegen des extrem hohen Staubgehaltes und einiger Schadstoffe in der Abluft sind Luft-Luft-Wärmetauscher (Econovents) bisher noch nicht in Verwendung. In Anbetracht der damit erzielbaren hohen Energieeinsparung (insgeamt rd. 5 TJ/a) ist auch eine etwas aufwendigere Wärmetauscheranlage gerechtfertigt.
Durch „örtliche Absaugevorrichtungen", deren Funktion mit der Zeitdauer von Schweißarbeiten gekoppelt ist, könnte der Energiebedarf für die Hallenheizung (Wärme und Strom) wesentlich gesenkt werden.
Außerdem beabsichtigt der Betrieb eine Verbesserung der Wärmedämmung der Halle I, u. a. durch Auswechseln der Fenster, durchzuführen.

Werk II

Die Hallenheizung erfolgt durch zwei Heizkessel über Wärmetauscher und Heizlüfter. Wärmeverluste treten vor allem im Winter wegen der Warmluftvorhänge und offenen Türen beim Verladen auf. Automatisch betriebene Türen könnten diese Verluste verringern.
Die Emaillieranlage besteht aus zwei Emailöfen, von denen jeweils einer in Betrieb ist. Die Öfen sind mit Heizöl leicht befeuert und die Abgase werden einem Wärmetauscher zugeführt, der die Beizerei und die Lackiererei mit Wärme versorgt.
Wärmeverluste treten vorwiegend beim Beschicken des Ofens und beim Entnehmen des fertigen Gutes samt Haltevorrichtungen auf. Diese Anordnung, Emailliergut und Haltevorrichtung, kühlt in der Halle aus. Die dabei abgegebene Energie wird derzeit nicht verwertet.
Da die Temperatur der Ofenauskleidung ständig über 700 °C gehalten werden muß (die Betriebstemperatur der Öfen beträgt 840 °C), ist eine entsprechende Wärmeenergie für die Warmhaltung auch außerhalb der Produktionszeiten erforderlich.
Die Art des Produktionsablaufes bedingt, daß zu jedem Zeitpunkt nur ein Bruchteil der installierten Leistung benötigt wird. Messungen über den Auslastungsgrad der Anlagen (Betriebsstunden, Einschaltzahlen, Belastung der Maschinen) existieren jedoch nicht.

Maßnahmen zur Reduzierung des Gesamt-Energieeinsatzes

Gesamtwerk

- Meßeinrichtung für Heizung des Werkes II zur Kontrolle, ob diese Anlage richtig dimensioniert ist; zusätzliche Isolierung an den Rohrleitungen.
- Vor den Emaillieröfen könnte eine Schleuse vorgesehen werden, die ähnlich einem Wärmetauscher die Energie, die beim Beschicken und beim Abkühlen verlorengeht, sinnvoll verwertet.
- Aufnahme der Betriebsdaten der Emaillieröfen und Versuche, den Aufheizvorgang (von 700 °C auf 840 °C) zu optimieren.
- Rationalisierung der Arbeitsabläufe zur Vermeidung und Verringerung von Leerlaufverlusten und des Energiebedarfes für Schweißarbeiten.

Heizung

- Lokale Absaugvorrichtungen für Schweißarbeitsplätze (mengenmäßige und temporäre Reduzierung des Frischluftanteiles) und Übergang auf Frischluftvorwärmung mittels Econovents.
- Verbesserung der Wärmeisolationen (Gebäude, Rohrleitungen).
- Automatische Absenkung der Hallentemperatur außerhalb der Arbeitszeit.
- Reduzierung der Hallen-Wärmeverluste an den Einfahrten (Anordnung geeigneter Schleusen, automatische Türen, Vermeidung von Warmluftvorhängen).

Öfen

- Änderung der derzeitigen Ofenauskleidung zur Vermeidung bzw. Verringerung des Warmhaltewärmebedarfes während der Stillstandszeiten.

Druckluft

- Regelmäßige Überprüfung der Druckluftleitungen und Armaturen auf Dichtheit.
- Vergrößerung der vorhandenen Druckluftbehälter (als Voraussetzung für eine kurzzeitige Abschaltung der Kompressoren zur Vermeidung von Strombezugsspitzen).

Die Durchführung aller vorgeschlagenen Maßnahmen würde zu einer Primärenergieeinsparung von annähernd **15% bzw. 4,5 TJ/a** führen.

4.3 Stein- und keramische Industrie

Die Untersuchungen in dieser Industriesparte konzentrierten sich auf folgende wärmeintensive Bereiche:

Zementindustrie,
Kalkindustrie,
keramische Industrie (einschließlich Ziegelindustrie).

4.3.1 Zement- und Kalkindustrie

Die für die Bauindustrie wichtigen Bindemittel Zement und Kalk werden in Österreich in Unternehmen unterschiedlicher Größe hergestellt.
Zement wird überwiegend in größeren Unternehmen,
Kalk dagegen meist in kleineren und mittelgroßen Betrieben erzeugt.
Die Verfahrenstechnik für die Herstellung von Zement und Kalk ist sehr ähnlich, man unterteilt in:

- Rohstoffgewinnung,
- Aufbereitung (zerkleinerung und Mischung),
- Rohmehlmahlung und Trocknung (nur bei Zementherstellung),
- Klinkerbrennen,
- Mahlen.

Im folgenden wird zunächst eine kurze Beschreibung des Herstellungsverfahrens (Abb. 4.3–1, Stoff-Fluß) gegeben.

Rohstoffgewinnung und Aufbereitung

Kalkstein und Mergel sind die Hauptstoffe der Zement- und Kalkherstellung. Sie werden in meist dem Verarbeitungswerk nahe gelegenen Steinbrüchen abgebaut. Das Zerkleinern, Sortieren und Lagern der Rohmaterialien erfolgt oft in Anlagen direkt beim Steinbruch. Je nach Trockengrad und Rohstoffeigenschaften werden alternativ Backen-, Hammer-, Kegel- oder Kreiselbrecher verwendet. Der Energiebedarf ist vornehmlich durch die Antriebe für Zerkleinerungs- und Förderanlagen gegeben. Er liegt, je nach Brechgut und verwendetem Brecher, zwischen 1 und 2 kWh/t Brechgut.

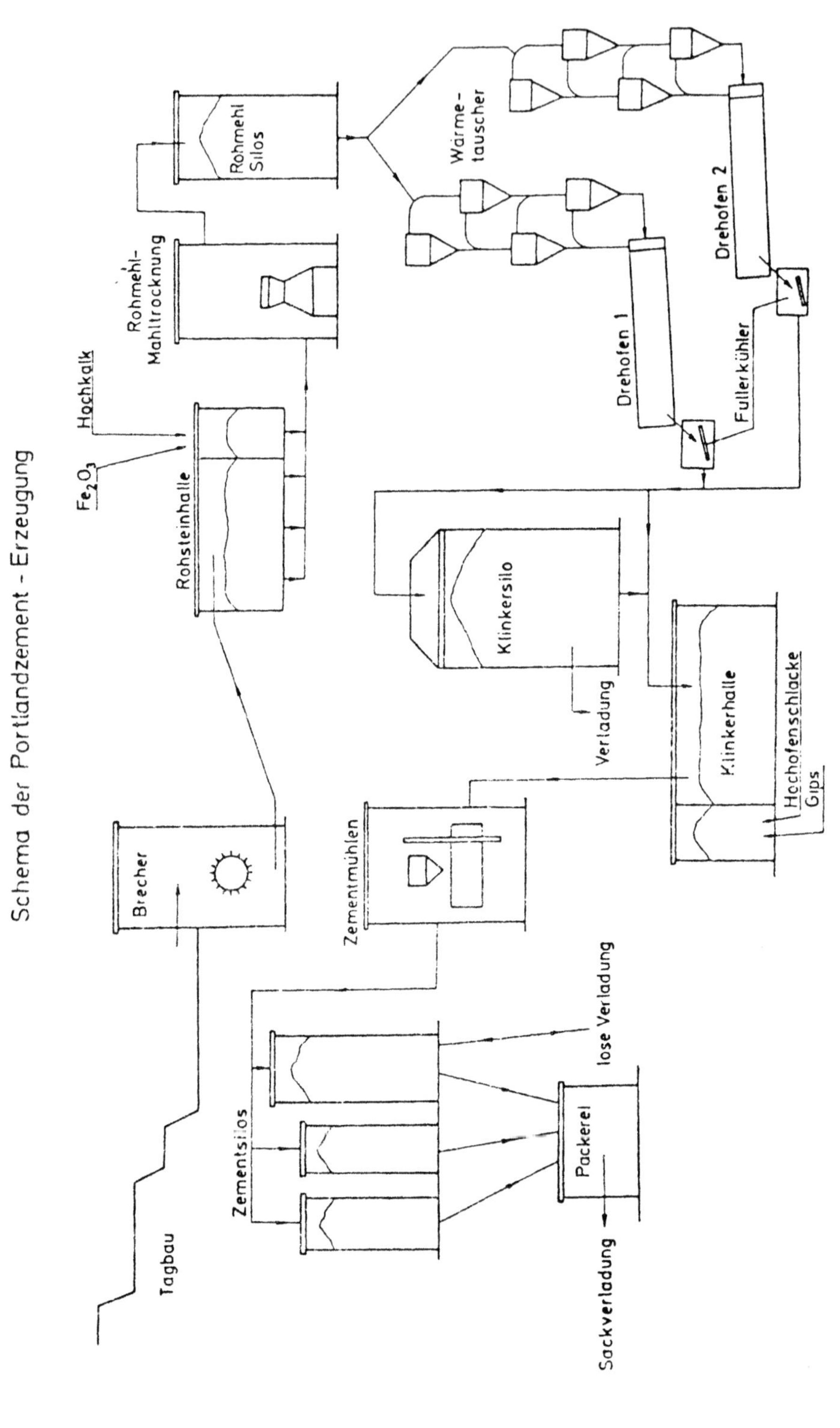

Abb. 4.3–1 Schema der Portlandzementerzeugung

Rohmehlmahlung und Trocknung bei der Zementherstellung

Während bei der Kalkerzeugung die vorwiegend verwendeten Schachtbrennöfen mit größerem Brenngut beaufschlagt werden können, ist bei der Zementherstellung vor dem Brennen eine **Vormahlung und Trocknung** notwendig. Diese Mehltrocknung erfolgt in Ringwalzen- und Walzenschüsselmühlen. Für den Trocknungsprozeß wird Direktfeuerung oder Brennofenabwärme eingesetzt.
Der spezifische Energiebedarf moderner Rohmehlmühlen liegt bei 20 kWh/t Mehl.
Das energieaufwendige **Naßverfahren** zur Herstellung von Rohmehl für die Zementerzeugung wird in Östereich im allgemeinen nicht mehr angewendet.

Klinkerbrennen

Beim Klinkerbrennen (insbesondere Zementklinkerbrennen) handelt es sich um einen überaus komplexen Ablauf chemischer und physikalischer Vorgänge. Es ist der energieaufwendigste Teilprozeß und bestimmt ganz wesentlich die Wirtschaftlichkeit der gesamten Anlage.
In der Zementindustrie werden wegen der größeren Durchsatzleistungen und der Möglichkeiten einer Abwärmenutzung bei der Rohmehl-Vorwärmung und Mahltrocknung bevorzugt **Drehöfen** verwendet.
In der Kalkindustrie ist der Einsatz einfacherer **Schachtöfen** mit kleineren Durchsatzleistungen vorherrschend. Andere wesentliche Unterscheidungsmerkmale werden bei der Beschreibung der einzelnen Betriebe angeführt.
Nachstehend sollen spezielle Verfahrensabläufe, getrennt nach Zement- und Kalkindustrie, dargestellt werden.

4.3.1.1 Zementindustrie

Der Gesamtenergiebedarf des untersuchten und für diese Industriesparte repräsentativen Betriebe beträgt rd. 1 540 TJ/Jahr (100%). Davon entfallen rd.
91% auf Wärmebedarf,
9% auf Strombedarf.
Der **Wärmebedarf** (1 400 TJ/Jahr) wird durch Verbrennen von Heizöl schwer in den Klinkerbrennöfen (2 Drehöfen) gedeckt. Davon werden rd. 50% für die erforderliche Bildungswärme und 16% für die Vorwärmung des Rohmehls durch die Ofenabgase genutzt. 30% gehen als Wärmeverluste durch Abstrahlung und Konvektion und 4% als ungenutzte Abwärme in den Abgasen nach dem Elektrofilter verloren.

Vom **Strombedarf** entfallen 2% auf die Brecheranlage, 35% auf die Mahl-Trocknungsanlage, 21% auf die Klinkerbrennöfen, 40% auf die Zementmahlung und 2% auf sonstige Hilfsbetriebe.

Klinker-Brennöfen (Drehöfen)

In Verwendung sind – wie bereits erwähnt – zwei mit Heizöl schwer befeuerte Drehöfen, in denen das Rohmehl zu Klinker gebrannt wird. Die dazu erforderliche Bildungswärme beträgt 1 760 bis 1 830 kJ/kg Klinker.
In der Tabelle 4.3.1 ist die Energie- und Exergiebilanz für beide Drehöfen mit den nachgeschalteten Wärmetauscheranlagen wiedergegeben.

Tab. 4.3–1

Stationsbilanz Klinker-Drehöfen (a, b) mit Wärmetauscher-anlagen	Bezug von bzw. Abgabe an	Menge	Dim	Energie		Exergie		Energie	Exergie
				absolut	Anteil	absolut	Anteil	Anteil am Primärenergieeinsatz des Werkes	
		in 10³		TJ	%	TJ	%	%	%
Bezug:									
Elektrischer Strom	Energie-zentrale	4 100	kWh	29,5	2,0	29,5	2,1	1,9	1,9
Heizöl schwer	Lagertank	34 900	kg	1 400,5	95,3	1 400,5	97,6	91,0	90,9
Zuluft 10 °C	Umgebung	425 800	m³	–	–	–	–	–	–
Rohmehlmischung 80 °C	Rohmehl-mühlen	681 800	kg	40,0	2,7	4,2	0,3	2,6	0,3
Summe Bezug				1 470,0	100	1 434,2	100	95,5	93,1
Abgabe: genutzt									
Abgas 330 °C	Rohmehl-mühlen	681 800	m³	295,3	20,1	78,2	5,4	19,2	5,1
Staub 80 °C	Rohmehl-mühlen	68 000	kg	4,7	0,3	0,5	0,05	0,3	0,05
Klinker 150 °C chemische Energie	Klinkersilo	401 000	kg	705,0	48,0	705,0	49,2	45,8	45,8
Summe Nutz-abgabe				1 005,0	68,4	783,7	54,6	65,3	50,9
Abgabe: Verlust									
Klinker 150 °C physikalische Energie	Klinkersilo	401 000	kg	44,5	3,0	5,9	0,4	2,9	0,4
Umgebungsverl. und innere Exergieverluste				420,5	28,6	644,6	45,0	27,3	41,8
Summe Verluste				465,0	31,6	650,0	45,4	30,2	42,2
Summe Abgabe				1 470,0	100	1 434,2	100	95,5	93,1

Aus der Energiebilanz geht hervor, daß beim Brennen und bei der Vorwärmung des Rohmehls rd. 30% bzw. **420 TJ/a** (äquivalent 10 500 t Heizöl schwer) der dem Prozeß zugeführten Primärenergie in Form von Abstrahlungs- und Konvektionsverlusten verlorengehen, wobei wegen der großen Oberfläche (1 200 m^2 für beide Öfen) und der relativ hohen Wandtemperaturen (Mittelwert ca. 200 °C) der überwiegende Teil der Verluste durch die Drehöfen verursacht wird.
Dieser Verlust könnte durch eine zusätzliche Isolation beachtlich verringert werden, die Ofenausmauerung müßte allerdings den höheren Anforderungen angepaßt werden. Andererseits wäre eine wärmetechnische Nutzung durch eine Mantelluftkühlung (oder Haubenluftkühlung) möglich.
Derzeit besteht jedoch im Betrieb kein Bedarf an Heißluft mit der Temperatur einer Mantelluft, da einerseits die aus den Drehöfen strömenden Abgase bereits wärmetechnisch genutzt werden und andererseits ein Vorwärmen der Verbrennungsluft durch Bestreichen des aus den Drehöfen ausgebrachten gebrannten Klinkermaterials erfolgt.
Langfristig gesehen, bietet sich die Verwendung dieser Heißluft (mit einer Temperatur von ca. 200 °C) als Wärmequelle für einen Kältemittel-Kraftprozeß an. Die damit gewonnene elektrische Energie könnte innerbetrieblich genutzt werden. Kältemittelturbinen werden für andere Anwendungsbereiche angeboten.

Als mittelfristige Maßnahme wird vorgeschlagen, die derzeit klappengeregelten Gebläse (mit hohen Drosselverlusten) durch drehzahlgeregelte Gebläse zu ersetzen.

Wärmetauscheranlage

Das aus den Drehöfen austretende Rauchgas (1 000 °C) wird in einer aus einem Zyklonsystem bestehenden Wärmetauscheranlage zum Vorwärmen des Rohmehls verwendet.
Das Rohmehl tritt mit 800 °C in den Drehofen, die Rauchgase mit 330 °C in die Mahltrocknungsanlage ein.
Zur Reduzierung der Abstrahlungsverluste im Bereich der Wärmetauscher wäre eine hochwertige Isolierung empfehlenswert.
Bezüglich einer Verbesserung der Wärmeübertragung durch Veränderung der Strömungsabläufe innerhalb der Zyklone und des Rohrsystems sei auf die einschlägige Fachliteratur verwiesen. [4–1]

Rohmehl-Mahltrocknungsanlage

Der Wärmebedarf dieser Anlage wird durch die aus der Wärmetauscheranlage strömenden Drehofenabgase gedeckt (Eintrittstemperatur 330 °C, Austrittstemperatur 80 bis 90 °C, d. i. die Maximaltemperatur für die nachgeschalteten Elektrofilter. Zusätzlich muß zum Antrieb der Mühlen (Walzenschüsselmühlen) und sonstiger Nebenaggregate (Fördereinrichtungen) elektrische Energie aufgewendet werden. Der spezifische Bedarf für den Mahlgang ist von der Materialbeschaffenheit und von den Zuschlagstoffen abhängig und liegt bei etwa 20 kWh/t.

Zementmühlen (Sicht-Kugelmühlen)

Diese Mühlen zählen zu den Hauptstromverbrauchern des Betriebes. Der spezifische Strombedarf beträgt rd. 40 kWh/t.
Der Energiebedarf ist im wesentlichen abhängig von der Zusammensetzung des Mahlgutes und der Auslastung und Formgebung der Mühlen. Die Verminderung des spezifischen Energiebedarfes von Mühlen ist Gegenstand zahlreicher Publikationen, auf die hier aus verständlichen Gründen nur verwiesen werden kann, z. B. [4–2].

Maßnahmen zur Reduzierung des Primärenergieeinsatzes

- Reduzierung der überaus hohen Abstrahlungs- und Konvektionsverluste der Drehöfen durch Mantelluft- oder Haubenluftkühlung in Kombination mit wärmetechnischer Nutzung der Heißluft (z. B. in einem Kältemittel-Kraftprozeß zur Stromerzeugung).
- Verfeuerung von Altölen in den Drehöfen (der vorhandene Schwefelgehalt dieser Öle hat keinerlei negative Auswirkungen auf das Produkt (etwaige Umweltbelastungen sind jedoch zu beachten).
- Verwendung mechanischer Förderanlagen (anstatt pneumatischer Anlagen), wenn verfahrenstechnisch sinnvoll.
- Verbesserung der Isolation der Wärmetauscheranlagen und abgasführender Rohrsysteme.
- Verwendung drehzahlgeregelter Gebläse (Rauchgas, Mantelluft).

4.3.1.2 Kalkindustrie

Untersucht wurden drei Betriebe mit unterschiedlicher anlagentechnischer Konzeption, als Brennstoff ist vornehmlich Erdgas in Verwendung.

Betrieb A
Das Werk hat einen jährlichen Energieeinsatz von 527 TJ, davon entfallen 488 TJ (rd. 93%) auf Brennstoff und 39 TJ (7%) auf Strom.
Hauptverbraucher sind die Kalkbrennöfen; der Wärmebedarf dieser Anlagen beträgt 415 TJ/a. Bezogen auf die Produktionsmenge ergibt sich daraus ein spezifischer Wärmeaufwand von 3 640 kJ/kg Fertigkalk. Dieser Wärmebedarf deckt einerseits die für das Brennen von Kalkstein erforderliche Bildungswärme (3 150 kJ/kg Fertigkalk) und andererseits die am Ofen auftretenden Wärmeverluste durch Konvektion, Abstrahlung und Abgas.
Die hier verwendete Ofentype ermöglicht eine weitgehende Abwärmenutzung; demnach liegen die Wärmeverbrauchszahlen gegenüber anderen Betrieben überaus günstig. Die Anlage besteht aus zwei oder mehreren alternativ beheizten Schächten, die im regenerativen Umschaltverfahren betrieben werden. Das im nicht beheizten Schacht befindliche Brenngut wird jeweils durch die Rauchgase der beheizten Schächte auf Temperatur gehalten.
Trotzdem wäre noch eine Reduzierung des Gesamtenergieeinsatzes um **18 TJ/a** bzw. 500 000 m^3 Erdgas jährlich möglich, wenn die derzeit ungenutzte Abwärme der Brennofenanlage zum Vorwärmen der Verbrennungsluft anderer vorhandener Anlagen verwendet werden würde. Der in der Praxis erreichbare Mindestenergieeinsatz dürfte bei rd. 3 520 kJ/kg liegen (rd. 12% über der Bildungswärme).

Erläuterung zu Tabelle 4.3–2
Die Angaben in dieser Tabelle sind auf Tageswerte bei optimaler Auslastung bezogen. Für eine Umrechnung auf Jahreswerte wäre neben den Betriebstagen auch die differierende Anlagenauslastung und andere Betriebsparameter zu berücksichtigen.
In dem Bilanzschema ist die zum Brennen des Kalksteins zu Kalk aufzubringende Bildungswärme als chemische Energie des Kalkes unter genutzt, die physikalische Energie des aus der Anlage geförderten Kalkes – die an die Umgebung abgegeben wird – als Verlust angeführt.
Die Analyse der Verluste zeigt, daß bei diesem modern konzipierten Regenerativ-Brennofen die Abwärmenutzung auf einem hohen Standard ist und damit ein spezifischer Energieverbrauch von etwa 3 723 KJ/kg gebrannten Kalk erreicht wird.
Die Exergiebilanz differiert zu der Energiebilanz hinsichtlich der Bewertung der Verluste, sie zeigt, daß die größten Exergieverluste durch die bei der Verfeuerung von Brennstoffen und dem nachfolgenden Wärmeübertragungssystem auftretenden Irreversibilitäten zu verzeichnen sind.

Tab. 4.3–2

Stationsbilanz Dreischacht-Kalkbrennofen	Bezug von bzw. Abgabe an	Menge	Dim	Energie absolut	Energie Anteil	Exergie absolut	Exergie Anteil	Energie: Anteil am Primärenergieeinsatz des Werkes	Exergie: Anteil am Primärenergieeinsatz des Werkes
			d	GJ/d	%	GJ/d	%	%	%
Bezug:									
Erdgas	Energiezentrale	9 923	m³	361,5	97,1	361,5	97,1	17,4	17,4
Elektrischer Strom	Energiezentrale	3 010	kWh	10,8	2,9	10,8	2,9	0,5	0,5
Kalkstein 10 °C	Lagerhalde	180 000	kg	–	–	–	–	–	–
Verbrennungsluft 10 °C	Umgebung	167 700	m³	–	–	–	–	–	–
Summe Bezug				372,3	100	372,3	100	17,9	17,9
Abgabe: genutzt									
Kalk 90 °C chemische Energie	Lagersilo	100 000	kg	315,3	84,7	315,3	84,7	15,2	15,2
Summe Nutzabgabe				315,3	84,7	315,3	84,7	15,2	15,2
Abgabe: Verlust									
Rauchgas 90 °C	Umgebung	254 900	m³	32,0	8,6	10,4	2,8	1,5	0,5
Staub und Feuchte 90 °C	Umgebung	6 165	kg	14,4	3,9	4,8	1,3	0,7	0,2
Kalk fühlbare Wärme 90 °C	Lagersilo	100 000	kg	6,3	1,7	2,2	0,6	0,3	0,1
Umgebungsverl. und innere Exergieverluste				4,3	1,1	39,6	10,6	0,2	1,9
Summe Verluste				57,0	15,3	57,0	15,3	2,7	2,7
Summe Abgabe				372,3	100	372,3	100	17,9	17,9

Betrieb B

Dieses Werk besitzt drei Ringschachtöfen mit einer Kapazität von insgesamt 190 Tagestonnen sowie eine Mahl- und Hydratanlage.

Die Ringschachtöfen arbeiten im Gegenstromprinzip. Die Abgastemperatur liegt mit 400 bis 450 °C sehr hoch. Die Belastung der Öfen ist, in Abhängigkeit von der Auftragssituation, stark schwankend. Sie werden oftmals über längere Perioden warm gehalten, um unwirtschaftliche Aufheizvorgänge zu vermeiden.

Mit einer Abgasrücksaugung wird ein Teil des Abgases mit einer Temperatur von etwa 430 °C (Mittelwert) auf Brennerhöhe wieder in den Brennraum eingeblasen. Der Rest der heißen Abgase wird direkt ins Freie geleitet. Demnach liegt auch der Wärmeverbrauch zwischen 4 750 kJ/kg und 5 500 kJ/kg (Mittelwert 5 000 kJ/kg).

Es ist beabsichtigt, den Wärmebedarf der Öfen durch den Einbau eines Zentrallanzenbrenners, der die Temperaturverteilung in der Brennzone verbessert und den

Brennvorgang dadurch beschleunigt, unter 4 200 kJ/kg zu senken (Investitionsaufwand etwa 0,5 Mio. S, Energieeinsparung rd. **8 TJ/a** bzw. 220 000 m^3 Erdgas).

Betrieb C

Der Energiebedarf für die Kalkerzeugung beträgt 342 TJ/a (davon 323 TJ/a für Wärme und 19 TJ/a für Strom).

Vorhanden sind 4 Kalkbrennöfen, und zwar:

- 1 Ringschachtofen mit einem spezifischen Wärmeverbrauch von 4 600 kJ/kg und einem spezifischen Stromverbrauch von 25 kWh/t Fertigkalk.
- 1 umgebauter Schachtofen mit zusätzlichem Zentrallanzen-Gasbrenner mit spezifischen Kennwerten von 4 400 kJ/kg (Wärmeverbrauch) bzw. 6,5 kWh/t (Stromverbrauch).
- 2 sogenannte Querstromöfen älterer Bauart mit spezifischen Kennwerten von 5 000 kJ/kg (Wärme) und 43 kWh/t (Strom).

Der Regenerativ-Ringschachtofen ist jahresdurchgängig in Betrieb und liefert eine gute Kalkqualität. Er ist mit einem Rekuperator ausgestattet. Abb. 4.3–2 zeigt den Aufbau und die Betriebsweise einer solchen Anlage.

Da der bei Inbetriebnahme der Anlage erzielte Wärmeverbrauchswert (unter 4 000 kJ/kg) jetzt nicht erreicht wird, erscheint eine Überholung der Anlage empfehlenswert.

Die anderen Brennöfen werden nach Bedarf eingesetzt. Der umgebaute Schachtofen ist unproblematisch im Betrieb, der Einbau von gasbefeuerten Zentrallanzenbrennern ist aus energiewirtschaftlicher Sicht bei älteren Schachtöfen sehr zu empfehlen.

Ein spezifischer Wärmeverbrauch von weniger als 4 000 kJ/kg bzw. ein spezifischer Stromverbrauch von 20 kWh/t Fertiggut über den garantierten Lastbereich gilt als Richtwert für einen Qualitätsofen.

Die energieaufwendigen Querstromöfen älterer Bauart sollten daher durch einen modernen Ringschachtofen ersetzt werden. Bei gleicher Jahresproduktion ergäbe sich eine Verminderung des Primärenergieeinsatzes von **30 TJ/a,** was rd. 830 000 m^3 Erdgas jährlich entspricht.

Der Hauptstromverbraucher des Betriebes ist eine Kalkkugelmühle älterer Bauart. Der spezifische Energiebedarf liegt mit über 40 kWh/t Durchsatz relativ hoch.

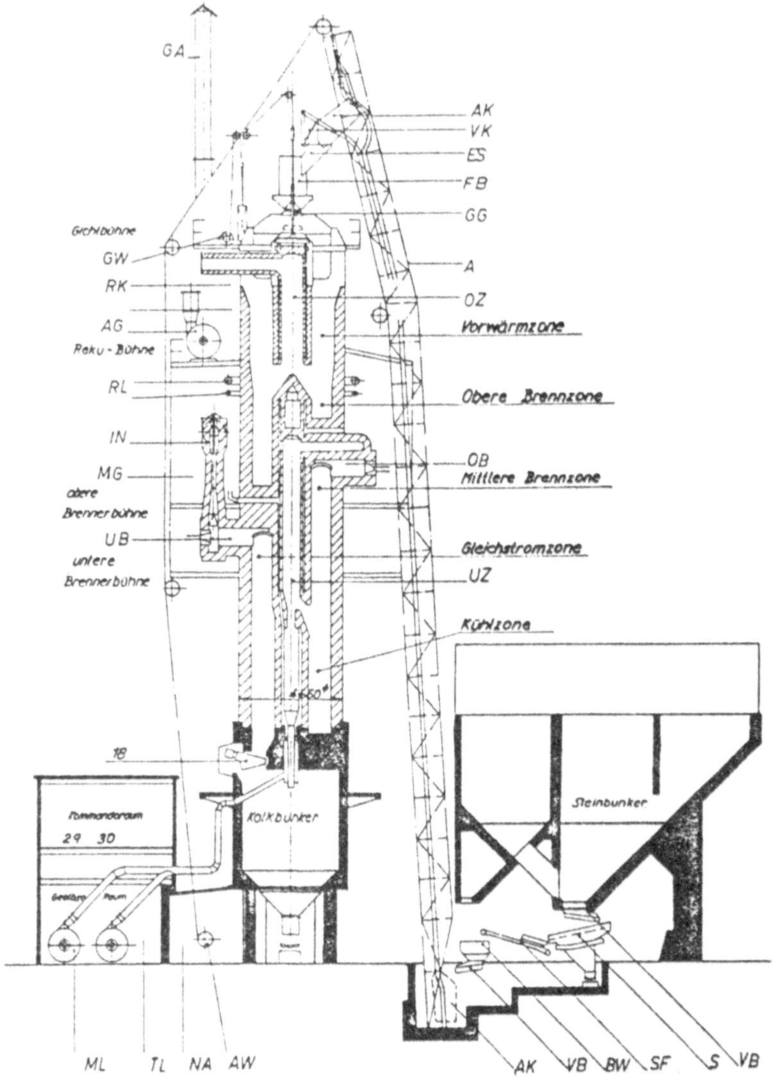

VB	Vibrorinnen	UZ	Unterer Innenzylinder
S	Fremdkörpersieb	OB	Oberer Brenner
SF	Steinförderband	UB	Unterer Brenner
BW	Behälterwaage	ML	Mantelkühlluftgebläse
AK	Aufzugkübel	TL	Treibluftgebläse
AW	Aufzugwinde	AG	Abgasgebläse
A	Aufzuggerüst	IN	Injektor
ES	Einlaufschurre	RK	Rekuperator
VK	Verschlußklappe	RL	Ringleitungen
FB	Drehbarer Füllbehälter	MG	Steinspiegel-Meßgerät
GG	Gichtglocke	NA	Notstromaggregat
GW	Gichtwinde	GA	Gichtabzug
OZ	Oberer Innenzylinder		

Abb. 4.3–2 Ringschacht-Kalkbrennofen

Maßnahmen zur Reduzierung der Einsatzenergie

Obwohl der Vergleich verschiedener Betriebe wegen der unterschiedlichen Fahrweise, Auftragslage, Warmhalteperioden und fehlender Meßeinrichtungen äußerst problematisch ist, lassen sich doch nachstehende generelle Maßnahmen empfehlen:

Kurzfristig:

- Für Schachtöfen mit einem Wärmeverbrauch über 4 200 kJ/kg: Einbau eines Zentrallanzenbrenners (bei Erdgasfeuerung).

Mittelfristig:

- Durch organisatorische Maßnahmen und den Einbau von Schwachlastbrennern und die Verwendung drehzahlgeregelter Verbrennungsluft- und Saugzuggebläse kann der Teillastbetrieb von Kalkbrennöfen wirtschaftlicher gestaltet werden.
- Einbau von Zyklonabscheidern und wärmetechnische Nutzung der heißen Brenngase zur Aufbereitung von Warmwasser und für Trocknungsprozesse (Einsatz geeigneter Wärmetauscher).

Langfristig:

- Neu zu errichtende Anlagen sollten konzipiert werden, daß ihr Wärmeverbrauch bei 3 550 bis 4 000 kJ/kg Fertigkalk liegt (mit Vorwärmung des Einsatzgutes durch die heißen Brenngase).

4.3.2 Keramische Industrie

Als keramische Produkte werden Erzeugnisse bezeichnet, die bei hohen Temperaturen durch Sinterprozesse ihre besonderen Eigenschaften erhalten (z. B. Festigkeit, Wasserbeständigkeit u. a. m.). Zur Herstellung keramischer Produkte dienen überwiegend Rohstoffe natürlichen Ursprunges, unter anderem Ton, Kaolin, Kalk- und Feldspat, Quarz, Magnesit und Silikat.

Man unterscheidet:
feinkeramische Produkte (Porzellan-, Ton- und Steingut) und grobkeramische Produkte (Ziegel, Rohre, Baukeramiken usw.).
Die meisten keramischen Erzeugungen lassen sich in nachstehende Verfahrensstufen unterteilen:

- Rohstoffaufbereitung und Formgebung,
- Trocknen,
- Brennen,
- Veredelung.

Rohstoffaufbereitung und Formgebung

Energie wird hauptsächlich zum Antrieb der erforderlichen Maschinen (Mühlen, Pressen usw.) benötigt, der Wärmebedarf ist gering.

Die Rohstoffe werden meist in 2 Schritten zerkleinert, die Großzerkleinerung erfolgt in Brechern und Hammermühlen, das Feinmahlen in Kugelmühlen, Rohrmühlen oder Schwingmühlen im Naßmahlverfahren.
Bei der Porzellan- und Steinguterzeugung wird durchwegs das Naßaufbereitungsverfahren angewendet. In Siebtrommeln und Magnetabscheidern werden Verunreinigungen und Eisengut aus den Rohstoffen entfernt, ehe sie in Mischapparaten unter Zugabe von Bindemitteln und Wasser zur Masse verarbeitet werden.
Das Formen grober und großer Erzeugnisse erfolgt in Strangpressen, Gipsformen und Spezialpressen, die Fertigung von Massenartikeln in automatisierten Anlagen (Pressen und Drehen).

Trocknen

Die bei der Aufbereitung aus verfahrenstechnischen Gründen zugeführte Feuchtigkeit muß vor dem Brennen des Gutes diesem wieder entzogen werden. Das Trocknen erfolgt je nach beabsichtigtem Trocknungsverlauf in Trockenräumen, Kammern-, Kasten- und Tunneltrocknern oder Darren, derzeit oft noch mit Trocknungsluft aus brennstoffbefeuerten Lufterhitzern. Da reichlich Abwärme aus den Brennöfen verfügbar ist, könnte dieser Brennstoffeinsatz wesentlich reduziert bzw. sogar völlig vermieden werden.

Brennen

Durch den Sinterungsprozeß im Ofen erhält das Gut seine bereits erwähnten besonderen Eigenschaften.
Brennen ist der energieaufwendigste Prozeß in der keramischen Industrie. Je nach Brenngut erfordert das Verfahren Temperaturen bis zu 1 800 °C und Ofendurchlaufzeiten für Aufheizen, Brennen und Abkühlen bis zu 80 Stunden.
Bei diesem Verfahren werden aus technologischen und energiewirtschaftlichen Gründen (kontinuierlicher Betrieb und bessere Abwärmenutzungsmöglichkeiten) vorwiegend **Tunnelöfen** verschiedener Bauarten verwendet.
Gasfeuerungen haben den zusätzlichen Vorteil, daß wegen der geringen Verunreinigungen das Brenngut nicht abgekapselt werden muß. Dadurch können Durchlaufzeiten und Brennstoffbedarf reduziert werden.
Der spezifische Wärmeverbrauch ist in diesem Industriezweig sehr unterschiedlich. Je nach Erzeugungs- und Verfahrenstechnik liegt er zwischen 1 250 und 4 200 kJ/kg für Ziegel bzw. 17 000 bis 42 000 kJ/kg für Porzellan.

4.3.2.1 Keramischer Betrieb

Das untersuchte Unternehmen erzeugt hauptsächlich Sanitär- und Porzellanwaren sowie andere keramische Produkte mit Ausnahme von Ziegeln.
Das Werk bezieht 6 Mio. m³ Erdgas/a und 9 380 MWh/a an elektrischer Energie, entsprechend einem Gesamtenergiebedarf von 253 TJ/a. Davon entfallen auf:

- Aufbereitung und Formgebung 7%,
- Trocknen 15%,
- Brennen 70%,
- Veredelung 4%,
- Sonstige Verwendung 4%.

Abb. 4.3–3 zeigt das Energie-Exergie-Flußbild des Betriebes.
Haupt-Erdgasverbraucher sind zwei Tunnelöfen (mit 1,73 Mio. m³/a) und das Kesselhaus, in dem drei Heißwasserkessel installiert sind (jeweils einer in Betrieb) und für die Bereitstellung von Heißwasser mit einer Temperatur von 124 °C sorgen. Heißwasser wird für die Aufbereitung und Formgebung sowie für die Beheizung einiger Nebengebäude verwendet.

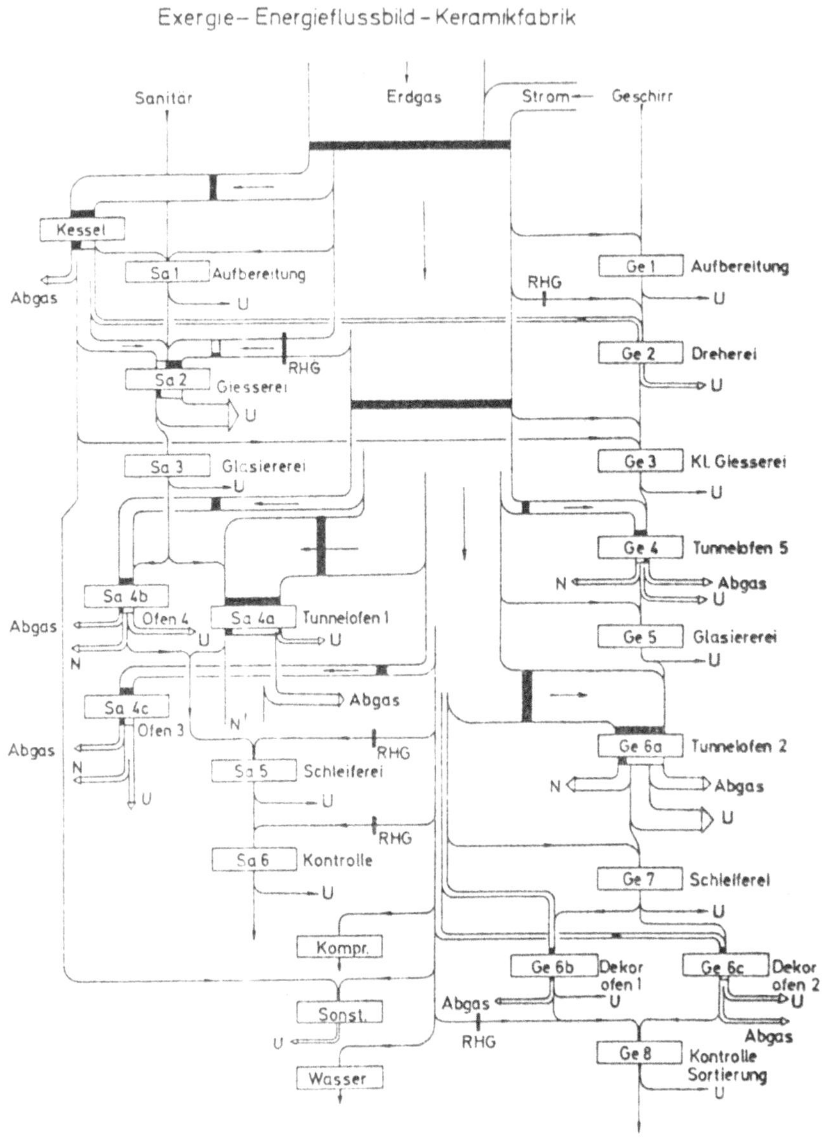

▬	Exergieanteil	RHG	Raumheizgeräte
Ge	Geschirrlinie	Sa	Sanitärlinie
Kompr	Kompressor	U	Umgebungsverluste
N	Nutzabgabe		

Abb. 4.3–3 Energie-Exergieflußbild – Keramikfabrik

Die Zirkulationsmenge an Heißwasser ist relativ groß, da die Kessel für die derzeitigen Bedürfnisse überdimensioniert sind und daher die Umlaufmenge als Wärmespeicher verwendet werden muß, der das oftmalige Anfahren des Kessels verhindern soll.
Außerdem wird die Heißwassertemperatur von 124 °C lediglich für einige Trocknungsvorgänge die, bezogen auf den Gesamtenergieverbrauch, eine untergeordnete Rolle spielen, benötigt. Für die Raumheizung wird die Vorlauftemperatur durch Rücklaufbeimischung auf 80 °C reduziert. Durch die Verminderung der Heißwassertemperatur und der Zirkulationsmenge könnten unnötige Wärmeverluste vermieden werden. Dazu ist jedoch ein neues Kesselhauskonzept erforderlich, das bereits vom Betrieb in Angriff genommen wurde.
Tabelle 4.3–3 zeigt die Energie- und Exergiebilanz der bestehenden Anlage.

Tab. 4.3–3

Stationsbilanz Kesselhaus	Bezug von bzw. Abgabe an	Menge	Dim.	Energie		Exergie		Energie	Exergie
				absolut	Anteil	absolut	Anteil	Anteil am Primärenergieeinsatz des Werkes	
		10^3		TJ	%	TJ	%	%	%
Bezug:									
Erdgas	Energie-zentrale	911	m^3	32.8	13,6	32,8	50,7	13,0	13.0
Elektrischer Strom	Energie-zentrale	341	kWh	1,2	0,5	1,2	1,9	0,5	0,5
Heißwasser (Rücklauf) 113 °C	diverse Stationen	480 000	kg	207,4	85,9	30,7	47,4	81,9	12,1
Verbrennungsluft 10 °C	Umgebung	22 900	m^3	–	–	–	–	–	–
Summe Bezug				241,4	100	64,7	100	95,4	25,6
Abgabe: genutzt									
Heißwasser (Vorlauf) 124 °C	diverse Stationen	480 000	kg	229,8	95,2	36,5	56,4	90,8	14,5
Summe Nutz-abgabe				229,8	95,2	36,5	56,4	90,8	14,5
Abgabe: Verlust									
Rauchgas 180 °C	Umgebung	25 500	m^3	6,4	2,7	1,5	2,3	2,5	0,6
Umgebungsverl. und innere Exergieverluste				5,2	2,1	26,7	41,3	2,1	10,5
Summe Verluste				11,6	4,8	28,2	43,6	4,6	11,1
Summe Abgabe				241,4	100	64,7	100	95,4	25,6

Die Energiebilanz des Kesselhauses weist die abgeführten Rauchgase als größte Verlustquelle aus, bezogen auf den betrieblichen Primärenergieeinsatz betragen sie 2,5%. Wegen der erwähnten Betriebsverhältnisse sind auch die Umgebungsverluste derzeit noch hoch.

Die Exergiebilanz demonstriert wieder, daß der thermische Energieumwandlungsprozeß (Brennstoffenergie – Heizwasserenthalpie) sehr verlustbehaftet ist und zusammen mit den Exergieverlusten durch Abstrahlung und Konvektion über 41% der zugeführten Stationsexergie beansprucht.

Die Tunnelöfen sind zur Verminderung der Wärmeverluste mit einem Doppelmantel ausgestattet (siehe auch Kap. 4.3.2.2), die Mantelkühlluft wird zum Teil als Trocknungsluft in der Formgebung und als Warmluft für die Hallenbeheizung genutzt.

Tab. 4.3–4

Stationsbilanz Tunnelofen 1	Bezug von bzw. Abgabe an	Menge	Dim.	Energie		Exergie		Energie	Exergie
				absolut	Anteil	absolut	Anteil	Anteil am Primärenergieeinsatz des Werkes	
		10^3		TJ	%	TJ	%	%	%
Bezug:									
Erdgas	Energiezentrale	1 730	m^3	62,3	95,7	62,3	96,3	24,6	24,6
Elektrischer Strom	Energiezentrale	635	kWh	2,3	3,5	2,3	3,6	0,9	0,9
Brenngut 30 °C	Trocknung	8 490	kg	0,5	0,8	0,1	0,1	0,2	0,1
Mantelzuluft 10 °C	Umgebung	186 000	m^3	–	–	–	–	–	–
Kühlluft 10 °C	Umgebung	44 980	m^3	–	–	–	–	–	–
Verbrennungsluft 10 °C	Umgebung	21 590	m^3	–	–	–	–	–	–
Summe Bezug				65,1	100	64,7	100	25,7	25,6
Abgabe: genutzt									
Mantelluft 80 °C	Gießerei und Trocknung	208 000	m^3	21,6	33,2	8,1	12,5	8,5	3,2
Summe Nutzabgabe				21,6	33,2	8,1	12,5	8,5	3,2
Abgabe: Verlust									
Rauchgas 265 °C	Umgebung	52 200	m^3	20,3	31,2	5,0	7,7	8,0	2,0
Brenngut 150 °C	Glasiererei	5 844	kg	0,8	1,2	0,2	0,3	0,3	0,1
Umgebungsverl. und innere Exergieverluste				22,4	34,4	51,4	79,5	8,9	20,3
Summe Verluste				43,5	66,8	56,6	87,5	17,2	22,4
Summe Abgabe				65,1	100	64,7	100	25,7	25,6

Die Energie-Exergie-Bilanzen der größeren Tunnelöfen (Tab. 4.3–4 und 4.3–5) zeigen, daß vermeidbare Exergieverluste in Form ungenutzter Abwässer mit Temperaturen zwischen 80 und 270 °C (latente Wärme im Brenngut und Tunnelofenabgase) auftreten.
Durch eine intensivere Nutzung dieser Abwärmen (insgesamt 29 744 GJ/a) wäre es möglich, die derzeit direkt mit Erdgas befeuerten Raumheizgeräte in den Fabriks- und Lagerhallen (mit insgesamt 23 129 GJ/a) weitestgehend zu ersetzen. Bei der Nutzung der Rauchgase muß deren Aggressivität berücksichtigt und korrosionsbeständige Wärmetauscher vorgesehen werden.
Hauptstromverbraucher ist Tunnelofen 4 b (Verbrauch 4 334 MWh/a), der jedoch in unmittelbarer Zukunft durch einen mit Erdgas beheizten Tunnelofen ersetzt werden wird.

Tab. 4.3–5

Stationsbilanz Tunnelofen 2	Bezug von bzw. Abgabe an	Menge	Dim.	Energie		Exergie		Energie	Exergie
				absolut	Anteil	absolut	Anteil	Anteil am Primärenergieeinsatz des Werkes	
		10^3		TJ	%	TJ	%	%	%
Bezug:									
Erdgas	Energiezentrale	1 497	m³	53,9	96,6	53,9	96,8	21,3	21,3
Elektrischer Strom	Energiezentrale	492	kWh	1,8	3,2	1,8	3,2	0,7	0,7
Brenngut 30 °C	Glasiererei	3 200	kg	0,1	0,2	< 0,05	< 0,05	< 0,05	< 0,05
Mantelzuluft 10 °C	Umgebung	101 200	m³	–	–	–	–	–	–
Kühlluft 10 °C	Umgebung	40 400	m³	–	–	–	–	–	–
Verbrennungsluft 10 °C	Umgebung	18 600	m³	–	–	–	–	–	–
Summe Bezug				55,8	100	55,7	100	22,0	22,0
Abgabe: genutzt									
Mantelluft 125 °C	Gießerei und Trocknung	107 220	m³	17,8	31,9	2,7	4,8	7,0	1,1
Summe Nutzabgabe				17,8	31,9	2,7	4,8	7,0	1,1
Abgabe: Verlust									
Rauchgas 1 160 °C	Umgebung	33 100	m³	7,3	13,1	1,6	2,9	2,9	0,6
Rauchgas 2 275 °C	Umgebung	31 400	m³	12,4	22,2	3,0	5,4	4,9	1,2
Brenngut 200 °C	Schleiferei	2 250	kg	0,5	0,9	0,2	0,4	0,2	0,1
Umgebungsverl. und innere Exergieverluste				17,8	1,9	48,2	86,5	7,0	19,0
Summe Verluste				38,0	68,1	53,0	95,2	15,0	20,9
Summe Abgabe				55,8	100	55,7	100	22,0	22,0

Möglichkeiten zur Reduzierung des Primärenergieeinsatzes

- Intensivere Nutzung der Abwärmen (Rauchgas und Mantelkühlluft der Brennöfen).
- Einsatz der Rauchgase in Taupunktwärmetauschern für das Aufheizen der Verbrennungsluft und der Mantelkühlluft.
- Weitgehender Ersatz der gasbefeuerten Heizgeräte durch Nutzung der Brennofen-Mantelkühlluft.
- Einsatz drehzahlgeregelter Saugzug- und Mantelkühlluftgebläse zur Optimierung der Luftdurchsatzmengen.
- Konzeptänderung für Heißwasseraufbereitung (z. B. dampfbeaufschlagte Speicher).
- Weitere Vorschläge siehe Kap. 4.3.2.2

4.3.2.2 Ziegelindustrie

Die Ziegelindustrie erfolgt in Österreich in vielen Klein- und Mittelbetrieben und in einigen Großbetrieben.
Untersucht wird die Ziegelfabrik eines Großunternehmens, dessen spezifischer Wärmeverbrauch mit rd. 2 000 kJ/kg Fertigware innerhalb der in der Literatur angegebenen Grenzwerte von 1 250 bis 4 200 kJ/kg liegt.
Der Primärenergiebedarf von 137 TJ pro Jahr unterteilt sich in
95% Anteil an Wärmeenergie (vornehmlich für das Trocknen und Brennen der Ziegel) und
5% Anteil an elektrischer Energie (Fremdstrombezug, für Kraft- und Lichtbedarf).

Vom Brennstoffeinsatz (130 TJ/Jahr) entfällt auf
- die Formgebung und sonstiges: 9 TJ, d. s. 8%,
- den Trocknungsprozeß: 54 TJ, d. s. 41%, und
- den Brennvorgang: 67 TJ, d. s. 51%.

Die Fabrikation unterteilt sich in die Stationen:
Aufbereitung,
Formgebung,
Trockner,
Vorwärmer und
Brennofen.

Formgebung (Presse)

Der für die Ziegelherstellung verwendete Rohstoff (feuchter Lehm) wird in einer Presse geformt. Der zugeführte Dampf wärmt zuerst die Presse vor und wird dann in den Lehm eingebracht, um die Formbarkeit zu verbessern. Die Ziegel verlassen diese Station mit einer Temperatur von 55 °C. Der für die Heizung benötigte Dampf wird in einem örtlich situierten Kleinkessel erzeugt.
Wie Tab. 4.3–6 zeigt, wird ein Großteil (80%) der zugeführten Energie als fühlbare Wärme der Ziegel an den Trockner nutzbar weitergegeben.

Tab. 4.3–6

Stationsbilanz Formgebung	Bezug von bzw. Abgabe an	Menge	Dim.	Energie absolut	Energie Anteil	Exergie absolut	Exergie Anteil	Energie: Anteil am Primärenergieeinsatz des Werkes	Exergie: Anteil am Primärenergieeinsatz des Werkes
		in 10³		TJ	%	TJ	%	%	%
Bezug:									
Dampf 5 bar 152 °C	Energie-zentrale	2 700	kg	7,4	85,1	2,1	63	5,4	1,5
Elektrischer Strom	Energie-zentrale	352	kWh	1,3	14,9	1,3	37	1,0	1,0
Lehm 10 °C	Lager	82 300	kg	–	–	–	–	–	–
Summe Bezug				8,7	100	3,4	100	6,4	2,5
Abgabe: genutzt Lehmziegel 55 °C	Trockner	85 000	kg	6,9	79,3	1,4	41	5,0	1,0
Summe Nutzabgabe				6,9	79,3	1,4	41	5,0	1,0
Abgabe: Verlust Umgebungsverl. und innere Exergieverluste				1,8	20,7	2,0	59	1,4	1,5
Summe Verluste				1,8	20,7	2,0	59	1,4	1,5
Summe Abgabe				8,7	100	3,4	100	6,4	2,5

Trockner

Die gepreßten Lehmziegeln werden auf Transportwagen lose geschlichtet und in den Trockner eingebracht (Abb. 4.3–4). Die für den Trocknungsprozeß erforderliche Wärme wird in einem mit Brennstoff befeuerten Warmlufterhitzer aufbereitet. Zur Erhöhung der Wirtschaftlichkeit dieses Verfahrens wird die angesaugte Frischluft vorgewärmt, und zwar

- durch abgehende Rauchgase des Lufterhitzers und
- durch Beimischen der Mantelluft des Brennofens, die vorerst über den Vorwärmer geführt wurde (Temperatur rd. 110 °C), und die Ventilation innerhalb des Trockners intensiviert. Der spezifische Wärmeverbrauch dieser Anlage beträgt 4 320 kJ/kg.

Bei diesem Anlaß sei bemerkt, daß viele Ziegelwerke noch Kammertrockner verwenden, die bei optimalem Betrieb 5 000 bis 6 500 kJ/kg Feuchtigkeitsanteil benötigen. Sie werden mit heißer, trockener Luft gespeist und geben abgekühlte, feuchte Luft ab. Eine Verbesserung des Prozesses und damit eine Wärmeersparnis ist durch Umbau dieser Anlagen auf Luftweiterwälzung in einem Mehrkammersystem zu erwarten. Dabei nimmt die Kammer mit den trockensten Ziegeln die gesamte trokkene Zuluft auf, so daß die Resttrocknung erfolgt. Die Luft wird dann von Kammer zu Kammer weitergeleitet und verläßt das System nach der Kammer mit den feuchtesten Ziegeln (Zickzacktrockner). Da Zu- und Abführung der gesamten Luftmenge aus jeder Kammer möglich sein müssen, ist ein entsprechender Umbau des Luftkanalsystems erforderlich. Diese Lösung verspricht jedoch eine bessere Ausnutzung der Feuchteaufnahmefähigkeit der Luft, weil die, in den ersten Kammern nur teilweise befeuchtete Luft aus den nassen Ziegeln der letzten Kammern immer noch Wasser entnehmen kann. Damit ist eine Reduzierung des Wärmeverbrauches auf rd. 4 200 kJ/kg Feuchtigkeitsanteil realisierbar.

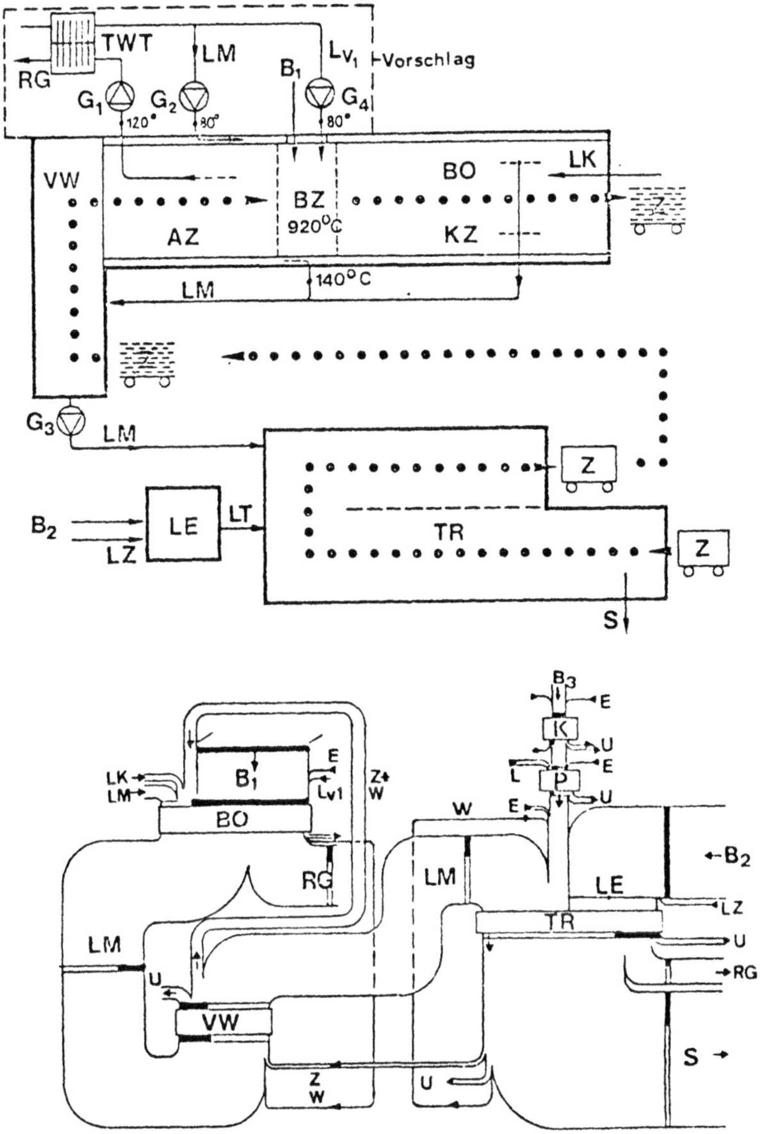

A	Lehmaufbereitung	LE	Lufterhitzer
AZ	Aufheizzone	LZ	Zusatzluft
$B_{1,2,3}$	Brennstoff $_{1,2,3}$	LT	Trockenluft
BO	Brennofen	P	Presse (Formgebung)
BZ	Brennzone	RG	Rauchgase
$G_{1,2,3,4}$	Gebläse $_{1,2,3,4}$	S	Schwaden
K	Dampfkessel	TR	Trockner
KZ	Kühlzone	TWT	Taupunktwärmetauscher
LK	Kühlluft	U	Umgebungsverluste
L	Lehm	VW	Vorwärmzone
LM	Mantelluft	W	Wagen
Lv_1	Verbrennungsluft	Z	Ziegel

Abb. 4.3–4 Abwärmenutzung in einer Ziegelei

Die Ziegel im untersuchten Betrieb verlassen derzeit den Trockner mit einer Temperatur von 90 °C bis max. 120 °C, werden in der Folge für den Brennvorgang auf andere Wagen umgeschichtet, weil für das Brennen eine andere Schlichtung erforderlich ist wie für die Trocknung. Dann werden sie zumeist zwischengelagert und in den Vorwärmer des Tunnelofens mit einer Temperatur von etwa 40 °C eingebracht.

Tab. 4.3–7

Stationsbilanz Trockner	Bezug von bzw. Abgabe an	Menge	Dim	Energie		Exergie		Energie	Exergie
				absolut	Anteil	absolut	Anteil	Anteil am Primärenergieeinsatz des Werkes	
		in 10^3		TJ	%	TJ	%	%	%
Bezug:									
Brennstoff	Energiezentrale	1 522	m^3	54,2	55,0	54,2	77,4	39,6	39,6
Elektrischer Strom	Energiezentrale	320	kWh	1,2	1,2	1,2	1,7	0,9	0,9
Mantelluft 110 °C	Brennofen	262 800	m^3	36,0	36,6	13,2	18,9	26,3	9,6
Lehmziegel, feucht 55 °C	Formgebung	85 000	kg	6,9	7,0	1,4	2,0	5,0	1,0
Wagen 20 °C	Umgebung	14 110	kg	0,2	0,2	0,05	0,05	0,1	0,05
Verbrennungsluft 10 °C	Umgebung	19 000	m^3	–	–	–	–	–	–
Summe Bezug				98,5	100	70,0	100	71,9	51,1
Abgabe: genutzt									
Lehmziegel trocken 90 °C	Brennofen	63 500	kg	4,7	4,8	1,2	1,7	3,4	0,9
Wagen 90 °C	Umlauf	14 110	kg	1,1	1,1	0,3	0,4	0,8	0,2
Summe Nutzabgabe				5,8	5,9	1,5	2,1	4,2	1,1
Abgabe: Verlust									
Schwaden 35 °C	Umgebung	21 500	kg	49,0	49,7	9,6	13,7	35,8	7,0
Abluft 35 °C	Umgebung	320 755	m^3	10,4	10,6	4,0	5,7	7,6	2,9
Umgebungsverl. und innere Exergieverluste				33,3	33,8	54,9	78,5	24,3	40,1
Summe Verluste				92,7	94,1	68,5	97,9	67,7	50,0
Summe Abgabe				98,5	100	70,0	100	71,9	51,1

Erläuterung zu Tab. 4.3–7

Der Exergieverlust ist wegen der beim Verbrennungsprozeß im Warmlufterhitzer und beim Wärmeübergang auftretenden Irreversibilitäten überaus hoch.

Der **innere** Exergieverlust läßt sich reduzieren, wenn der Brennstoffeinsatz durch eine bessere Nutzung der Brennofenwärme verringert bzw. völlig vermieden werden kann (Totalsubstitution der Brennstoffwärme durch Abwärme).

Die äußeren Exergieverluste könnten durch Nutzung der fühlbaren Wärmen (Ziegel und Wagen, Quellenabsaugung und Verbrennungsluftvorwärmung) und im beschränkten Ausmaß auch durch eine Abwärmeverwertung der Schwaden z. B. zur Lehmvorwärmung reduziert werden.

Vorwärmer und Brennofen

Der Tunnelofen besteht im wesentlichen aus 4 Zonen (siehe auch Abb. 4.3–4).
In ihm fließen zwei Medienströme (Ziegel und Luft) einander entgegen, wobei die Luft im wesentlichen als Wärmeträgermedium zwischen der Kühlzone und der Aufheizzone dient und in der Brennzone für eine gleichmäßige Temperaturverteilung sorgt. Die Optimierung der Mengenströme aufeinander und auf die Gegebenheiten des Tunnelofens (Größe, Bauweise usw.) sind entscheidend für die Wirtschaftlichkeit des Wärmehaushaltes.
Die Ziegel werden mit 40 °C in die **Vorwärmezone** eingebracht und dort von einem 140 °C warmen Gemisch aus Mantelkühlluft des Brennofens und einem Teil der Luft aus der Kühlzone des Tunnelofens auf 110 °C erwärmt. Die Luft wird dabei auf 110 °C abgekühlt und anschließend, wie bereits erwähnt, dem Trockner zugeführt.
In der **Aufheizzone** werden die Ziegel durch das aus der Brennzone strömende Rauchgas-Luft-Gemisch im Gegenstrom von 110 °C auf rd. 900 °C aufgeheizt. Das Gasgemisch wird durch ein Gebläse bei 120 °C abgesaugt. Durch Regelung der Drehzahl des Gebläses werden die durch den Tunnelofen tretenden Luftmengen und damit die auf die Ziegel übertragene Wärmemenge optimiert. Als Meßgröße dient dabei die Gasaustrittstemperatur, die möglichst genau 120 °C betragen soll. Niedrigere Austrittstemperaturen sind derzeit wegen der Unterschreitung des Taupunktes der Rauchgase nicht möglich. Der Wärmeinhalt des austretenden Gasgemisches könnte jedoch in einem Taupunktswärmetauscher zur Aufwärmung der Mantelkühlluft bzw. der Verbrennungsluft des Brennofens genutzt werden.
In die Brennzone, in der durch Direktfeuerung der eigentliche Brennvorgang abläuft, werden zwei Luftströme geführt. Die Luft für die Feuerung mit etwa 20 °C und die Luft aus der Kühlzone des Ofens, die für eine starke Durchwirbelung in der Brennzone sorgt (bessere Wärmeübergang an die Ziegeln), mit rd. 800 °C. Das Brennen erfolgt bei etwa 920 °C.
Durch Vorwärmung der Verbrennungsluft, wie oben erwähnt, könnte Brennstoff eingespart werden.
Der Brennofen verfügt über einen Doppelmantel, durch den Kühlluft geführt wird, die die Wärmeverluste des Ofens aufnimmt, ohne sie bei entsprechenden Durchsatzmengen wesentlich zu erhöhen. Durch Vorwärmung der Mantelluft können die Durchsatzmengen jedoch noch gesteigert werden. Der Wärmeinhalt der Mantelluft (140 °C) wird in der Vorwärmzone und im Trockner genutzt.

Kühlzone

Die frisch gebrannten Ziegel werden im Gegenstrom zur Kühlluft, die dabei auf 800 °C erwärmt wird, geführt und treten mit etwa 30 bis 40 °C aus dem Tunnelofen aus.
Der Kühlluftdurchsatz muß für die gegebene Verweilzeit der Ziegel, die Länge der Abkühlzone und die Kühllufteintrittstemperatur optimiert werden. Einerseits soll die in den frischgebrannten Ziegeln (und Wagen) enthaltene Energie und Exergie möglichst vollständig auf die Kühlluft übertragen werden, aus größerem Luftdurchsatz resultiert eine niedrigere Austrittstemperatur des Gutes. Andererseits muß die Kühlluft in der Brennzone von 800 °C auf 920 °C erhitzt werden. Höherer Durchsatz bedeutet höheren Brennstoffeinsatz für den Brennvorgang und höhere Austrittstemperaturen des Rauchgas-Luft-Gemisches aus der Aufheizzone. Wie oben erwähnt, wird der Luftdurchsatz durch Regelung des Abzuggebläses am Beginn der Aufheizzone eingestellt.

Tab. 4.3–8

Stationsbilanz Brennofen	Bezug von bzw. Abgabe an	Menge	Dim	Energie		Exergie		Energie	Exergie
				absolut	Anteil	absolut	Anteil	Anteil am Primärenergieeinsatz des Werkes	
		in 10³		TJ	%	TJ	%	%	%
Bezug:									
Brennstoff	Energiezentrale	1 890	m³	67,3	89,8	67,3	97,5	49,1	49,1
Elektrischer Strom	Energiezentrale	166	kWh	0,6	0,8	0,6	0,9	0,4	0,4
Ziegel 40 °C	Trockner	63 500	kg	1,7	2,3	0,2	0,3	1,3	0,1
Wagen 20 °C	Umlauf	14 110	kg	0,2	0,3	< 0,05	< 0,05	0,2	< 0,05
Mantelzuluft 40 °C	Umgebung	131 400	m³	5,1	6,8	0,9	1,3	3,7	0,7
Verbrennungsluft 10 °C	Umgebung	33 410	m³	–	–	–	–	–	0,1
Kühlluft 10 °C	Umgebung	306 600	m³	–	–	–	–	–	–
Summe Bezug				74,9	100	69,0	100	54,7	50,4
Abgabe: genutzt									
Wagen 40 °C	Umlauf	14 110	kg	0,5	0,7	< 0,05	< 0,05	0,4	< 0,05
Mantelluft 110 °C	Trockner	262 800	m³	36,0	48,0	13,2	19,1	26,3	9,7
Summe Nutzabgabe				36,5	48,7	13,2	19,1	26,7	9,7
Abgabe: Verlust									
Rauchgas 120 °C	Umgebung	212 870	m³	31,9	42,6	11,5	16,7	23,3	8,4
Ziegel 40 °C	Lager	63 500	kg	1,7	2,3	0,2	0,3	1,2	0,1
Umgebungsverl. und innere Exergieverluste				4,8	6,4	44,1	63,9	3,5	32,2
Summe Verluste				38,4	51,3	55,8	80,9	28,0	40,7
Summe Abgabe				74,9	100	69,0	100	54,7	50,4

Um die erforderliche Kühlluftmenge bei optimalen Brennkammerverhältnissen aufrechtzuerhalten, wird weiters ein Teil der Kühlluft bei etwa 140 °C dem Tunnelofen entzogen und zusammen mit der Mantelluft für den Vorwärmer und Trockner verwendet.

Tabelle 4.3–8 zeigt die Energie- und Exergiebilanz des Brennofens.
Aus der Energiebilanz ist zu ersehen, daß rund 48% der zugeführten Stationsenergie in Form von Heißluft aus dem Mantelkühlsystem und von der Kühlzone genutzt (zum Trockner) abgeführt wird. Den größten Verlustposten stellen die abgehenden Rauchgase dar, die noch rd. 43% der Stationsenergie beinhalten.
Bei der exergetischen Beurteilung ist zu erkennen, daß die Exergieverluste durch die aus dem zweiten Hauptsatz der Thermodynamik abgeleiteten Nichtumkehrbarkeiten (Irreversibilitäten) bei thermischen Prozessen – hier durch Brennstoffverfeuerung und Wärmeübertragung – am höchsten zu bewerten sind (rd. 64%). Im abgeführten Rauchgas verbleiben 16,7%, in der genutzten Mantelluft noch 19,1% der zugeführten Stationsexergie.
Bei Neuerrichtung von Öfen sollte bei der Auswahl der Technologie der energetische Gesichtspunkt im Vordergrund stehen.
Neue Ofenkonstruktionen, besonders der sogenannte Gegenlauftunnelofen, in dem die frischgebrannten Ziegel den ungebrannten entgegengeführt werden und dabei ihre Wärme auf sie übertragen, haben einen spezifischen Wärmeverbrauch von kaum mehr als 600 kJ/kg Ziegel, das sind rd. 50% des Wärmebedarfes des oben beschriebenen Tunnelofens.

Maßnahmen zur Reduzierung des Primärenergieeinsatzes

Der untersuchte Betrieb hat bisher vor allem durch folgende zwei Maßnahmen eine erhebliche Senkung des Brennstoffbedarfes erreicht:

- durch die Ausstattung des Brennofens mit einem kühlluftbeaufschlagten Doppelmantel und prozeßtechnischer Nutzung der Kühlluftwärme (Trockner, Vorwärmer) und
- durch die Verwendung eines drehzahlgeregelten Saugzuggebläses für den Brennofen.

Diese Maßnahmen sollten auch in anderen Betrieben weitgehend realisiert werden.
Darüber hinaus könnte aber durch nachstehende Maßnahmen eine weitere Reduzierung des Energiebedarfes erfolgen:

- Nutzung der in den Trocknerschwaden enthaltenen Kondensationswärme zur Lehmvorwärmung bzw. außerbetrieblichen Nutzung.
- Nutzung der fühlbaren Wärmen der Ziegel und Ziegelwagen am Trockneraustritt.

- Der Ziegelumsetzprozeß zwischen Trockner und Brennofen soll, wo nicht bereits realisiert, automatisch erfolgen (Verkürzung der Umsetzzeiten, Übergang auf kontinuierlichen Betrieb, dadurch können die Ziegel in den Vorwärmofen bei höheren Temperaturen eingebracht werden) oder
- Entwicklung geeigneter Verfahren, mit denen dieser Ziegelumsetzprozeß zur Gänze entfallen kann und die Ziegel direkt aus dem Trockner in die Vorwärmzone eingeführt werden können. Der Wärmeverlust durch die derzeitige Temperaturabsenkung von 80 auf 40 °C könnte damit weitgehend reduziert werden (Änderung der Wagenkonzeption und des Schlichtverfahrens; gleicher Wagen für Trockner und Ofen).
- Nutzung der fühlbaren Wärme des aus dem Brennofen austretenden Rauchgas-Luft-Gemisches zum Vorwärmen der Verbrennungsluft (Reduzierung des Brennstoffbedarfes des Ofens) und der Mantelkühlluft (Reduzierung des Brennstoffbedarfes von Ofen und Trockner) in einem Taupunktwärmetauscher.
- Senken des Brennstoffbedarfes für den Trockner, indem größere Kühlluftmengen aus der Kühlzone abgesaugt und im Trockner verwendet werden.
- Verwendung von Gegenlauftunnelöfen bei Neuerrichtung.

4.4 Papierindustrie

In Österreich werden Zellstoff, Papier und Karton vornehmlich in Großbetrieben hergestellt.
Untersucht wurden mehrere Betriebe, deren Struktur, Größe und Herstellungsverfahren repräsentativ und wegen ihrer modernen Konzeption auch international richtungsweisend sind.

4.4.1 Betrieb A – Großbetrieb zur Zellstoff- und Papiererzeugung

Der Betrieb gliedert sich in folgende Hauptbereiche:

- Energiezentrale
- Zellstoffabrik (Sulfat-Halbzellstoff- und HochausbeuteVerfahren)
- Papiererzeugung

Energiebilanz des Werkes (Jahreswerte)

Zugeführt:	3 365 TJ	= 100 %
Heizöl	1 191 TJ	= 35,4%
Erdgas	699 TJ	= 20,7%
Kohle	2 TJ	= 0,1%
Sulfatablauge*	1 416 TJ	= 42,1%
Elektrische Energie	57 TJ	= 1,7%

* Der für die Zellstofferzeugung erforderliche Rohstoff Holz hat eine latente Brennstoffwärme von rd. 3 100 TJ/a, davon werden 1 416 TJ als chemische Energie durch die Laugenverbrennung im Sodakessel zur Erzeugung von Hochdruckdampf energetisch genutzt, der Rest ist im Endprodukt Zellstoff enthalten.
Die dem Betrieb von außen zugeführte elektrische Energie (57 TJ) setzt sich zusammen aus dem Fremdstrom-Nettobezug (15 TJ = Gesamtbezug abzüglich Rücklieferung) und dem in der eigenen Wasserkraftanlage erzeugten Strom (42 TJ).

Der Energieverbrauch des Betriebes teilt sich folgendermaßen auf die einzelnen Stationen auf:

Energiezentrale	505 TJ	=	15,0%
Zellstofferzeugung	570 TJ	=	16,9%
Papierherstellung	1 220 TJ	=	36,3%
Kalkofen und Kaustizierung	188 TJ	=	5,6%
Laugeneindickung	348 TJ	=	10,3%
Nebenbetriebe	534 TJ	=	15,9%

Energiezentrale

Anlagen für Normalbetrieb:
1 Gas-Öl-Kessel 80 t/h, 85 bar, 500 °C und
1 Sodakessel 65 t/h, 85 bar, 480 °C, das ergibt eine HD-Dampferzeugung von 1 037 687 t/a = 3 465 TJ/a

1 Gegendruckturbine 140 t/h, 80 bar, 500 °C, 23,3 MW
1 Generator 28 MVA

Anlagen für Reserve:

1 Kohlekessel	25 t/h	56 bar	480 °C	
1 Sodakessel	30 t/h	56 bar	380 °C	
1 Sodakessel	28 t/h	56 bar	380 °C	
1 Steambloc	10 t/h	21 bar	245 °C	
1 Steambloc	20 t/h	14 bar	190 °C	
1 Turbosatz (Gegendruck)	60 t/h	46 bar	450 °C	6,8 MW
1 Turbosatz (Kondensation)	30 t/h	20 bar	330 °C	2,4 MW
oder	17 t/h	13 bar	300 °C	1,5 MW

In Tabelle 4.4–1 ist die Energie- und Exergiebilanz der Energiezentrale wiedergegeben.

Tab. 4.4–1

Stationsbilanz Energiezentrale (ohne Evaporator)	Bezug von bzw. Abgabe an	Menge	Dim.	Energie		Exergie		Energie	Exergie
				absolut	Anteil	absolut	Anteil	Anteil am Primärenergieeinsatz des Werkes	
		in 10^3		TJ	%	TJ	%	%	%
Bezug:									
Heizöl	Lagertank	25 633	kg	1 030,3	29,6	1 030,3	31,8	30,6	30,6
Erdgas	Versorgungsuntern.	19 406	m^3	698,6	20,1	698,6	21,5	20,7	20,7
Elektrischer Strom	Versorgungsuntern. u. Wasserkraftanl.	15 884	kWh	57,2	1,6	57,2	1,7	1,7	1,7
Kohle	Lager	200	kg	2,0	0,1	2,0	0,1	0,1	0,1
Sulfatlauge 62% TJ	Evaporator	272 115	kg						
chemische Energie				1 416,0	40,7	1 416,0	43,7	42,1	42,1
physik. Energie 94 °C				64,3	1,8	12,2	0,4	1,9	0,4
Kondensat 90 °C	diverse Stationen	622 612	kg	208,6	6,0	24,9	0,8	6,2	0,7
Zusatzwasser 12 °C	Wasseraufbereitg.	405 075	kg	3,4	0,1	< 0,05	< 0,05	0,1	< 0,05
Verbrennungsluft 10 °C	Umgebung	1 260 903	m^3	–	–	–	–	–	–
Summe Bezug				3 480,4	100	3 241,2	100	103,4	96,3
Abgabe: genutzt									
Dampf 4 bar	diverse Stationen	927 600	kg	2 500,8	71,8	728,9	22,5	74,3	21,7
Elektrischer Strom	alle Stationen	133 042	kWh	479,0	13,8	479,0	14,8	14,2	14,2
Sodaschmelze 900 °C	Laugenaufbereitg.	78 840	kg	81,0	2,3	61,6	1,9	2,4	1,8
Rauchgas 210 °C–110 °C	Evaporator	775 815	m^3	113,6	3,3	40,7	1,2	3,4	1,2
Summe Nutzabgabe				3 174,4	91,2	1 310,2	40,4	94,3	38,9
Abgabe: Verlust									
Rauchgas 180 °C	Umgebung	553 613	m^3	139,1	4,0	32,0	1,0	4,1	1,0
Rauchgas 110 °C	Umgebung	775 815	m^3	113,6	3,3	17,5	0,5	3,4	0,5
Umgebungsverl. und innere Exergieverluste				53,3	1,5	1 881,5	58,1	1,6	55,9
Summe Verluste				306,0	8,8	1 931,0	59,6	9,1	57,4
Summe Abgabe				3 480,4	100	3 241,2	100	103,4	96,3

Rund 45% des erforderlichen Primärenergiebedarfes der Station (bzw. mehr als 40% der zugeführten Energie) werden durch die Laugenverbrennung gedeckt, der Rest mit Heizöl, Erdgas und Kohle.

Die inneren Exergieverluste in der Höhe von 58,1% resultieren weitgehend aus den bei der Verbrennung und beim Wärmeübergang im Kessel auftretenden Irreversibilitäten.

Die äußeren Exergieverluste (rd. 50 TJ/a, 1,5%) durch nicht genutzte Abgaswärme sind verhältnismäßig gering.

Erhebliche Unterschiede ergeben sich zwischen Sommer- und Winter-Betrieb. Im Winter wird um etwa 20 bis 30 t/h (d. s. 17 bis 25%) mehr Dampf benötigt als im Sommer; überwiegend für Heizdampf und Vorwärmung des Holzes (Enteisung) vom Lagerplatz. Die Gegendruckturbine liefert daher im Sommer weniger elektrische Energie. Im Winter wird fallweise Überschußenergie an das EVU geliefert.

Strombilanz:

Fremdstrombezug	8 377 GWh	=	30 TJ
Eigenstromerzeugung, Wasserkraft	11 705 GWh	=	42 TJ
Eigenstromerzeugung, Turbine	133 042 GWh	=	479 TJ
Stromrücklieferung	4 198 GWh	=	15 TJ
Stromverbrauch des Betriebes	148 700 GWh	=	535 TJ

Zellstoffabrik

Holzlagerung und Hackerei

Verwendete Holzsorten:

- Nadelholz (entrindet)
- Laubholz
- Spreißelholz
- Sägespäne

Im Bereich der Holzlagerung und Hackerei wird im Sommer nur Strom zur Förderung und Zerkleinerung benötigt; im Winter auch Dampf zur Enteisung des Holzes.

Da verschiedenartige Rohstoffe (Laubholz, Nadelholz) zur Verfügung stehen und verschiedene Produktionsqualitäten gefordert werden, werden drei verschiedene Verfahren zur Zellstoffherstellung angewandt, das Sulfatzellstoffverfahren, das Neutral-Sulfit-Semi-Cellulose-Verfahren und das Hochausbeute-Verfahren.

Sulfatzellstoff-Anlage

Das Produktionsschema einer Sulfatzellstoff-Anlage und zusätzliche Einrichtungen für eine Energie- und Rohstoffrückgewinnung durch Ablaugenverbrennung und -wiederaufbereitung in einem Kreislauf-Verfahren zeigt Abb. 4.4–1, das nachfolgend beschrieben wird:

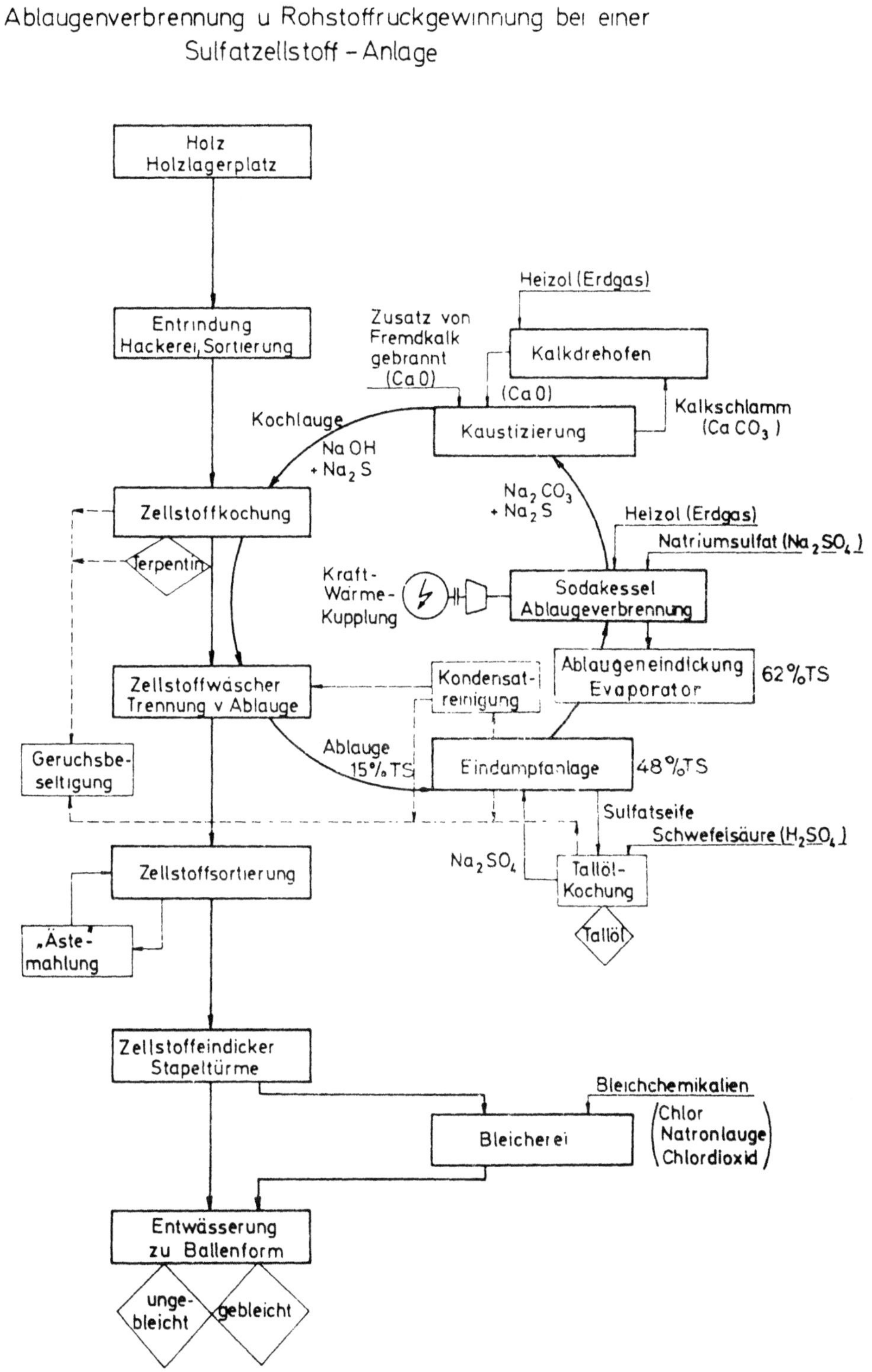

Abb. 4.4–1 Energie- und Rohstoffrückgewinnung durch Ablaugenverbrennung – Sulfatzellstoffanlage

Kochprozeß

Im Kocher wird das Holzgefüge durch die Weißlauge (NaOH, Na_2S) aufgeschlossen. Jeder Kocher hat einen Inhalt von 60 m^3. Das Hackgut ist zu Beginn einem Druck von 9 bar ausgesetzt, die Kochlauge wird mit Dampf erhitzt, zirkulierend eingepumpt und abgesaugt. Während 3,5 Stunden werden mittels automatischer Steuerung Druck und Temperatur im Kocher nach einem vorgegebenen Zeitplan durch Temperaturerhöhung der umgepumpten Lauge bis auf 12 bar gesteigert. Während 24 Stunden wird jeder der sechs Kocher viermal beschickt. Das ergibt 24 Chargen pro Tag; maximal könnten 35 Chargen abgefertigt werden. Für das Kochen werden 45 GJ/h bzw. 5,2 GJ/t Zellstoff aufgebracht. In Tabelle 4.4–2 ist die Energie- und Exergiebilanz der Sulfatzellstoffanlage vom Kochprozeß bis zur Zellstoffeindickung wiedergegeben.

Tab. 4.4–2

Stationsbilanz Sulfatzellstoffanlage	Bezug von bzw. Abgabe an	Menge	Dim	Energie		Exergie		Energie	Exergie
				absolut	Anteil	absolut	Anteil	Anteil am Primärenergieeinsatz des Werkes	
		in 10^3		TJ	%	TJ	%	%	%
Bezug:									
Dampf, 4 bar, Sattdampf	Energiezentrale	100 597	kg	271,2	71,7	78,5	61,9	8,1	2,3
Elektrischer Strom	Energiezentr.	11 484	kWh	41,3	10,9	41,3	32,6	1,2	1,2
Weißlauge 80 °C	Kaustizierung	184 800	kg	51,5	13,6	6,8	5,4	1,5	0,2
Zusatzwasser 12 °C	Pumpenanlage	313 715	kg	2,6	0,7	< 0,05	< 0,05	0,1	< 0,05
Wasser 12 °C	Pumpenanlage	1 366 560	kg	11,5	3,1	0,1	0,1	0,3	< 0,05
Holzschnitzel phys. En. 10 °C	Holzplatz	202 163	kg	–	–	–	–	–	–
Summe Bezug				378,1	100	126,7	100	11,2	3,8
Abgabe: genutzt									
Zellstoff 40 °C	Stoffaufbereitung	48 039	kg	2,4	0,6	1,0	0,8	0,1	< 0,05
Kondensat 90 °C	Energiezentr.	60 000	kg	22,6	6,0	2,3	1,8	0,7	0,1
Schwarzlauge 100 °C	Laugenerfassung	603 639	kg	227,5	60,2	26,8	21,2	6,7	0,8
Summe Nutzabg.				252,5	66,8	30,1	23,8	7,5	0,9
Abgabe: Verlust									
Abwasser 23 °C	Behandlung bzw Kanal	1 366 560	kg	74,4	19,7	2,2	1,7	2,2	0,1
Umgebungsverl. und innere Exergieverluste				51,2	13,5	94,4	74,5	1,5	2,8
Summe Verluste				125,6	33,2	96,6	76,2	3,7	2,9
Summe Abgabe				378,1	100	126,7	100	11,2	3,8

Laugenerfassung, -eindickung, -verbrennung und -wiederaufbereitung

Am Ende der Kochperiode wird der Kocher druckentlastet. Nach Trennung von Lauge samt Lignin (Schwarzlauge) wird der Zellstoff von Grobteilchen befreit und mit heißem Wasser im Gegenstromverfahren gewaschen.
Für die **Laugenverbrennung** im Sodakessel (vgl. Abschnitt 4.4.3) darf ein bestimmter Wassergehalt nicht überschritten werden, es muß daher die aus den Kochern mit 15 bis 17% Trockensubstanz (TS) bis 72 °C entnommene Dünnlauge entsprechend eingedickt werden (auf Dicklauge mit etwa 62% TS, 94 °C).

Tab. 4.4–3

Stationsbilanz Eindampfanlage	Bezug von bzw. Abgabe an	Menge	Dim.	Energie		Exergie		Energie	Exergie
				absolut	Anteil	absolut	Anteil	Anteil am Primärenergieeinsatz des Werkes	
		in 10³		TJ	%	TJ	%	%	%
Bezug:									
Dampf 4 bar	Energiezentrale	144 212	kg	389,0	55,1	112,5	77,3	11,6	3,4
Elektrischer Strom	Energiezentrale	2 242	kWh	8,1	1,2	8,1	5,6	0,2	0,2
Dünnlauge 15–17% TS 72 °C	Laugenaufbereitung	1 156 320	kg	283,9	40,2	24,7	17,0	8,4	0,7
Wasser 12 °C	Pumpenanlage	3 022 200	kg	24,8	3,5	0,2	0,1	0,8	< 0,05
Summe Bezug				705,8	100	145,5	100	21,0	4,3
Abgabe: genutzt									
Dicklauge 48% TS, 85 °C	Evaporator	402 133	kg	88,4	12,5	15,2	10,5	2,6	0,4
Speisewasserkondensat 90 °C	Energiezentrale	144 189	kg	48,3	6,9	5,6	3,8	1,5	0,2
Summe Nutzabgabe				136,7	19,4	20,8	14,3	4,1	0,6
Abgabe: Verlust									
Brüdenkondensat 50 °C	Behandlung, Kanal	722 700	kg	121,0	17,1	7,9	5,4	3,6	0,2
Fallwasser 40 °C	Kanal	3 153 600	kg	408,8	57,9	23,1	15,9	12,1	0,7
Umgebungsverl. und innere Exergieverluste				39,3	5,6	93,7	64,4	1,2	2,8
Summe Verluste				569,1	80,6	124,7	85,7	16,9	3,7
Summe Abgabe				705,8	100	145,5	100	21,0	4,3

In einer sechsstufigen Verdampferanlage wird der Wassergehalt vorerst auf 52% abgesenkt (Trockensubstanzgehalt 48%). Die erste Stufe dieser Kaskade wir mit Turbinendampf (4 bar, Sattdampf), die weiteren Stufen jeweils mit den Kochbrüden der Vorstufe beheizt. Die Brüden der letzten Stufe werden in einer barometrischen Kondensation durch Kühlwasser kondensiert und in den Vorfluter abgeleitet. Als Abfallprodukt der Eindampfanlage fällt Sulfatseife an, die mit Schwefelsäure zu Tallöl umgesetzt wird. Die Eindickung der Ablauge auf den Trockensubstanzgehalt für die Verbrennung (62%) erfolgt schließlich in einem Evaporator, der von den Rauchgasen des Sodakessels beheizt wird. Der Wärmeinhalt der Rauchgase wird bis zu der wegen des Taupunktes kritischen Temperatur von 110 °C genutzt.
Tabelle 4.4–3 zeigt die Stationsbilanz der Verdampferanlage.

Durch die stufenweise Kochbrüden-Wärmeverwertung ergibt sich bereits jetzt ein hoher energetischer Nutzungsgrad. Mit Hilfe der im Kapitel 4.6–1 (Verdampferstation in der Zuckerindustrie) beschriebenen Maßnahmen können jedoch auch die Kochbrüden der letzten Verdampferstufe genutzt und die Exergieverluste in der barometrischen Kondensation weitgehend reduziert werden.
Anstelle der barometrischen Kondensation könnte kurzfristig ein korrosionsbeständiger Wärmetauscher zur Nutzung der Brüdenkondensationswärme treten. Langfristig könnte der Wärmebedarf der Eindampfanlage auch durch diesel- oder gasbetriebene Thermokompressoren gedeckt werden, die die Brüden jeweils zur Beheizung derselben Verdampferstufe komprimieren (siehe Abb. 4.6–5) oder mit Hilfe einer Hochtemperaturwärmepumpe aus den Brüden ND-Dampf erzeugt werden (siehe Abb. 4.6–4).

Laugenverbrennung (Sodakessel)

Dieser Teil der Anlage, der rd. 42% des Energiebedarfes des Betriebes deckt, wurde bereits im Rahmen der Energiezentrale erwähnt. Die aus dem Verbrennungsprozeß hervorgehende bzw. verbliebene Sodaschmelze wird für die Frischlaugenaufbereitung wiederverwendet. Um die im Laugenkreislauf entsprechenden Verluste an Chemikalien abzudecken, wird dem Sodakessel bei der Verbrennung Glaubersalz zugeführt, daher auch der Name Sulfatverfahren.

Laugenwiederaufbereitung

Wegen der teuren eingesetzten Chemikalien wird eine Chemikalienrückgewinnung in Form einer Ablaugenverwertung durchgeführt, wobei 97 bis 98% der eingesetzten Chemikalien und der gelösten organischen Substanz erfaßt werden können.
In der Kaustizierung wird aus der gelösten Sodaschmelze unter Zugabe von Kalk die Kochlauge wiederaufbereitet. Der abgeschiedene Kalkschlamm wird in einem Drehofen zu Frischkalk gebrannt. Die beim Kalkbrennofen durch Konvektion, Strahlung und Abgase auftretenden Wärmeverluste liegen in einer Größenordnung, die eine prozeßtechnische Nutzung empfehlensv ert erscheinen läßt (siehe Kapitel 4.3.1.1).

Halbzellstoffanlage – NSSC-Anlage (Abb. 4.4–2)

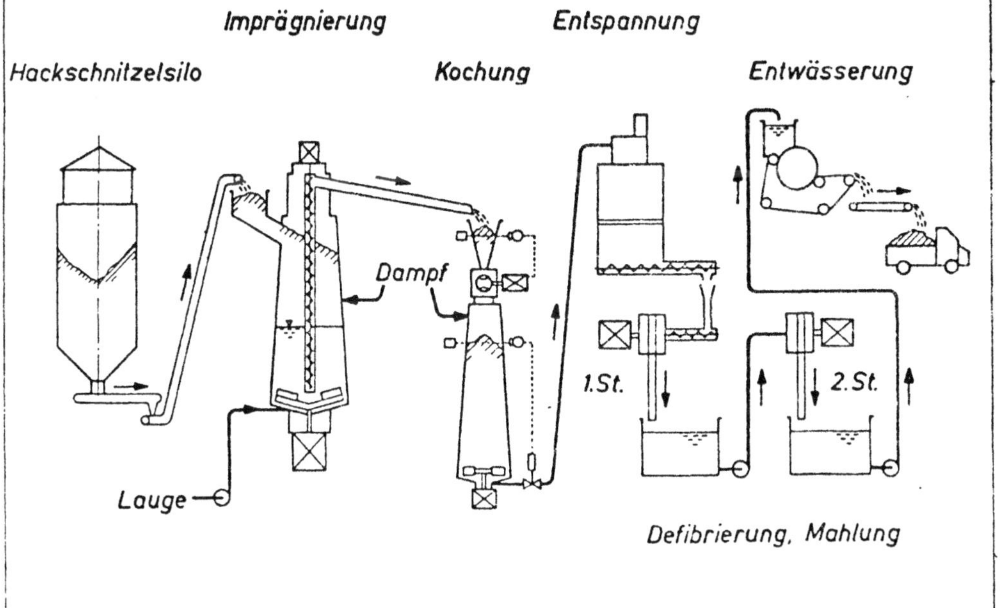

BETRIEBSSCHEMA HALBZELLSTOFFANLAGE

In dieser Anlage wird nur Laubholz verarbeitet. Das Hackgut wird gereinigt und in einem Vordämpfer mit Abdampf vom Kocher aufgeheizt. Der Kochvorgang verläuft kontinuierlich, die Verweilzeit beträgt etwa 20 Minuten. Um Temperatur (175 °C) und Druck (9 bar) während des Kochens einzuhalten, werden 12 GJ pro Stunde bzw. 3,8 GJ pro Tonne Zellstoff benötigt. Nach dem Kochvorgang werden die aufgeschlossenen Hackschnitzel in zwei Stufen (Preßafiner) gepreßt und damit die Lage abgetrennt. Anschließend werden sie im Gegenstrom gewaschen und in Doppelscheibenmühlen zerfasert (defibriert). Das Produkt heißt Halbstoff und wird über ein als Puffer dienendes Zwischenlager, dem sogenannten Dickstoffturm, zur Verarbeitung in die Papierfabrik weitergeführt. Die Kombination der Kraft-Zellstoff- und NSSC-Anlage ermöglicht in einem besonderen Rückgewinnungsverfahren, dem sogenannten Cross-Recovery-Prozess, auch die Verwertung der Ablauge der neutralen Sulfitanlage. Diese Verwertung wäre bei einer Sulfitzellstoffanlage allein nur sehr schwer und mit einer sehr komplizierten und aufwendigen Einrichtung durchführbar. Beim Cross-Recovery-Prozess werden die Chemikalienverluste der Sulfatanlage nicht durch Zugabe entsprechend großer Mengen an Glaubersalz, sondern überwiegend durch die Beimischung der Ablauge (Rotlauge) der NSSC-Anlage, in der Natriumsalze enthalten sind, ersetzt.

Tab. 4.4–4

Stationsbilanz NSSC-Anlage	Bezug von bzw. Abgabe an	Menge	Dim.	Energie		Exergie		Energie	Exergie
				absolut	Anteil	absolut	Anteil	Anteil am Primärenergieeinsatz des Werkes	
		in 10^3		TJ	%	TJ	%	%	%
Bezug:									
Dampf 4 bar	Energiezentrale	32 372	kg	87,3	52,7	25,3	29,4	2,6	0,7
Elektrischer Strom	Energiezentrale	16 626	kWh	59,9	36,2	59,9	69,6	1,8	1,8
Frischlauge 80 °C	Laugenaufbereitung	29 959	kg	8,3	5,0	0,8	0,9	0,3	< 0,05
Zusatzwasser 12 °C	Pumpenanlage	43 800	kg	0,4	0,2	< 0,05	< 0,05	< 0,05	< 0,05
Wasser 12 °C	Pumpenanlage	911 040	kg	7,7	4,6	0,1	0,1	0,2	< 0,05
Laubholz 10 °C physikalische Energie	Holzplatz	123 522	kg	2,1	1,3	–	–	–	–
Summe Bezug				165,7	100	86,1	100	4,9	2,6
Abgabe: genutzt									
Zellstoff 40 °C	Dickstoffturm	31 641	kg	1,6	1,0	0,2	0,2	< 0,05	< 0,05
Rotlauge 80 °C	Eindampfanlage	126 144	kg	33,3	20,1	3,5	4,1	1,0	0,1
Summe Nutzabgabe				136,7	19,4	20,8	14,3	4,1	0,6
Abgabe: Verlust									
Abwasser 23 °C	Behandlung, Kanal	911 040	kg	49,2	29,7	1,5	1,7	1,5	0,1
Umgebungsverl. und innere Exergieverluste				81,6	49,2	80,9	94,0	2,4	2,4
Summe Verluste				130,8	78,9	82,4	95,7	3,9	2,5
Summe Abgabe				165,7	100	86,1	100	4,9	2,6

Hochausbeute-(Zellstoff-)Anlage
Aufbereitung und Kochen

Die ganze Anlage arbeitet kontinuierlich. Sie verwendet die gleichen Holzarten wie die Sulfatzellstoffanlage und die gleiche Kochlauge. Die Hackschnitzel werden im Vordämpfer (Presteamer) mit dem Abdampf des Kochers erhitzt und mit kalter Lauge für den Aufschluß vorbehandelt. Dann werden sie unter Druck in den Kocher geführt, in dem sie 30 Minuten bei 9 bar und 175 °C verweilen. Nach dem Kochvorgang werden die Schnitzel nicht wie beim Sulfatzellstoffverfahren bereits beim Entspannen, sondern erst in Scheibenrefinern zerfasert. Äste und grobe Splitter werden ausgeschieden und der sortierte Zellstoff mit Heißwasser im Gegenstrom gewaschen. Zur Aufwärmung des Heißwassers wird der bei der Entspannung entstehende Wasserdampf verwendet. Der gereinigte Zellstoff (10% TS) wird nochmals defibriert und in einem Dickstoffturm zwischengelagert. Für den Kochvorgang sind 13 GJ/h bzw. 3,3 GJ/t Zellstoff erforderlich.

Tab. 4.4–5

Stationsbilanz Hochausbeute Zellstoffanlage	Bezug von bzw. Abgabe an	Menge	Dim	Energie		Exergie		Energie	Exergie
				absolut	Anteil	absolut	Anteil	Anteil am Primärenergieeinsatz des Werkes	
		in 10^3		TJ	%	TJ	%	%	
Bezug:									
Dampf 4 bar	Energiezentr.	30 624	kg	82,6	48,1	23,9	33,5	2,5	0,7
Elektrischer Strom	Energiezentr.	11 829	kWh	42,6	24,8	42,6	59,8	1,3	1,3
Weißlauge 80 °C	Kaustizierung	130 560	kg	36,3	21,1	4,8	6,7	1,1	0,1
Zusatzwasser 12 °C	Wasseraufbereitung	234 583	kg	2,0	1,2	< 0,05	< 0,05	< 0,05	< 0,05
Wasser 12 °C	Pumpenanlage	989 880	kg	8,3	4,8	< 0,05	< 0,05	0,2	< 0,05
Holzschnitzel phys. En. 10 °C	Holzplatz	117 840	kg	–	–	–	–	–	–
Summe Bezug				171,8	100	71,3	100	5,1	2,1
Abgabe: genutzt									
Zellstoff 40 °C	Dickstoffturm	33 946	kg	1,7	1,0	0,2	0,3	0,1	< 0,05
Schwarzlauge 100 °C	Laugenerfassung	426 420	kg	115,7	67,3	11,9	16,7	3,4	0,3
Summe Nutzabg.				117,4	68,3	12,1	17,0	3,5	0,3
Abgabe: Verlust									
Abwasser 12 °C	Behandlung, Kanal	989 880	kg	12,4	7,2	< 0,05	< 0,05	0,4	< 0,05
Umgebungsverl. und innere Exergieverluste				42,0	24,5	59,2	83,0	1,2	1,8
Summe Verluste				54,4	31,7	59,2	83,0	1,6	1,8
Summe Abgabe				171,8	100	71,3	100	5,1	2,1

Papiererzeugung

Stoffaufbereitung

Der Zellstoff aus den Vorratssilos wird in Scheibenmühlen feinst zerfasert, mit Harzsuspension verleimt und mit Wasser auf 0,2 bis 0,5% TS verdünnt. Noch vorhandene Grobstoffteilchen werden in einer Zentrifuge entfernt. Bevor der „Stoff" zu den 4 Papiermaschinen läuft, werden je nach gewünschter Papierqualität entsprechende Farb- und Zusatzstoffe zugemischt.

Papiermaschinen

Zur Herstellung zweischichtiger Papiersorten werden zwei Stoffschichten getrennt auf das Siebband aufgebracht (Primär- und Sekundärauflauf). Der gelöste Stoff läuft mit etwa 0,2 bis 0,5% Gehalt an Trockensubstanz (TS) auf das Sieb auf, das Siebwasser fließt unter dem Sieb ab bzw. wird abgesaugt. Der Gehalt an TS nach dem Siebband beträgt 15 bis 18%. Der Stoff gelangt vom Siebband zur weiteren Entwässerung in die Pressenpartie, in der zu beiden Seiten des Stoffes je ein Filzumlauf das Wasser vom Stoffband absaugt. Das Papier (38% TS) besitzt nun schon genügend Festigkeit, um ohne Träger in den Rollengang (45 Zylinder) der Trockenpartie zu laufen, die zum Teil beheizt werden, damit das Papier ausreichend trocken zur Glättung gelangt und aufgerollt werden kann. Der Feuchtigkeitsgehalt des Papieres nach Verlassen der Papiermaschine beträgt rd. 3%.
Die Drehzahl der Zylinder wird mit einer elektronischen Steuer- und Regeleinrichtung ständig den technologischen Erfordernissen angepaßt. Die Maschine läuft ohne Unterbrechung. Das Personal arbeitet in drei Schichten, auch zum Wochenende.
Durch die moderne Konzeption der Papiermaschinen mit weitgehender Abwärmenutzung liegt der spezifische Wärmeverbrauch z. B. bei der größten Maschine bei rund 4 250 kJ/kg verdampftes Wasser bzw. 6 950 kJ/kg Fertigprodukt und der spezifische Stromverbrauch bei 1 942 kJ/kg (0,54 kWh/kg) Fertigprodukt.
In Tabelle 4.4–6 ist die Energie- und Exergiebilanz dieser Papiermaschine wiedergegeben.

Tab. 4.4–6

Stationsbilanz Papiermaschine 5	Bezug von bzw. Abgabe an	Menge	Dim	Energie		Exergie		Energie	Exergie
				absolut	Anteil	absolut	Anteil	Anteil am Primärenergieeinsatz des Werkes	
		in 10^3		TJ	%	TJ	%	%	
Bezug:									
Dampf 4 bar	Energiezentrale	238 530	kg	643,0	75,5	186,2	53,6	19,1	5,5
Elektrischer Strom	Energiezentrale	44 320	kWh	159,6	18,7	159,6	45,9	4,7	4,8
Zellstoffgemisch 10% TS 25 °C	Dickstoffturm	787 100	kg	49,4	5,8	1,6	0,5	1,5	< 0,05
Zusatzwasser 10 °C	Wasseraufbereitg.	2 734 290	kg	–	–	–	–	–	–
Luft 10 °C	Umgebung	1 638 100	kg	–	–	–	–	–	–
Summe Bezug				852,0	100	347,4	100	25,3	10,3
Abgabe: genutzt									
Kondensate 90 °C	Energiezentrale	214 680	kg	71,9	8,4	8,6	2,5	2,1	0,3
Summe Nutzabgabe				71,9	8,4	8,6	2,5	2,1	0,3
Abgabe: Verlust									
Abluft und Restfeuchte 65 °C	Umgebung	1 708 100	kg	265,4	31,2	60,6	17,4	7,9	1,8
Kondenswasser 65 °C	Umgebung	64 270	kg	15,5	1,8	1,3	0,4	0,4	< 0,05
Abwasser 25 °C	Kanal	3 328 800	kg	209,1	24,5	7,0	2,0	6,2	0,2
Papier 40 °C	Lager	82 168	kg	2,1	0,3	0,3	0,1	0,1	< 0,05
Umgebungsverl. und innere Exergieverluste				288,0	33,8	269,6	77,6	8,6	8,0
Summe Verluste				780,1	91,6	338,8	97,5	23,2	10,0
Summe Abgabe				852,0	100	347,4	100	25,3	10,3

Die Energiebilanz zeigt, daß von der gesamten der Station zugeführten Energie als Abwärme 24,5% im Abwasser, 31,2% in der energetisch bereits genutzten Abluft, 0,3% im Papier und 23,8% als andere Umgebungsverluste (Abstrahlung, Konvektion, Stromverluste durch Antriebe) abgehen.
Die Exergiebilanz dagegen zeigt, daß im Abwasser nur noch 2,0% der zugeführten Exergie und in der Abluft immerhin noch 17,4% enthalten ist. Der weitaus größte Prozentanteil (77,6%) gehen als Umgebungsverluste und vor allem als innerer Exergieverlust des Prozesses verloren.
Energieeinsparungshinweise siehe Kapitel 4.4–4.

4.4.2 Betrieb B – Kartonfabrik

Der Betrieb umfaßt zwei auf einem Areal befindlichen Werke. Werk I (altes Werk) mit der Energiezentrale, zwei Kartonmaschinen, der Stoffaufbereitung und allen Regiebetrieben.
Zur Herstellung konkurrenzfähiger Produkte und zur Aufrechterhaltung eines hohen Exportanteiles (70%) waren in den letzten Jahren entsprechend große Investitionen erforderlich.
Daher wurde das neue Werk II mit einer prozeßgesteuerten Kartonmaschine mit Stoffaufbereitung ausgestattet.
Eine Besonderheit dieses Betriebes liegt im hohen Anteil (85%) von Altpapier am Rohstoffeinsatz.
Die Verwendung von Altpapier, das kostengünstig zur Verfügung steht, hat in dreifacher Hinsicht positive Auswirkungen:

- Verringerung der Umweltverschmutzung bzw. Entlastung aller Einrichtungen der Müll- und Abfallbeseitigung.
- Entlastung des Holzverbrauches für die Papierherstellung durch Ersatz von Frischholzfasern durch wiedergewonnene Altpapierfaserstoffe.
- Geringer Energieaufwand bei der Rohstoffaufbereitung für die Papierherstellung, da Faserstoffe aus Altpapier nur einen Bruchteil des Energiebedarfes benötigen, die zur Aufbereitung von Frischfaserstoffen erforderlich ist [4-3].

Der gesamte Energieeinsatz beträgt 1 437 TJ/a = 100%, davon entfallen

auf Erdgas	1 346 TJ/a =	93,7%,
auf Fremdstrom	50 TJ/a =	3,5%,
auf Heizöl	25 TJ/a =	1,7% und
auf Propangas	16 TJ/a =	1,1%.

91,8% (1 320 TJ/a) der Primärenergie werden in der Energiezentrale zu Hochdruck- bzw. Niederdruckdampf für die Eigenstromerzeugung bzw. die Produktion umgewandelt. Der Rest (8,2%) wird bei den Kartonmaschinen direkt eingesetzt.

Energiezentrale

Hier befinden sich folgende Anlagen:
Zwei erdgasbefeuerte Hochdruckdampferzeuger:

- 60 t/h, 75 bar bei 500 °C (Alternativfeuerung: Beimischung von Heizöl schwer, bis max. 50%)
- 21 t/h, 66 bar bei 480 °C (Reserve).

Zwei Gegendruckturbinen mit einem Gegendruck von 4,2 bar und Leistungen von 9 MW und 3 MW (Reserve). Die Eigenstromerzeugung liegt bei 62 GWh/a (d. s. 82% des Gesamtstrombedarfes).

Ein Niederdruckdampferzeuger dient zur Spitzendeckung:

- 12 t/h, 4,2 bar bei 145 °C.

Eine Wasseraufbereitungsanlage, bestehend aus:

- einer Vollentsalzungsanlage für Zusatzspeisewasser und
- einem Mischbettfilter und Kühleinrichtungen für das rückgelieferte Kondensat.

Um bei Ausfall einer Kartonmaschine den Fremdstrombezug nicht wesentlich erhöhen zu müssen (verursacht durch den Leistungsrückgang der Eigenerzeugung), wird die Dampferzeugung nicht gedrosselt, sondern der von der Turbine abgegebene Dampf über einen Hilfskondensator (Kühlwasser aus dem Vorfluter) kondensiert und das Kondensat der Speisewasseraufbereitung zugeführt. Beim Anlaufen der Maschine treten Spitzen im Dampfbedarf auf, die dann durch den ND-Dampfkessel gedeckt werden.

Tab. 4.4–7

Stationsbilanz Energiezentrale	Bezug von bzw. Abgabe an	Menge	Dim.	Energie		Exergie		Energie	Exergie
				absolut	Anteil	absolut	Anteil	Anteil am Primärenergieeinsatz des Werkes	
		in 10³		TJ	%	TJ	%	%	%
Bezug:									
Erdgas	Versorgungs-untern.	35 354	m³	1 295,2	86,9	1 295,2	94,0	90,1	90,1
Heizöl	Lagertank	609	kg	25,2	1,7	25,2	1,8	1,8	1,8
Fremdstrom	Versorgungs-untern.	14 003	kWh	50,4	3,4	50,4	3,7	3,5	3,5
Verbr. Luft 10 °C	Umgebung	448 867	m³	–	–	–	–	–	–
Kond. 60–90 °C	Stationen	380 590	kg	119,5	8,0	7,5	0,5	8,3	0,5
Zusatzwasser 10 °C	Pumpenanlage	78 354	kg	–	–	–	–	–	–
Wasser für Gen. u. Kond.-Kühlung 10 °C	Pumpenanlage	709 560	kg	–	–	–	–	–	–
Summe Bezug				1 490,3	100	1 378,3	100	103,7	95,9
Abgabe: genutzt									
Dampf 4,2 bar	Stationen	377 705	kg	1 028,6	69,0	311,6	22,6	71,6	21,7
Eigenstromerzg.	Stationen	61 967	kWh	223,1	15,0	223,1	16,2	15,5	15,5
Fremdstrom	Stationen	11 329	kWh	40,8	2,7	40,8	3,0	2,8	2,8
Kühlwasser 25 °C	Aufbereitung	709 560	kg	44,6	3,0	1,3	0,1	3,1	0,1
Summe Nutzabg.				1 337,1	89,7	576,8	41,9	93,0	40,1
Abgabe: Verlust									
Rauchgase 145 °C	Umgebung	508 237	m³	95,7	6,4	19,9	1,4	6,7	1,4
Umgebungsverl. und innere Exergieverlust				57,5	3,9	781,6	56,7	4,0	54,4
Summe Verluste				153,2	10,3	801,5	58,1	10,7	55,8
Summe Abgabe				1 490,3	100	1 378,3	100	103,7	95,9

Die inneren Exergieverluste beinhalten die bei der Verfeuerung, beim Wärmeübergang und bei der Stromerzeugung entstehenden Verluste sowie die Umgebungsverluste durch Abstrahlung, Konvektion usw.
Die Exergieverluste der Rauchgase liegen mit 1,4% relativ niedrig und sind das Ergebnis einer weitgehend durchgeführten Abwärmenutzung.

Aufbereitung

Als Rohmaterial für die Kartonerzeugung wird Altpapier (ca. 85%), Zellstoff (ca. 15%) sowie Zusatzstoffe wie Leim, Kreide, Farben usw. verwendet.
Abb. 4.4–3 zeigt das Produktionsschema für die Altpapieraufbereitung.

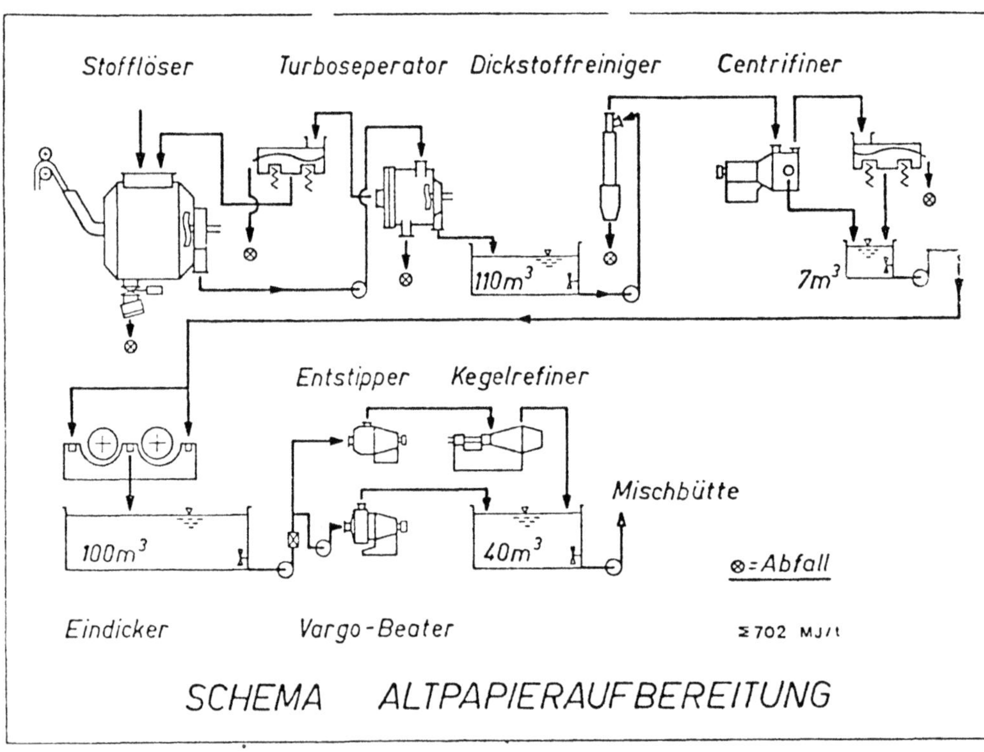

Abb. 4.4–3 Kartonfabrik, Schema Altpapieraufbereitung

Ein Vergleich des Energieverbrauches für die Altpapieraufbereitung mit dem der Halbzellstofferzeugung zeigt deutlich die Verminderung des Energieaufwandes für die Rohstoffaufbereitung [4–4].

Energiebedarf für die Aufbereitung von Altpapier (Wellpappen- und Natronabfälle):

Auflösung und Sortierung	360 MJ/t
Mahlung	216 MJ/t
Pumpen, Rührorgane u. a.	126 MJ/t
Einsatzbereiter Stoff aus Altpapier	702 MJ/t

Tab. 4.4–8

Stationsbilanz Aufbereitung	Bezug von bzw. Abgabe an	Menge	Dim.	Energie		Exergie		Energie	Exergie
				absolut	Anteil	absolut	Anteil	Anteil am Primärenergieeinsatz des Werkes	
		in 10³		TJ	%	TJ	%	%	%
Bezug:									
Dampf 4,2 bar	Energiezentrale	69 839	kg	191,1	31,6	53,8	28,5	13,3	3,7
Elektrischer Strom	Energiezentrale	33 891	kWh	122,0	20,1	122,0	64,7	8,5	8,5
Wasser 35 °C	Reaktivator	2 365 200	kg	247,6	40,9	11,6	6,2	17,2	0,8
Wasser 25 °C	Energiezentrale, Kühlwasser	709 560	kg	44,6	7,4	1,1	0,6	3,1	0,1
Rohmaterialien 10 °C	Lager	129 198	kg	–	–	–	–	–	–
Summe Bezug				605,3	100	188,5	100	42,1	13,1
Abgabe: genutzt									
Rohstoff 45 °C	Kartonmaschinen	228 669	kg	20,1	3,3	2,0	1,1	1,4	0,2
Kondensate 75 °C	Wasseraufbereitg.	62 122	kg	16,9	2,8	1,7	0,9	1,2	0,1
Wasser 45 °C	Reaktivator	2 628 000	kg	385,1	63,6	22,9	12,1	26,8	1,6
Summe Nutzabgabe				422,1	69,7	26,6	14,1	29,4	1,9
Abgabe: Verlust									
Abwasser 45 °C	Vorfluter, Kanal	345 976	kg	50,7	8,4	3,0	1,6	3,5	0,2
Abfallstoff 45 °C	Halde	29 727	kg	2,6	0,4	0,3	0,2	0,2	< 0,05
Umgebungsverl. und innere Exergieverluste				129,9	21,5	158,6	84,1	9,0	11,0
Summe Verluste				183,2	30,3	161,9	85,9	12,7	11,2
Summe Abgabe				605,3	100	188,5	100	42,1	13,1

Energiebedarf für die Herstellung von Halbzellstoff:

Defibrierung (14° SR *)	1 620 MJ/t
Mahlung (auf 35° SR *)	1 296 MJ/t
Pumpen, Fördermittel, Rührorgane u. a.	432 MJ/t
Fertig aufbereiteter Halbzellstoff	3 348 MJ/t

* SR . . . Mahlungsgrad nach Schopper-Riegler

Die Energieeinsparung bei Aufbereitung von Altpapierstoff beträgt demnach gegenüber der Aufbereitung von Halbzellstoff **2 646 MJ/t.**
Tabelle 4.4–8 zeigt die Energie- und Exergiebilanz der Station.
Die hohen inneren Exergieverluste sind vorwiegend auf den hohen Kraftbedarf für Antriebe (64,7%) sowie auf den Exergieverlust bei der Wärmeübertragung zurückzuführen.

Kartonmaschinen (KM)

Die Herstellung der Kartons, vom aufbereiteten Rohstoff bis zum Grundprodukt, erfolgt in Großanlagen in einem kontinuierlichen Verfahren. Das Rohstoffgemisch durchläuft eine Reihe von Entwässerungs- und Trocknungsprozessen bis zuletzt das fertige Produkt auf Rollen gewickelt wird.
Der erzeugte Karton besteht aus mehreren Schichten, meist aus der Deckschicht, Schutzschicht, Einlage und der Rückschicht. Der Karton wird je nach Vereinbarung in Rollen oder geschnitten geliefert. In den Lieferbedingungen wird u. a. auch der Wassergehalt mit 8% und bei Karton für Verpackungszwecke die Steifheit vorgeschrieben.
Ein Vergleich des spezifischen Energieverbrauches der 3 Kartonmaschinen (Tab. 4.4–9) zeigt, daß die neue KM 3 die niedrigsten Werte aufweist. Die KM 1 hat zwar ebenfalls einen geringen Gesamtenergieverbrauch pro Tonne, liefert aber nicht ein so hochqualitatives Produkt wie die KM 3, die zusätzlich über eine Streichanlage verfügt.

Tab. 4.4–9

	Wärmeenergie/t		Elektrische Energie/t	Gesamtenergieverbrauch/t
	Brennstoffe	Dampf		
KM 1	–	6 080 MJ (2,2 t)	2 700 MJ (750 kWh)	8 780 MJ
KM 2	434 MJ	6 900 MJ (2,5 t)	2 700 MJ (750 kWh)	10 034 MJ
KM 3	694 MJ	6 080 MJ (2,2 t)	1 850 MJ (314 kWh)	8 624 MJ

Die Energie- und Exergiebilanz der KM 3 wird in Tabelle 4.4–10 dokumentiert.

Tab. 4.4–10

Stationsbilanz Kartonmaschine III	Bezug von bzw. Abgabe an	Menge	Dim	Energie		Exergie		Energie	Exergie
				absolut	Anteil	absolut	Anteil	Anteil am Primärenergieeinsatz des Werkes	
		in 10³		TJ	%	TJ	%	%	%
Bezug:									
Dampf 4,2 bar	Energie-zentrale	175 335	kg	477,1	56,6	135,1	50,3	33,2	9,4
Erdgas	Versorg. Untern.	1 392	m³	51,0	6,1	51,0	18,9	3,5	3,5
Elektrischer Strom	Energie-zentrale	19 924	kWh	71,7	8,5	71,7	26,7	5,0	5,0
Wasser 35 °C	Reaktivator	2 241 000	kg	234,6	27,9	9,9	3,7	16,3	0,7
Luft 10 °C	Umgebung	2 540 400	m³	–	–	–	–	–	–
Rohstoff 45 °C	Aufbereitung	135 246	kg	7,9	0,9	1,0	0,4	0,6	0,1
Summe Bezug				842,3	100	268,7	100	58,6	18,7
Abgabe: genutzt									
Kondensat 60 °C	Energie-zentrale	155 084	kg	32,4	3,9	2,6	1,0	2,2	0,2
Wasser 45 °C	Reaktivator	2 065 800	kg	302,7	35,9	17,1	6,3	21,1	1,2
Summe Nutzabgabe				335,1	39,8	19,7	7,3	23,3	1,4
Abgabe: Verlust									
Abwasser 45 °C	Kanal	141 700	kg	20,8	2,5	1,2	0,5	1,5	0,1
Abluft 55 °C	Umgebung	2 540 400	m³	149,9	17,8	50,8	18,9	10,4	3,5
Karton 35 °C	Lager	73 504	kg	1,9	0,2	0,3	0,1	0,1	<0,05
Umgebungsverl. und innere Exergieverluste				334,6	39,7	196,7	73,2	23,3	13,7
Summe Verluste				507,2	60,2	249,0	92,7	35,3	17,3
Summe Abgabe				842,3	100	268,7	100	58,6	18,7

Die Anlage produziert 59% der Gesamt-Kartonerzeugung, sie ist damit der Haupt-Energieverbraucher des Unternehmens. Ein Prozeßrechner steuert den gesamten Produktionsablauf und Energieeinsatz für eine bestimmte Kartonqualität.
Eine Nutzung der Anlagenabwärme wird bereits durchgeführt. Die Abwässer werden einem Reaktivator (Abwasserreinigung) zugeleitet und wieder genutzt. Die Trocknerabluft wird mittels Wärmetauscher zur Erwärmung der Zuluft herangezogen, ebenso die Entspannungsbrüden der Kondensate. Die Restaufheizung der Trockenluft erfolgt mit Dampf.

In diesem Betrieb spielen der Wasser- und der Lufthaushalt aus energetischer Sicht eine wichtige Rolle. Daher wurden diese beiden Bereiche näher untersucht.

Wasserhaushalt

Das gesamte Rückflußkondensat wird gemeinsam mit dem erforderlichen Zusatzwasser in einer Wasseraufbereitungsanlage (Kiesfilteranlage und Vollentsalzungsanlage) aufbereitet. Dazu muß das Rückflußkondensat von 75 °C auf 45 °C abgekühlt werden.
Es wäre empfehlenswert, das Kondensat nicht gemeinsam mit dem Zusatzwasser, sondern in einer separaten Anlage aufzubereiten, um die Abkühlung des Kondensates zu vermeiden.
An Hand der Energie- und Exergieanalysen wurde festgestellt, daß für die Produktion große Wassermengen mit relativ geringer Temperatur verwendet werden. Dies gibt große Energieströme mit geringen Exergiewerten. Ein hoher Exergiebedarf ist jedoch für die Pumpenantriebe erforderlich. Der Exergiebedarf dieses Systems könnte durch folgende Maßnahmen reduziert werden:

- Abstimmung der Pumpenleistung auf effektive Bedürfnisse durch richtige Dimensionierung der Pumpen und
- Verwendung drehzahlgeregelter Antriebe für Stoffpumpen, die in Summe 3 000 l/h fördern. (Derzeit erfolgt die Mengenregelung durch Drosselung.)
- Vermeidung von Leerlaufzeiten bei Bütten und Pulpern durch automatische Regelung.

Lufthaushalt

In den Kartonmaschinen werden für die Konvektionstrocknung große Mengen an Luft benötigt (500 000 m^3/h). Für die Aufwärmung der Frischluft von 10 auf 85 °C ist daher ein Bedarf von 63,3 GJ/h gegeben. Wie bereits erwähnt, werden jedoch die Wärme der Trockenabluft und der Entspannungsbrüden des Kondensats zur Vorwärmung verwertet und dabei die Luft auf 60 °C erwärmt.
Seitens der Betriebsleitung wird als Einsparungsmaßnahme eine bessere Isolierung und Abdichtung der Dunsthauben erwogen. Dadurch würde die Ablufttemperatur steigen und eine bessere Nutzung zur Aufheizung der Frischluft wäre gewährleistet. Diese Maßnahme würde nicht nur den Wärmebedarf reduzieren, sondern auch den Kraftbedarf für Gebläseantriebe, soferne diese regelbar sind. Man rechnet mit einer Einsparung von 10%.
Weitere Energieeinsparungshinweise siehe Kapitel 4.4.4.

4.4.3 Vergleich zweier Zellstoffabriken mit und ohne Ablaugenverbrennung

Im Rahmen einer speziellen Untersuchung wurden die Betriebs- und Leistungsdaten zweier Zellstoffabriken für je 200 t absolut trockenen Kocherstoff ohne und mit Ablaugenverbrennung und Chemikalienrückgewinnung verglichen.
Dabei zeigte sich, daß die Anlagen mit Ablaugenverbrennung und Chemikalienrückgewinnung einen höheren Wärme- und Strombedarf aufweisen, was auf zusätzliche Arbeitsgänge (Ablaugenerfassung, -eindampfung, -verbrennung und Chemikalienrückgewinnung) und erforderlichen Pumparbeiten zwischen den einzelnen Stationen zurückzuführen ist.
Diesem Mehraufwand steht jedoch, wie nachstehende Ausführungen zeigen, ein weitaus größerer Nutzen in Form von aus Abfallprodukten gewonnener Energie (Dampf, Strom), von wiederverwertbaren Chemikalien und eine Verringerung der Umweltbelastung gegenüber.

Die **Vergleichswerte** betragen:

Dampfverbrauch

Zellstoffabrik **ohne** Ablaugenverbrennung	43,9 t/h
Zellstoffabrik **mit** Ablaugenverbrennung	62,8 t/h

Verbrauch an elektrischer Leistung

Zellstoffabrik **ohne** Ablaugenverbrennung	4 915 kW
Zellstoffabrik **mit** Ablaugenverbrennung	6 840 kW

Dies bedeutet zunächst einen Mehraufwand von
18,9 t **Dampf** je h oder rd. 43% und von
1 925 kW **elektrischer Leistung** oder rd. 39%.

Zufolge des erhöhten Dampfbedarfes bei der Laugeneindampfung besteht jedoch die Möglichkeit, mit einer vorgeschalteten Wärmekraftanlage in einem weit **größeren** Umfang elektrischer Energie zu gewinnen.
Darüber hinaus kann mit der Ablauge als Energieträger ein bedeutender Anteil des Dampfbedarfes aus billigem Brennstoff erzeugt werden, so daß der Mehrverbrauch durch die Ablaugenverwertung nicht nur ausgeglichen, sondern sogar überkompensiert wird und sonst erforderlicher Brennstoff eingespart werden kann.

Dampferzeugung

Unter der Annahme:

Zellstoffausbeute im Kocher	50%
Ablaugenerfassung	97%
Wirkungsgrad des Ablaugenverbrennungskessels	83% bis 85%

erhält man bei 200 t atro Kocherstoff bzw. 180 t atro gebleichten Zellstoff eine

Dünnlaugenmenge von	90,0 t/h bzw. eine
Dicklaugenmenge von	16,8 t/h

mit einem unteren Heizwert von 7 300 kJ/kg und einer Verdampfungsziffer von 2,2 (kg Dampf/kg Brennstoff).
Daraus läßt sich die Dampfmenge berechnen, die aus der Ablaugenverbrennung gewonnen werden kann:

16,8 . 2,2 = 36,96 t/h, d. h. rd. 37 t/h.

Wenn die Dünnlauge von 90,9 t/h mit einer Temperatur von 80 °C bei einer Konzentration von 11,0% TS anfällt, müssen zur Eindampfung auf den oben genannten Feststoffgehalt von 55% TS 74,1 t/h Wasser verdampft werden. Die für die mehrstufige Eindampfanlage in der ersten Stufe erforderliche Dampfmenge (Sattdampf von 3,5 bar) beträgt demnach 16,5 t/h. Die nachfolgenden Stufen werden mit den Brüden der jeweiligen Vorstufen beheizt.
Die Differenz von 18,1 t/h (aus Bruttoleistung des Ablaugenkessels: 37 t/h, Dampfbedarf für Eindampfanlage 16,5 t/h und erhöhter Eigenbedarf 2,4 t/h) kann den übrigen Verbrauchern zugeführt werden und reduziert im gleichen Ausmaß die Dampferzeugung aus anderen Brennstoffen **(Einsparung an Primärenergie 41,2%).**

Erzeugung elektrischer Energie

Setzt man voraus, daß sowohl bei der Variante **Zellstoffabrik ohne Laugenverbrennung** als auch bei jener **mit Laugenverbrennung** der gesamte in der Produktion sowie in der Laugeneindampfung benötigte Heizdampf zur Wärmekrafterzeugung herangezogen wird, so können unter der Annahme mittlerer Druck- und Temperaturverhältnisse auf der Hochdruckseite folgende Vergleiche angestellt werden.
Bei der Zellstoffabrik **ohne** Laugenverbrennung würde die Turbine mit einer durchschnittlichen Dampfmenge von 43,9 t/h beschickt werden. Die Klemmenleistung des Generators beträgt dann rd. 6 000 kW.

Bei der Zellstoffabrik **mit** Ablaugenverbrennung ändern sich die Verhältnisse entsprechend, da der für die Laugeneindampfung erforderliche Dampf ebenfalls in einer Turbine (hier jedoch für 62,8 t/h) abgearbeitet wird. Die Klemmenleistung des Generators beträgt hier 9 500 kW.
Dem Mehraufwand an elektrischer Energie (1 925 kW) für Ablaugenerfassung, Eindampfung und Verbrennung sowie Rückgewinnung der Chemikalien steht demnach eine Mehrleistung von 3 500 kW gegenüber, was einer effektiven **Mehrerzeugung** an elektrischer Energie von **1 575 kW** (d. s. rd. 26%) entspricht.

4.4.4 Maßnahmen zur Reduzierung des Energieeinsatzes in Betrieben der Papier- und Zellstoffindustrie

Im folgenden wurde untersucht, eine möglichst vollständige Aufzählung aller Maßnahmen zur Energieeinsparung vorzunehmen. Es wurde dabei keine Rücksicht darauf genommen, ob die vorgeschlagenen Maßnahmen in den untersuchten Betrieben bereits verwirklicht sind, um auch anderen Betrieben Anregungen für mögliche Einsparungen zu geben.

Energiezentrale
Kesselanlage

Neue Kesselanlagen sollten so konzipiert sein, daß auch im Teillastbetrieb ein hohes Maß an Wirtschaftlichkeit und Betriebssicherheit und ein geringer Wartungsaufwand erzielt wird. Eine Überdimensionierung der Anlagenteile (Regelarmaturen, Speisepumpen, Saugzuggebläse und Antriebsmotoren) sollte vermieden werden, weil dadurch das Betriebs- und Regelverhalten der Kesselanlage wesentlich verschlechtert wird und der Energiebedarf steigt.
Druck und Temperatur des Frischdampfes sollten auf den tatsächlichen Bedarf abgestimmt werden, um eine gute Energieausnutzung, speziell im Hinblick auf die Vorschaltanlage, zu gewährleisten.

Ablaugenverbrennung

Sofern möglich, ist die Verbrennung anfallender Ablaugen nicht nur wegen des erzielbaren Energiegewinnes, sondern auch wegen der gleichzeitigen **Chemikalienrückgewinnung** sehr empfehlenswert, umso mehr als damit gleichzeitig die Umweltschutzbelastung stark reduziert wird.
Ein fermentativer Abbau der Ablauge zur Erzeugung von Äthanol wird in einigen Betrieben, die keine Ablaugenverbrennung vornehmen, durchgeführt, ist aber nicht für alle Holzarten geeignet.

Wärmekraftanlage

Der für die Produktion erforderliche Dampf sollte vorher weitgehend zur Stromerzeugung in Wärmekraftanlagen (Gegendruck-Dampfturbinen) herangezogen werden (Wärme-Kraft-Kupplung).
Schon bei der Planung ist auf die Wahl der erforderlichen Anzapfstufen besonders Bedacht zu nehmen.

Elektrische Anlagen

Grundsätzlich sollte bei der Neuinstallation von Elektroantrieben eine **exakte** Dimensionierung vorgenommen werden.
Vorhandene Maschinen und Einrichtungen mit **schlechten Wirkungsgraden** sollten etappenweise ausgetauscht werden. Dies gilt vor allem für **zu stark** überdimensionierte Motoren, die Blindstromaufwand verursachen. Ist vorerst kein Austausch möglich, sollte zumindest durch Blindstromkompensierung eine Verbesserung des Leistungsfaktors (cos phi) erreicht werden.
Leerlaufende Maschinen sollten immer abgestellt werden und nicht aus Bequemlichkeit mitlaufen.
Für Antriebe bei Papiermaschinen, Rollern und Kalandern wird besonders der ruhende Umformer (Thyristor) empfohlen, dessen Wirkungsgrad besonders günstig ist und eine beträchtliche Verringerung des Stromverbrauches bewirkt.
Für die elektrische Beleuchtung sind entweder automatische Abschaltvorrichtungen bei Beginn des Tageslichtes oder entsprechende Kontrollmaßnahmen zu setzen.

Wärmeverluste

Besondere Aufmerksamkeit ist dem Transport und der Speicherung aller Wärmeträger (Dampf, Brüden, Heißluft, Heißwasser, Warmwasser, Kondensat) zuzuordnen, weil bei mangelhafter bzw. ungenügender **Isolation** der Rohrleitungen, Speicher und Wärmetauscher usw. beachtliche Wärmeverluste entstehen können.
Eine weitgehende Sammlung und Rückführung der im gesamten Betrieb anfallenden Kondensate ist anzustreben. Besondere Beachtung verdient die Kondensatanlage von Papiermaschinen, wo durch geeignete Maßnahmen, wie:

- sinnvolle Wahl und Dimensionierung der Kondensatableiter und Systeme,
- Wärmeverwertung der Entspannungsbrüden verschiedener Druckstufen und
- Vermeidung von Mengen- und Wärmeverlusten durch regelmäßige Inspektion und Wartung,

Einsparungen bis zu 20% möglich sind.

Produktion
Trockenentrindung

In Betrieben, die Holz für die Herstellung von Zellstoff und Holzschliff verarbeiten, soll man von Naß- auf Trockenentrindung übergehen und die anfallende Rinde und Holzabfälle als Brennstoff verwenden. Der gesamte Energieaufwand der Holzplatz- und Entrindungsmanipulation kann damit gedeckt werden.

Schleifereien

Besonderes Interesse verdienen die leistungsaufwendigen Antriebe von Holzschleifern. Durch mangelhafte Regeleinrichtungen oder Unachtsamkeit des Bedienungspersonals (insbesondere bei Pressenschleifern) können erhebliche Leistungsverluste entstehen. Der Energieaufwand für mittelfeinen Holzschliff, der 1 200 bis 1 300 kWh/t betragen sollte, kann dadurch bis auf 1 800 kWh/t steigen. (Regelmäßige Kontrolle von Betriebskennwerten.)
Zu großer Abstand der Fingerplatten bewirkt den erhöhten Anfall an „Sauerkraut", dessen Aufarbeitung mit neuerlichem Energieaufwand verbunden ist.
Die Schleifarbeit sollte während der Hauptlastzeit (Tagesstunden) vermindert und die volle Schleiferkapazität zwischen 22 und 6 Uhr ausgenützt werden. Mit Stetigschleifern ist diese Arbeitsweise leicht zu bewerkstelligen, weil dafür kein zusätzliches Personal erforderlich ist.

Altpapierverwertung

Nicht nur aus Gründen der Rohstoffersparnis, sondern ganz besonders auch vom Gesichtspunkt der Herabsetzung des Energiebedarfes empfiehlt sich die weitestgehende Wiederverwendung von Altpapier anstelle von neuem Zellstoff, dessen Erzeugung bedeutend energieaufwendiger ist als die Sammlung und Auflösung von Altpapier.
So sollte man in Betrieben, wo für die Herstellung von holzartigen Papieren und Karton Holzschliff (mechanisch aufbereiteter Faserstoff aus Holz) verwendet wird, auf die Verwendung von deinktem Altpapier (Zeitungen, Zeitschriften usw.) übergehen. Bedenkt man, daß bei Holzschliff der Energieverbrauch bei 150 kWh/100 kg Holzschliff liegt, dieser sich jedoch beim Deinken von Altpapier auf 30 bis 35 kWh/100 kg senkt, so ist die Diskrepanz im Energiehaushalt leicht zu errechnen.

In Fällen, wo man Halbzellstoff für die Herstellung von Wellpappenrohstoff oder ähnlichen Erzeugnissen verwendet, empfiehlt es sich, zumindest einen Großteil des Rohstoffes durch Altpapier und Abfälle aus Verarbeitungsbetrieben zu ersetzen. Diese Umstellung von Halbzellstoff auf Altpapier bedeutet auch einen Beitrag zur Lösung des Umweltschutzproblems, weil damit eine beachtliche Entlastung des Vorflutgewässers verbunden ist.

Stoffaufbereitungsanlagen

Alte, kraftaufwendige Mahlgeräte sind durch solche mit einem hohen Mahlungswirkungsgrad und damit geringen spezifischen Strombedarf zu ersetzen (Stromeinsparung **bis 30%**).
Wenn betriebstechnisch möglich, sollte auf Dickstoffstapelung übergegangen werden. Der Wegfall von Umwälzpropeller-Antrieben bringt erhebliche Energieeinsparungen.
Stoffauflöser sollten mit einer kontinuierlichen Steuerung versehen werden, um unnötigen Leerlauf des Auflösers zu vermeiden.

Im Zusammenhang mit der Wärmewirtschaft in Zellstoffanlagen sei hingewiesen, daß bei Schwefelverbrennungsanlagen älterer Bauart vielfach keine Abwärmeverwertung vorgesehen ist. Eine solche könnte zur Warmwasserbereitung bzw. Betriebsheizung herangezogen werden.

Papiermaschinen

Durch die Installation eines wirtschaftlichen Dampf- und Kondensatsystems mit Brüdenverwertung kann der spezifische Dampfverbrauch beachtlich gesenkt werden **(bis zu 20%).** Nähere Hinweise siehe Abschnitt 4.4.4 Wärmeverluste.
Geschlossene oder offene **Dunsthauben** sollten zur Verbesserung des spezifischen Dampfbedarfes und außerdem zur Aufbereitung von Warmwasser für Heizzwecke angebracht werden. Das letztere gilt nicht nur für die Abwärme an Papiermaschinen, sondern auch für die in den sonstigen Fabrikationsprozessen anfallende minderwertige Wärme, die gegebenenfalls in Warmwasser zurückgewonnen werden kann. Es ist zu prüfen, inwieweit solches Warmwasser in den Wasserkreislauf eingespeist werden kann, um so den Bedarf an Frischdampf zu reduzieren. Zu diesem Problemkreis gehört auch die Frage, inwieweit Werksgebäude, Büros usw. mit Abwärme beheizt werden können

Für den besonderen Fall der Energieversorgung von Hochleistungs-Tissue-Maschinen soll auf den Einsatz von **Gasturbinen** aufmerksam gemacht werden, für den viele Gründe sprechen:

- Das Verhältnis von elektrischer Leistung zur Abgaswärme einer Gasturbine deckt sich gut mit dem Verhältnis vom Verbrauch elektrischer Energie zum Wärmeverbrauch einer Tissue-Maschine. Damit läßt sich ein hoher Ausnutzungsgrad der zugeführten Brennstoffenergie erzielen.
- Die Abgastemperatur einer Gasturbine entspricht der benötigten Gastemperatur in einer Hochtemperaturhaube für Tissue-Trocknung. Damit ist eine direkte Verwendung der Turbinenabgase als Trocknungsgas möglich. So kann man getrennte Brenner und Gebläse ersparen und erhält durch direkte Verwendung der Abgase zur Konvektionstrocknung eine äußerst einfache Abgaswärmeverwertung ohne Wärmetauscher.
- Die Trocknungsgasqualität ist bei der Verwendung einer Gasturbine bedeutend unproblematischer als bei den herkömmlichen Brennern. Dank den idealen Verbrennungsbedingungen in der Brennkammer (z. B. beträchtlicher Luftüberschuß) ist eine vollständige Verbrennung gewährleistet. Daher kann leichtes Heizöl als Brennstoff ohne nachteilige Wirkung auf die Qualität der Abgase verwendet werden. In Versuchen, bei denen Tissue-Papier im Abgas einer ölgefeuerten Gasturbine getrocknet wurde, ergab sich keine nachweisbare Schmutz- oder Geruchsbildung auf dem getrockneten Papier. Bisher wurde zur Erzeugung hoher Lufttemperaturen für die Papiertrocknung meist Gas (Erdgas, Propan, Butan) bei der Direktfeuerung mit geringem Luftüberschuß verbrannt. Die heute erhältlichen Gasturbinen sind mit Dualbrennern ausgerüstet, die jederzeit einen Brennstoffwechsel ermöglichen.
- Die teilweise Rezirkulation der Trocknungsgase, wie sie bei herkömmlichen Düsenhauben zwecks Brennstoffersparnis üblich ist, kann wegen der in genügender Menge zur Verfügung stehenden Gasmenge häufig weggelassen werden. Damit spart man das Rezirkulationsgebläse, und die Trockenleistung von Düsenhaube und Zylinder steigt bei sonst gleichen Betriebsbedingungen, und zwar wegen der geringen Feuchte der ausgeblasenen Trocknungsgase. Benötigt man jedoch große Mengen an Trocknungsgasen, so kann auch mit Rezirkulation gearbeitet werden, wobei für den dann benötigten Lufterhitzerbrenner die vorgewärmte Verbrennungsluft dienen kann.
- Gasturbinen erfüllen alle Anforderungen bezüglich Kompaktheit, kleinem Überwachungsaufwand, Wartung und Überholung. Die heute erhältlichen Gasturbinen haben eine rationalisierte und standardisierte Ausrüstung und eine Lebensdauer von über 100 000 Vollastbetriebsstunden.
- Ein weiterer Vorteil der Gasturbinenanlage ist die kurze Anfahrzeit (5 bis 20 Min.).

Pumpen und Rohrleitungen

Bei der Planung neuer Anlagen kommt den Dimensionen dieser Anlagenteile und der Pumpendrehzahl besondere Bedeutung zu. Sowohl zu groß dimensionierte Pumpen wie auch zu klein dimensionierte Rohrleitungen erhöhen den Energiebedarf ganz wesentlich. Bekanntlich steigt die Pumpenleistung mit der dritten Potenz der Drehzahl. Einsparraten in der Größenordnung bis zu **20%** sind durchaus möglich.

Verschiedenes

Zur Vermeidung von Wärme- und Energieverlusten sollte ein echter Durchfahrbetrieb angestrebt werden.
Der Luftwechsel sollte in den Maschinenhallen während der kalten Jahreszeit nur so hoch gehalten werden, daß die relative Luftfeuchtigkeit über dem Taupunkt bleibt. (Jeder unnötig angesaugte Kubikmeter Außenluft erfordert zusätzliche Heizenergie.)
Die Wasserwirtschaft im Betrieb soll darauf achten, daß der Kreislauf weitgehend geschlossen ist. Nicht nur, um Faserverlusten vorzubeugen, sondern auch, um unnötigen Kraftaufwand durch Frischwasserförderung zu vermeiden. Reine Kühlwässer sollen nicht in den Kanal geführt, sondern in den Kreislauf eingebunden werden.
Spritzrohre sind auf ihren Wasserverbrauch zu prüfen. Es sollten nur Düsen mit geringstem Wasserverbrauch bei bestem Reinigungseffekt verwendet werden. Die Absperrventile von Spritzwasserschläuchen für die Reinigung sind bei Nichtgebrauch zu schließen.
An Hand von Dampfverbrauchsmessungen und Messungen des Strombedarfes elektrischer Maschinen können spezifische Verbrauchswerte ermittelt werden. Im Vergleich mit anderen Firmen oder mit Literaturwerten bestünde die Möglichkeit einer Selbstkontrolle und Festlegung von Maßnahmen zu Energieeinsparungen. Über die innerbetriebliche Bedeutung hinaus könnten für die gesamte Zellstoff-, Papier- und Kartonindustrie zu konzipierende Richtlinien abgeleitet werden und zur Motivation der Betreiber beitragen.

4.5 Gießereiindustrie

Ein Gießereibetrieb dient zur Herstellung von Gußstücken aus Eisen oder Metallen.

In dieser Industriesparte wurden zwei Eisengießereien untersucht. Diese bestehen aus nachstehend angeführten Teilbetrieben, die miteinander eng verknüpft sind

- Schmelzbetrieb,
- Formbetrieb,
- Kernmacherei,
- Gußputzerei.

In der **Schmelzerei** werden vorwiegend gas-, öl- oder elektrisch beheizte Tiegel- oder Herdöfen eingesetzt, in geringerem Maße koks- oder gasbeheizte Schachtöfen (Kupolöfen).

In den Schmelzöfen wird durch Umschmelzen von Roheisen unter Zusatz von Schrott und Legierungsbestandteilen Gußeisen hergestellt. Dieses wird bei 1 300 °C dünnflüssig und läßt sich gut in Formen, bei bis zu 1 500 °C, vergießen.

Der **Formbetrieb** gliedert sich in eine Hand- und eine Maschinenformerei. Er besteht aus der **Sandaufbereitung,** in welcher der Formstoff (Quarzsand, Betonit und Kohlenstaub) unter Wiederverwendung des bereits mehrmals gebrauchten Altsandes aufbereitet wird, der eigentlichen **Formerei** mit ihren Form- und Formentransporteinrichtungen, den **Kerneinlegeplätzen,** den **Gießstellen** und den Einrichtungen für das **Ausschlagen** der Gußstücke.

Die **Kernmacherei** liefert für die Formerei die aus Kernsand hergestellten Kerne, welche nach ähnlichen Herstellverfahren wie die Formen erzeugt werden.

In der **Gußputzerei** werden nach einer bestimmten Auskühlzeit die ausgeschlagenen heißen Gußstücke vom angebrannten Sand gereinigt und von Graten sowie dem mitgegossenen Eingußmaterial befreit.

4.5.1 Betrieb A

Diese Gießerei liegt am Rand einer Ortschaft und ist dort der einzige Industriebetrieb. Sie ist verhältnismäßig modern eingerichtet und gut ausgelastet. Sandaufbereitung und Formerei sind weitgehend mechanisiert, die Gußputzerei soll in naher Zukunft ebenfalls mechanisiert werden. Der Betrieb verfügt über 2 Elektro-Schmelzöfen und einen elektrisch beheizten Warmhalt-(Rinnen-)Ofen. Ferner ist ein koksbeheizter Kupolofen vorhanden, der früher im laufenden Betrieb eingesetzt wurde, derzeit jedoch überwiegend nur noch als Ausfallreserve für die beiden Elektro-Schmelzöfen dient. Derzeit wird in dem einen Schmelzofen in Verbindung mit

dem Rinnenofen Grauguß hergestellt, im zweiten Schmelzofen Sphäroguß erzeugt; die tägliche Betriebsdauer der Schmelzöfen ist daher nicht gleich lang.
Die Werksleitung plant eine Betriebsausweitung, die einen durchlaufenden 24-Stunden-Betrieb beider Schmelzöfen ermöglichen soll.
Die in der Sandaufbereitung, Formerei, Gußputzerei und sonst im Betrieb benötigte Preßluft wird in einer zentralen Kompressoranlage erzeugt.
Eine Anlage zur Erzeugung elektrischer Energie ist im Betrieb nicht vorhanden; die benötigte elektrische Energie wird aus dem öffentlichen Netz bezogen.
Der Betrieb besitzt eine eigene Wasserversorgungsanlage, doch ist die Kapazität der Brunnen nicht ausreichend, so daß fallweise Wasser aus dem öffentlichen Netz auch für Betriebszwecke herangezogen werden muß.
Der Betrieb verfügt über einen Anschluß an das Erdgas-Versorgungsnetz. Erdgas wird überwiegend zur Kerntrocknung, zum kleineren Teil zur Warmwasserbereitung, in Einzelfällen auch zur Raumheizung herangezogen. Normalerweise wird die zur Raumheizung benötigte Wärme von einer mit Altöl befeuerten Kesselanlage geliefert.
Der Gesamt-Energieeinsatz beträgt 116 GJ/d, davon 96 GJ/d an Fremdstrom und 20 GJ/d an Erdgas.
Folgende Anlagen mit höherem Exergiebedarf (bzw. Verlusten) wurden untersucht:

Elektro-Schmelzöfen und Warmhalte-Rinnenöfen:

Von der diesen Öfen zugeführten Energie (71 GJ/d = 61% des Gesamt-Energieeinsatzes) entfallen

rd. 60% auf Wärmeverluste durch Abstrahlung und Konvektion, beim Abstich und Beschicken der Öfen sowie bei Stillständen,
rd. 30% auf die fühlbare Wärme der Schmelze und Schmelzwärme und
rd. 10% auf Wärmeverluste durch Kühlwasser (Kühlwasserverluste).

In Tabelle 4.5–1 ist die Energie- und Exergiebilanz der Ofengruppe wiedergegeben.

Die Exergiebilanz zeigt die unterschiedliche Bewertung des Prozesses auf. Demnach entfallen

22,6% auf die fühlbare Wärme der Schmelze und Schmelzwärme,
0,3% auf die Wärmeverluste durch Kühlwasser und
77,1% auf die Umgebungsverluste durch Abstrahlung und Konvektion sowie die prozeßbedingten inneren Exergieverluste.

Tab. 4.5–1

Stationsbilanz Ofengruppe	Bezug von bzw. Abgabe an	Menge	Dim.	Energie		Exergie		Energie	Exergie
				absolut	Anteil	absolut	Anteil	Anteil am Primärenergieeinsatz des Werkes	
			d	GJ/d	%	GJ/d	%	%	%
Bezug:									
Elektrische Energie	Energiezentrale								
Elektroofen 1		8 730	kWh	31,4	44,3	wie Energie		27,1	27,1
Elektroofen 2		5 400	kWh	19,4	27,4	wie Energie		16,7	16,7
Warmhalteofen		5 550	kWh	20,0	28,3	wie Energie		17,2	17,2
Einsatzstoffe 10 °C	Lager	26 000	kg	–	–	–	–	–	–
Kühlwasser 10 °C	Pumpenanlage	179 500	kg	–	–	–	–	–	–
Summe Bezug				70,8	100	70,8	100	61,0	61,0
Abgabe: genutzt									
Eisenschmelze 1 500 °C	Gießerei	26 000	kg						
physikalische Energie				18,0	25,4	13,5	19,1	15,5	11,6
Schmelzwärme				2,5	3,5	2,5	3,5	2,1	2,1
Summe Nutzabgabe				20,5	28,9	16,0	22,6	17,6	13,7
Abgabe: Verlust									
Kühlwasser von Elektroofen 1 20 °C	Kanal	70 000	kg	2,9	4,1	0,1	0,1	2,5	0,1
Elektroofen 2 20 °C	Kanal	52 500	kg	2,2	3,1	0,1	0,1	1,9	0,1
Warmhalteofen 20 °C	Kanal	57 000	kg	2,4	3,4	0,1	0,1	2,1	0,1
Umgebungsverl. und innere Exergieverluste				42,8	60,5	54,5	77,1	36,9	47,0
Summe Verluste				50,3	71,1	54,8	77,4	43,4	47,3
Summe Abgabe				70,8	100	70,8	100	61,0	61,0

Ofenverluste

Eine Reduzierung dieser Verluste wäre fakultativ durch

- betriebliche Maßnahmen (Verringerung der Stillstandzeiten und Rationalisierung der Ofenbeschickung usw.),
- Verbesserungen der Isolation und
- Beseitigung etwaiger Undichtheiten

möglich.

Eine weitgehende Nutzung der unvermeidbaren Wärmeverluste ist unbedingt anzustreben. Vor allem dann, wenn sich die Investitionen aus der daraus resultierenden Größenordnung der Energieeinsparungen rasch amortisieren.

Beispielsweise könnten die Öfen mit einem, mit Kühlluft beaufschlagten Doppelmantel versehen und dessen Abluft (Temperatur von 300 bis 400 °C) zur Trocknung der Gußformen (Kerntrocknung) herangezogen werden. Die diesem Prozeß derzeit durch Brennstoff zugeführte Wärme entspricht 40% der gesamten Ofenverluste und wäre daher zur Gänze durch Abwärme substituierbar.
Darüber hinaus sollte in den Wintermonaten die noch verfügbare Abwärme zur Raumheizung verwendet werden.

Schmelzwärme

Gegen eine Nutzung dieser Abwärme sprechen mehrere von Metallurgen geäußerte Bedenken. Ob bzw. in welchem Ausmaß diese (nicht nur in diesem Betrieb geäußerten) Bedenken gerechtfertigt sind, konnte im Rahmen dieser Untersuchung nicht geklärt werden. Eine diesbezügliche Klärung erscheint jedoch in Anbetracht der Größenordnung dieser Verluste überaus empfehlenswert [4–5].

Kühlwasserverluste

Die elektrischen Teile der Öfen sind mit einem Kühlsystem (geschlossener Wasserkreislauf) ausgestattet. Das Kühlwasser tritt mit 35 °C ein und wird auf 70 °C erwärmt. In einem mit Brunnenwasser beaufschlagten Wärmetauscher erfolgt die Abkühlung des Kühlwassers. Das Brunnenwasser fließt mit einer Temperatur von rd. 23 °C in den Abwasserkanal.
Die durch Kühlwasser verursachten Wärmeverluste liegen in der Größenordnung des Energiebedarfes für die Warmwasseraufbereitung. Es liegt daher nahe, die Verlustwärme umgehend zu nutzen. Verschiedene Möglichkeiten bieten sich dazu an:

Maßnahmen zur Nutzung der Wärme aus Kühlwässer

- Bei offenem Kühlwasserkreislauf: Direkte Verwendung des Kühlwassers als Warmnutzwasser (diese Methode erfordert eine Wasserenthärtung zur Vermeidung der Steinbildung innerhalb der Kühlschlangen) durch Regelung der Wasserzufuhr mittels Rücklaufbeimischung.
- Bei geschlossenem Kühlwasserkreislauf mit Wärmetauscher: Anhebung der Kühlwassertemperaturen durch Reduzierung der Brunnenwassermengen und den Einbau einer Rücklaufbeimischung zur Nutzung der Abwärme mittels Speicher für Gebrauchswarmwasser-Bereitung (Abb. 4.5–1 oben). Dieses Verfahren reduziert nicht nur den Gesamtenergiebedarf des Betriebes, sondern auch den während der Sommermonate wegen geringerer Brunnenergiebigkeit erforderlichen Stadtwasserzusatzbedarf.

Die Einrichtung des Kühlturmes (siehe Abb. 4.5–1 unten), zur Vermeidung der oben genannten Wasserversorgungsschwierigkeiten ist aus energiewirtschaftlicher Sicht weniger empfehlenswert.

- Verwendung von Wärmepumpen zur Anhebung der Kühlwassertemperatur auf höheres Temperaturniveau für Warmwasserbereitung oder Heizzwecke.

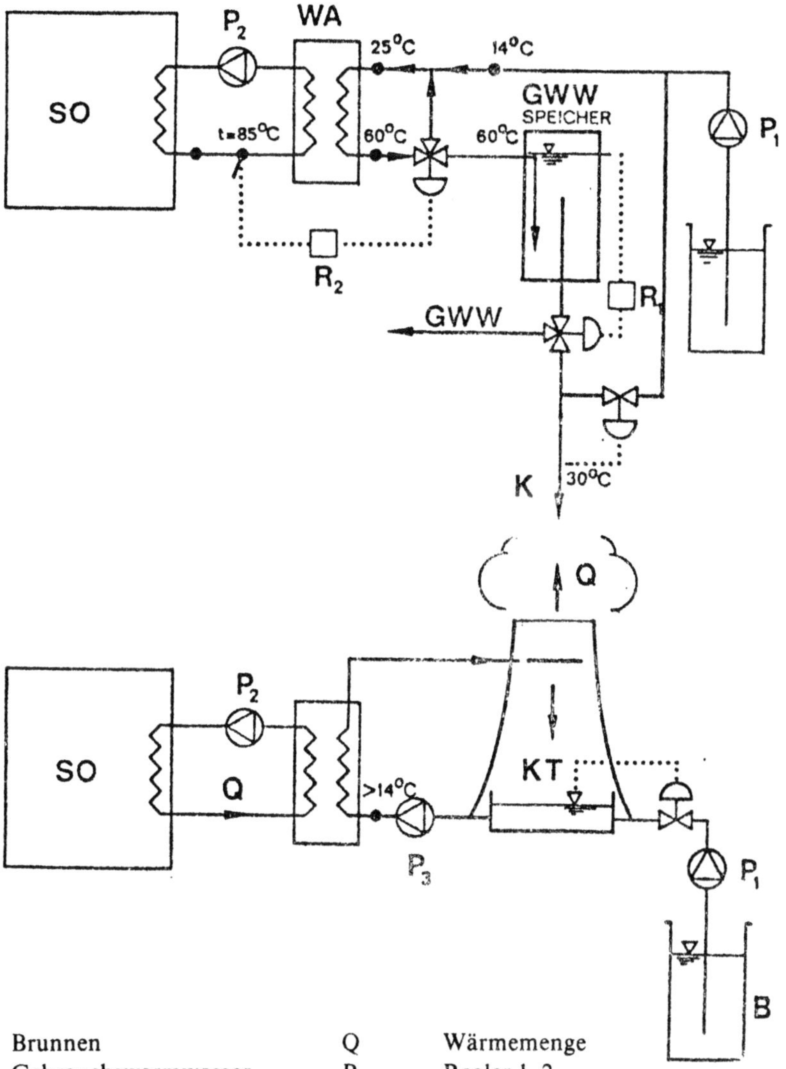

B	Brunnen	Q	Wärmemenge
GWW	Gebrauchswarmwasser	$R_{1,2}$	Regler 1, 2
K	Kanal		
KT	Kühlturm	SO	Schmelzofen
$P_{1,2,3}$	Pumpe 1, 2, 3	WA	Wärmetauscheranlage

Abb. 4.5–1 Schmelzofen, Wärmerückgewinnung aus Kühlwässer

Gießerei

Hier liegen die Abwärmeverluste relativ hoch (20 GJ/d), da derzeit keine abwärmetechnische Nutzung erfolgt; offensichtlich aus der Befürchtung, daß eine zu rasche Produktabkühlung metallurgische Probleme bringen könnte.

Kompressoranlage

Die auftretenden Kühlwasserverluste sind unbedeutend (0,6 GJ/d, 18 °C). Das Kühlwasser für die **Kolbenkompressoren** dient hier zur Abführung der beim Betrieb entstehenden Reibungswärme. Eine Anhebung der Kühlwassertemperatur ist aus Gründen der Betriebssicherheit nicht empfehlenswert.
Bei der Verwendung von **mehrstufigen Turbokompressoren** mit kühlwasserbeaufschlagten Preßluftkühlern könnte der Leistungsbedarf der Kompressoranlage reduziert werden.

Sandaufbereitung

Hier wäre, wegen der relativ hohen Kühlwassertemperaturen zwischen 50 °C und 60 °C, eine Abwärmenutzung möglich, die jedoch in Anbetracht der geringen Größenordnung wirtschaftlich nicht vertretbar ist.

Kerntrocknungsanlage

Wie bereits erwähnt, ergibt sich in diesem Bereich die Möglichkeit, die Kerntrocknung mit Kühlmantelluft der Öfen zu bewerkstelligen.
Sollte die mit dem Mantelkühlsystem erreichbare Temperatur von 300 °C bis 400 °C nicht ausreichen, ist eine Zusatzheizung erforderlich.

4.5.2 Betrieb B

Diese Gießerei ist ein Bestandteil eines am gleichen Areal befindlichen Großunternehmens. Demnach sind mehrere Möglichkeiten einer innerbetrieblichen Abwärmenutzung gegeben.
Der Gesamt-Energieeinsatz beträgt ca. 50 TJ/a (100%), davon entfallen auf Fremdstrom 24 TJ/a und Erdgas 26 TJ/a.

Schmelzöfen

Vorhanden sind elektrische und gasbeheizte Öfen.
Das Kühlwasser des Ofens wird nur auf 35 °C erwärmt. Die darin enthaltene Energiemenge beträgt immerhin **7,7 TJ/a,** die ungenützt in den Kanal geht. Bei höherer Kühlwassertemperatur (80 °C wäre möglich) könnte diese Wärmemenge, die einer Äquivalenzmenge von ca. **200 t/a** Heizöl entspricht, z. B. zur Warmwasseraufbereitung und zur Raumheizung nutzbar gemacht werden.
Nutzungstechniken und Probleme bei der Nutzung wurden bereits bei Betrieb A aufgezeigt.

Glühöfen – Vergüteöfen

Hier beträgt der Abgasverlust rd. 9,2 TJ/a (entsprechend ca. 250 t/a Heizöl oder rd. 270 000 m^3/a Erdgas) bei einer Abgastemperatur von rd. 800 °C. Eine Nutzung dieser Abwärme ist unbedingt anzustreben (Warmwasserbereitung, Heizung, Trocknung).
Die vornehmlich durch Abstrahlung, Konvektion und Beschickung usw. bedingten Ofenverluste betragen rd. **17,6 TJ/a.** Eine Nutzung derselben könnte auch hier (analog zu Abschnitt 4.5.1) durch Mantelluftkühlung mit Abwärmeverwertung erfolgen. Die derart erzeugte Heißluft entspricht einer Äquivalenzmenge von rd. 500 000 m^3/a Erdgas.

4.5.3 Maßnahmen zur Reduzierung des Energieeinsatzes

Die Abwärmen der wärmeintensiven Anlagen können in diesem Industriezweig innerbetrieblich oft nur zum Teil genutzt werden. Es ist zu überlegen, ob nicht eine weitgehende Nutzung außerbetrieblich, z. B. zur Raumheizung, Warmwasserbereitung und landwirtschaftliche Zwecke (z. B. Gewächshausheizung) realisiert werden kann bzw. inwieweit die für andere Betriebe vorgeschlagene Abwärmenutzung durch einen Kältemittel-Turbinenprozeß auch hier wirtschaftlich interessant sein kann und damit eine Reduzierung des Fremdstrombezuges möglich ist.
Folgende Abwärmenutzungsmöglichkeiten werden vorgeschlagen:

- Nutzung der Strahlungs- und Konvektionsverluste der Öfen:
  - Mantelluftkühlung mit Abwärmeverwertung zur Kerntrocknung (Brennstoff-Substitution). Einsparung 10 bis 15% der zugeführten Energie.
  - Innerbetriebliche saisonale Nutzung zur Raumheizung.
  - Kältemittelturbine zur Stromerzeugung.
  - Wahrnehmung außerbetrieblicher Nutzungsmöglichkeiten.
- Nutzung der Schmelzwärme (langfristige Maßnahme – nach Lösung der metallurgischen Probleme):
  - Kältemittel-Turbinenanlage.
- Nutzung der Kühlwasserwärme (Einsparraten von über 6%):
  - Zur Warmwasserbereitung.
  - Eventuell Übergang auf Heißkühlung (Überdruckkühlung und Kühlwassertemperatur von über 100 °C) und entsprechende Nutzung des Heißwassers.
- Optimale Nutzung der Abgaswärme:
  - Getrennte Nutzung unterschiedlich temperierter Abgase bzw. Zusammenfassung gleichtemperierter Abgase und gemeinsame Nutzung.
  - Erwärmung der Verbrennungsluft mittels Rekuperatoren.
  - Warmwasserbereitung durch Ekonomiser.

Allgemeine Maßnahmen zur Reduzierung der Verluste:

- Verbesserung der Isolation an alten Anlagen.
- Behebung von Undichtheiten bzw. Verhinderung von Falschluftzufuhr.

4.6 Nahrungsmittelindustrie

Von den vielen verschiedenartigen Betrieben dieser Industriesparte wurden die wärmeintensiven Bereiche Zuckerindustrie und Brauindustrie sowie ein Betrieb der Konservenindustrie untersucht.
Der Hauptprimärenergieträger in den Unternehmen der Nahrungsmittelindustrie ist nach wie vor das Heizöl mit einem leicht fallenden Anteil an der Bedeckung des Gesamtenergieverbrauches dieses Industriezweiges (1970 bis 1976: 73 auf 70%). Mit der zunehmenden Verfügbarkeit von Erdgas wird dieser Energieträger auch in der Nahrungsmittelindustrie immer stärker beansprucht (16 auf 20%). Kohle und Koks tragen nur zu einem geringen Teil zur Deckung des Energieverbrauches dieses Industriezweiges bei, der Anteil nahm auch in den letzten Jahren weiter ab (4,5 auf 2,5%).
Die Eigenstromerzeugung deckt etwa ⅓ des Strombedarfes und wird im wesentlichen aus Vorschaltanlagen bezogen.
Charakteristisch ist der relativ geringe Verbrauch an elektrischer Energie (6,5 bis 7,5% vom Gesamtenergieverbrauch) und der relativ hohe Warm- und Gebrauchswasserverbrauch für Wasch- und Reinigungszwecke. Allein durch bessere Planung des Wassereinsatzes könnten daher erhebliche Einsparungen an Wärmebedarf und Pumpenenergie erzielt werden. Hygienevorschriften und Umweltschutzauflagen, besonders für Abwässer, haben in den letzten Jahren die Investitionsplanung wesentlich mitbeeinflußt. Die Erfüllung der Auflagen hat jedoch im allgemeinen zu einer Erhöhung des spezifischen Energieverbrauches geführt.

4.6.1 Zuckerindustrie

Die Zuckerherstellung in Österreich erfolgt in sechs Zuckerfabriken, die in einem Kartellverband zusammengeschlossen sind. Die Zuckerrüben werden in einer Kampagne, die von Oktober bis Mitte Jänner dauert, verarbeitet – der Energieverbauch dieser Branche konzentriert sich daher nur auf einen Zeitraum von etwa 100 Tagen. Die von der Branche angebotenen energiewirtschaftlichen Daten wurden zunächst analysiert und danach ein Unternehmen einer speziellen Untersuchung unterzogen, das als repräsentativ angesehen werden kann.
Die vorgeschlagenen Maßnahmen zur Reduzierung des Primärenergieverbrauches gelten demnach auch für andere Betriebe dieser Branche.

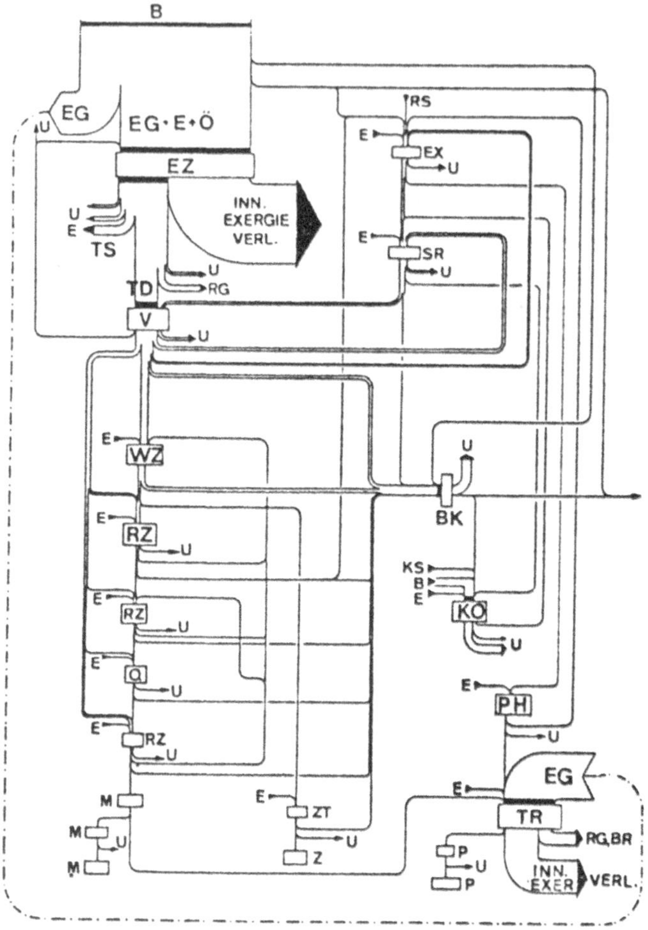

B	Brennstoff	PH	Preßhaus
BR	Brüden	Q	Quentinstation
BK	Barometrische Kondensation	R	Rübe
DS	Dicksaft	RG	Rauchgas
E	Elektrischer Strom	RS	Rübenschwemme
EG	Erdgas	RZ	Rohzuckerstation
EX	Extraktion	S	Saft
EZ	Energiezentrale	SF	Saftreinigung
K	Kanal	ST	Schnitzeltrocknung
KO	Kalkofen	TD	Turbinenabdampf
KR	Kondensatrückführung	TS	Turbine – Stromerzeugung
KS	Kalkstein	U	Umgebungsverluste
KW	Kaltwasser	V	Verdampfstation
M	Melasse	WZ	Weißzuckerstation
Ö	Heizöl	Z	Zucker
P	Pellet – Futtermittel	ZT	Zuckertrocknung

Abb. 4.6–1 Exergieflußbild einer Zuckerfabrik

Der Primärenergieverbrauch der untersuchten Zuckerfabrik betrug während der Kampagne 1976/77 1 230 TJ (100%), das entspricht einem stündlichen Verbrauch von 513 GJ. Dieser Verbrauch unterteilt sich in
70% zur Erzeugung von Hochdruckdampf,
25% für die Rübenschnitzeltrocknung
(Futtermittelherstellung),
5% zur Erzeugung von Kalkmilch und CO_2 im Kalkofen (Koks).
Der spezifische Energieverbauch der Produktionsanlagen ermittelte sich

ohne Rübenschnitzeltrocknung mit 151,3 MJ/100 kg Rübe
mit Rübenschnitzeltrocknung mit 207,9 MJ/100 kg Rübe.

Die für die Produktion erforderlichen Energieträger und Hilfsmittel (Dampf, Heißwasser usw.) werden durch Verfeuerung von Erdgas, Heizöl schwer und Koks gewonnen. Elektrischer Strom wird durch Entspannung von Hochdruckdampf in Gegendruckturbinen erzeugt (Kraft-Wärme-Kupplung).
Als Basis für die Erarbeitung von Vorschlägen zur Einsparung von Primärenergie wurden für 17 Stationen dieses Betriebes Energie- und Exergieanalysen durchgeführt. Das Ergebnis dieser Analysen, denen Verbrauchs- und Betriebsdaten für einen Vollastmonat der Kampagne (in Stundenwerten) zugrunde gelegt wurden (die Kampagne dauert insgesamt etwa 2 400 Betriebsstunden), zeigt Abb. 4.6.1 (Exergieflußbild einer Zuckerfabrik).
Im folgenden werden Stationen mit größerem Energiebedarf und solche mit Möglichkeiten einer nennenswerten Reduktion des Energieeinsatzes näher beschrieben.

Energiezentrale

Die Zuckerindustrie Österreichs gehört zu jenen Industriezweigen, wo durch die Anwendung von Wärme-Kraft-Kupplungen eine hohe thermodynamische Wirtschaftlichkeit erzielt wird. Der erforderliche Strombedarf wird – wie bereits erwähnt – zur Gänze durch Eigenerzeugung in Gegendruckturbinen gedeckt und Überschußstrom ins öffentliche Netz geliefert.

Tab. 4.6–1

Stationsbilanz Energiezentrale	Bezug von bzw. Abgabe an	Menge	Dim.	Energie absolut	Energie Anteil	Exergie absolut	Exergie Anteil	Energie: Anteil am Primärenergieeinsatz des Werkes	Exergie: Anteil am Primärenergieeinsatz des Werkes
			je h	GJ/h	%	GJ/h	%	%	
Bezug:									
Erdgas	Versorgungs-untern.	6 546	m^3	244,5	63,2	244,5	67,3	47,7	47,7
Heizöl	Lagertank	2 900	kg	115,6	29,9	115,6	31,8	22,5	22,5
Kondensat 95 °C	Verdampfsta-tion	76 500	kg	26,6	6,9	3,2	0,9	5,2	0,6
Zusatzwasser 10 °C	Wasseraufbe-reitung	23 000	kg	–	–	–	–	–	–
Verbrennungsluft 10 °C	Umgebung	117 190	m^3	–	–	–	–	–	–
Summe Bezug				386,7	100	363,3	100	75,4	70,8
Abgabe: genutzt									
Dampf 3 bar	Verdampfsta-tion	96 500	kg	263,5	69,5	72,0	19,8	52,3	14,0
Dampf 1 bar	Küche, Bäder usw.	2 650	kg	7,0	1,8	1,6	0,4	1,4	0,3
Elektrischer Strom	Stationen u. Rücklauf	11 940	kWh	43,0	11,1	43,0	11,9	8,4	8,4
Summe Nutz-abgabe				318,5	82,4	116,6	32,1	62,1	22,7
Abgabe: Verlust									
Rauchgas 180 °C	Umgebung	149 000	m^3	37,3	9,6	8,6	2,4	7,3	1,7
Umgebungsverl. und innere Exergieverluste				30,9	8,0	238,1	65,5	6,0	46,4
Summe Verluste				68,2	17,6	246,7	67,9	13,3	48,1
Summe Abgabe				386,7	100	363,3	100	75,4	70,8

Energieanalyse:

Etwas über 82% der zugeführten Energie werden derzeit zur Erzeugung von Produktionsdampf und Strom genutzt. Von den 15,6% Verlusten an die Umgebung entfallen, bedingt durch die hohen Abgastemperaturen, allein 9,6% auf die Rauchgase des Kessels. Im vorliegenden Fall lag die Abgastemperatur wegen des Taupunktes der Rauchgase (Brennstoff : Heizöl schwer) bei 180 °C.

Bei rein erdgasgefeuerten Kesseln könnte wegen der niedrigeren Taupunkttemperatur auch mit geringeren Abgastemperaturen gefahren werden, ohne daß Korrosionen an den Wärmeübertragungssystemen bzw. Verrottungserscheinungen an gemauerten und betonierten Bauteilen zufolge Taupunktunterschreitungen auftreten.

Exergieanalyse:
Die bei der Energieumwandlung innerhalb des Kessels auftretenden Irreversibilitäten (Verfeuerung des Brennstoffes und Wärmeübertragung usw.) bewirken, daß nur 32,1% der zugeführten Exergie nutzbar abgeführt werden können.

Saftextraktion und Saftreinigung

Um die Zellen der Zuckerrüben, die die Saccharose enthalten, für die Extraktion aufzubereiten, werden die Rüben in Schnitzel zerkleinert. Das Auslaugen des Zuckersaftes erfolgt in kontinuierlich betriebenen Diffusionstürmen. In diesen werden die mit Rohsaft eingemischten Schnitzel von unten eingepreßt und über eine Transportschnecke dem heißen Extraktionswasser entgegengeführt. Dabei diffundiert der Zucker aus den Zellen der Rübenschnitzel, bis die Konzentration zwischen Zellsaft und wäßriger Lösung ausgeglichen ist. Am unteren Ende des Turmes wird der Rohsaft abgezogen, am oberen Ende die Rübenschnitzel ausgeworfen, die anschließend für den Verkauf und die Trocknung in der Schnitzelpresse auf 8 bzw. 22% TS gepreßt werden.
In der Saftreinigung werden durch Zugabe von Chemikalien zum Rohsaft, insbesondere Kalkmilch und CO_2 bei bestimmten Temperaturen (80 °C und 95 °C) und einem bestimmten pH-Wert, die Nichtzuckerstoffe gebunden bzw. ausgefällt (Kalkschlamm). Durch Separatoren, Zyklone und/oder Filter wird abschließend der Kalkschlamm abgetrennt, das Filtrat wird als Dünnsaft bezeichnet.
Tabelle 4.6–2 zeigt die Energie- und Exergiebilanz dieser Station.

Der Energiedurchsatz der Station ist verhältnismäßig groß (32,9% des Primärenergieeinsatzes), rund 80% werden jedoch in Form von in Dünnsaft, Filtrat und Schnitzel enthaltener Wärme nutzbar abgegeben. Die barometrische Kondensation der Brüden verursacht sowohl den größten Teil der Energie- als auch der äußeren Exergieverluste. Möglichkeiten zur Nutzung der von den Brüden mitgeführten Kondensationswärme werden im Zusammenhang mit der Brüdenverwertung der letzten Verdampferstufe diskutiert. Die inneren Exergieverluste (42%!) resultieren aus den Irreversibilitäten bei der Wärmeübertragung (wiederholtes Aufwärmen der Maische und des Dünnsaftes) und aus den Antriebsverlusten.

Tab. 4.6–2

Stationsbilanz Extraktion und Saftreinigung	Bezug von bzw. Abgabe an	Menge	Dim.	Energie absolut	Energie Anteil	Exergie absolut	Exergie Anteil	Energie	Exergie
								Anteil am Primärenergieeinsatz des Werkes	
		je h		GJ/h	%	GJ/h	%	%	%
Bezug:									
Elektrische Energie	Energiezentrale	3 290	kWh	5,4	3,2	5,4	18,4	1,1	1,1
Brüden 1,3 bar	Verdampfstation	16 000	kg	42,3	25,1	9,9	33,7	8,2	1,9
Brüden 1 bar	Verdampfstation	11 000	kg	29,0	17,2	6,5	22,1	5,7	1,3
Kondensat 95 °C	Verdampfstation	20 000	kg	7,0	4,1	0,9	3,0	1,4	0,2
Heißwasser 78 °C	Rübenschwemme	106 000	kg	31,0	18,4	3,3	11,2	6,0	0,6
Preßwasser 60 °C	Preßhaus	91 400	kg	19,1	11,3	1,5	5,1	3,7	0,3
Kalkmilch 85 °C	Kalkbereitung	55 000	kg	16,1	9,5	1,7	5,8	3,1	0,3
Rübenschnitzel 30 °C	Rübenschwemme	223 500	kg	18,8	11,2	0,2	0,7	3,7	< 0,05
Summe Bezug				168,7	100	29,4	100	32,9	5,7
Abgabe: genutzt									
Dünnsaft 85 °C	Verdampfstation	301 000	kg	91,0	53,9	9,1	30,9	17,7	1,8
Filtrat 85 °C	Kalkbereitung	35 000	kg	10,0	5,9	1,0	3,4	2,0	0,2
Schnitzel, extrah. 65 °C	Preßhaus	146 600	kg	33,7	20,0	1,7	5,8	6,6	0,3
Summe Nutzabgabe				134,7	79,8	11,8	40,1	26,3	2,3
Abgabe: Verlust									
Brüden 85 °C	barom. Kondensat.	17 000	kg	27,0	16,0	4,7	16,0	5,3	0,9
Abschlamm 85 °C	Kanal	23 000	kg	2,4	1,4	0,5	1,7	0,5	0,1
Umgebungsverl. und innere Exergieverluste				4,6	2,8	12,4	42,2	0,8	2,4
Summe Verluste				34,0	20,2	17,6	59,9	6,6	3,4
Summe Abgabe				168,7	100	29,4	100	32,9	5,7

Verdampferstation

Diese Station dient zum Eindicken des Dünnsaftes; sie ist neben der Energiezentrale der größte Energieumwandler. Rund sieben Zehntel des gesamten Primärenergieeinsatzes (70,2%) werden dieser Station zugeführt und zwar 52,5% als Turbinenabdampf und als elektrischer Strom und 17,7% als fühlbare Wärme im Dünnsaft.

Die Verdampferstation besteht aus mehreren Durchlaufverdampfern. Die erste Stufe wird mit Dampf aus der Energiezentrale und die weiteren Stufen jeweils mit den Kochbrüden der Vorstufe beheizt. Die Brüden der letzten, unter Vakuum betriebenen Verdampferstufe werden abgesaugt und unter Beimischung von Wasser kondensiert, gekühlt und keiner weiteren Nutzung zugeführt (barometrische Kondensation).

Bei der oben angeführten Brüdenwärmeverwertung sinkt der Dampfverbrauch annähernd verkehrtproportional zur Stufenzahl, die Investitionskosten steigen jedoch ebenso proportional an. Das wirtschaftliche Optimum liegt derzeit bei etwa 5 bis 6 Verdampferstufen [4–6].

Tabelle 4.6–3 zeigt die Energie- und Exergiebilanz der Station.

Tab. 4.6–3

Stationsbilanz Verdampfstation	Bezug von bzw. Abgabe an	Menge	Dim.	Energie		Exergie		Energie	Exergie
				absolut	Anteil	absolut	Anteil	Anteil am Primärenergieeinsatz des Werkes	
			je h	GJ/h	%	GJ/h	%	%	%
Bezug:									
Elektrischer Strom	Energiezentrale	310	kWh	0,5	0,1	0,5	0,6	0,1	0,1
Dampf 3 bar	Energiezentrale	96 500	kg	268,5	74,6	72,0	88,2	52,4	14,0
Dünnsaft 85 °C	Saftreinigung	301 000	kg	91,0	25,3	9,1	11,2	17,7	1,8
Summe Bezug				360,0	100	81,6	100	70,2	15,9
Abgabe: genutzt									
Brüden 1,5 bar	Stationen	80 500	kg	213,4	59,3	52,2	64,0	41,6	10,2
Kondensat 95 °C	Energiez., Saftreinig.	96 500	kg	34,3	9,5	4,3	5,3	6,7	0,8
Brüdenkondens. 95 °C	Kalkbereitung	13 500	kg	4,8	1,3	0,6	0,7	0,9	0,1
Dicksaft 95 °C	Kochstation	67 400	kg	23,9	6,6	3,0	3,7	4,7	0,6
Summe Nutzabgabe				276,4	76,7	60,1	73,7	53,9	11,7
Abgabe: Verlust									
Brüden der letzten Stufe 90 °C	barometrische Kondensation	140 000	kg	70,8	19,7	8,7	10,6	13,8	1,7
Umgebungsverl. und innere Exergieverluste				12,8	3,6	12,8	15,7	2,5	2,5
Summe Verluste				83,6	23,3	21,5	26,3	16,3	4,2
Summe Abgabe				360,0	100	81,6	100	70,2	15,9

Die nahezu optimale Technologie dieser Station ermöglicht einen sehr hohen Ausnutzungsgrad der Energie und Exergie und damit eine gute Wirtschaftlichkeit.
Ein beachtlicher Anteil (entsprechend 76,7% der zugeführten Energie und 73,7% der zugeführten Exergie) der in dieser Station entstehenden Brüden wird in anderen Stationen genutzt (vergleiche Exergieflußdiagramm, Abb. 4.6–1).
Durch eine Nutzung der Brüden der letzten Verdampferstufe wäre jedoch eine weitere Reduzierung des äußeren Exergieverlustes möglich (vergleiche Ausführungen Abschnitt 4.6.1.1).

Kochstation, Rohzuckerstationen, Zuckertrocknung und Lagerung

Im letzten Verarbeitungsabschnitt der Zuckerherstellung wird der Zucker durch Kochen des Dicksaftes und der Sirupe (Zuckersäfte nach den Zentrifugen) auf Sättigungskonzentration (Füllmasse) auskristallisiert und die Kristalle in Zentrifugen durch Schleudern abgetrennt. Der Weißzucker wird getrocknet, Milchprodukt bzw. Nachprodukt werden aufgelöst und als Sirupe wieder gekocht (siehe Abb. 4.6–2).
Die Zahl der Koch- und Schleudervorgänge variiert nach den zu erzeugenden Produktsorten. Die Kochapparate sind weitgehend mit mechanischen Rührwerken ausgestattet, wodurch die Zirkulation und damit die Wärmeübertragung intensiviert und die Kochzeit bis zu 50% herabgesetzt wird. Aufgrund der geringen Kochzeit kann der Wärmebedarf gegenüber Systemen ohne mechanische Rührwerke um etwa 7% (bzw. 5 GJ/h) gesenkt werden. Dafür müssen zum Betrieb der Rührwerke rd. 1,3 GJ/h in Form von elektrischem Strom aufgewendet werden.
Das Trennen der Kochmasse in Weiß- und Kristall- bzw. Mittelprodukt- und Nachproduktzucker erfolgt in Zentrifugen. In Verwendung sind für die beiden erstgenannten Produkte Zentrifugen mit diskontinuierlicher Arbeitsweise und mehreren Drehzahlstufen, für die beiden Rohprodukte kontinuierliche Zentrifugen.
Die kontinuierlich arbeitenden Zentrifugen bringen gegenüber den diskontinuierlichen verfahrenstechnische Vorteile (bessere Farb- und Ascheentfernung, bessere Zuckerausbeute) und haben auch einen bis zu 11% geringeren spezifischen Energieverbrauch. Wegen den Qualitätsanforderungen an das Endprodukt werden für die Trennung von Weiß- und Kristallzucker trotzdem diskontinuierliche Zentrifugen verwendet.

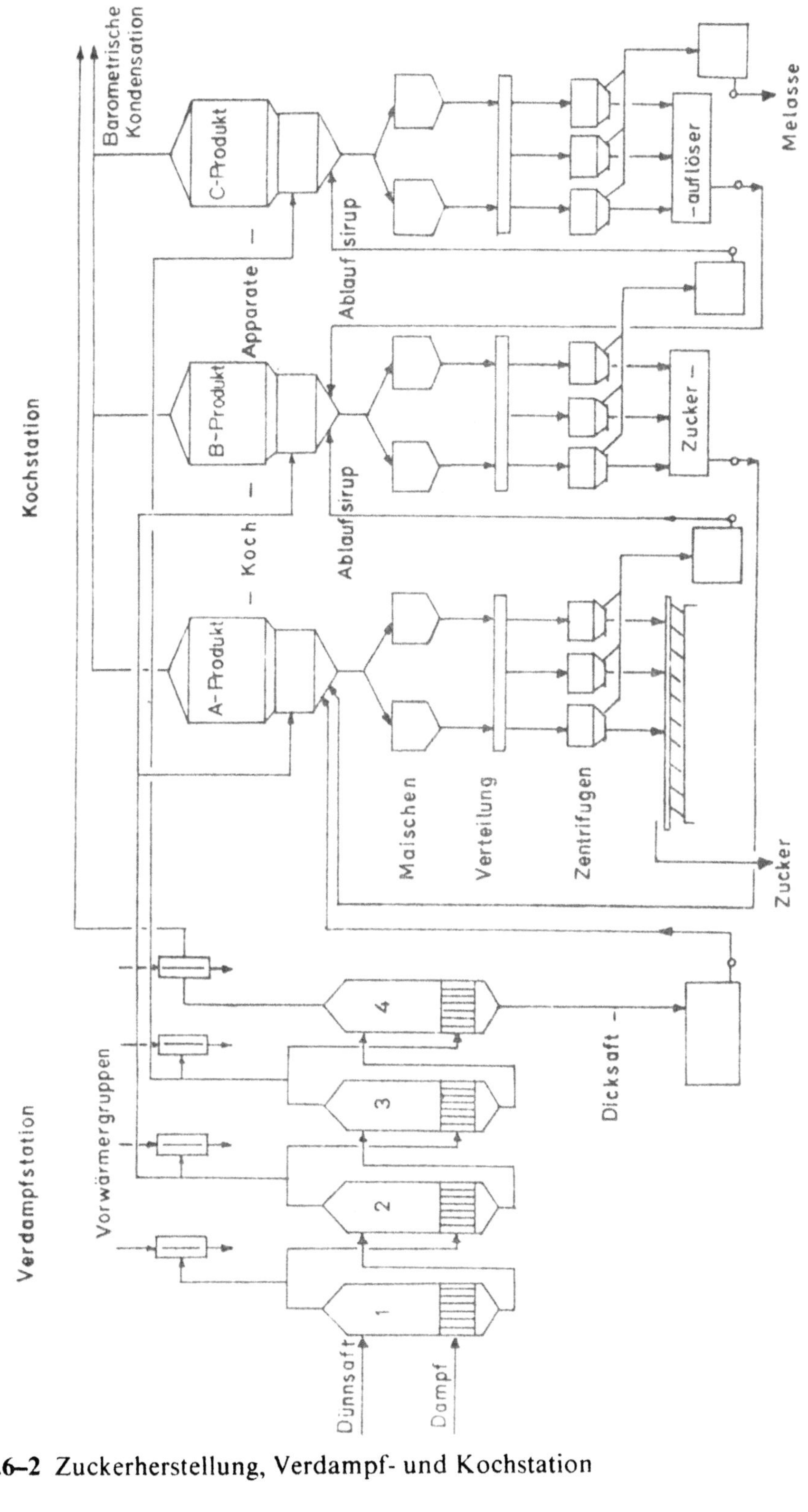

Abb. 4.6–2 Zuckerherstellung, Verdampf- und Kochstation

Das Trocknen des raffinierten Weißzuckers erfolgt vorwiegend in horizontalen Trommeltrocknern mittels Heißluft, die in dampf- oder brüdenbeheizten Heizregistern aufbereitet wird.
Zucker darf nur mit Temperaturen bis 120 °C getrocknet und muß danach sofort gekühlt werden. Der Wassergehalt wird bei Trocknung von 1 bis 2,5% (bezogen auf die Trockenmasse) auf 0,02% verringert.
Bei der Zuckertrocknung wird mit den abgehenden Brüden Zuckerstaub mitgerissen. Rohstoff und Wärme werden rückgewonnen, indem das Kondensat in den Prozeß zurückgeführt wird.

Tab. 4.6–4

Stationsbilanz Kochstation Zuckertrocknung, Lagersilos	Bezug von bzw. Abgabe an	Menge	Dim	Energie		Exergie		Energie	Exergie
				absolut	Anteil	absolut	Anteil	Anteil am Primärenergieeinsatz des Werkes	
			je h	GJ/h	%	GJ/h	%	%	%
Bezug:									
Elektrischer Strom	Energiezentrale	4 200	kWh	15,0	8,4	15,0	28,7	2,9	2,9
Brüden 1,5 bar	Verdampfstation	52 800	kg	140,0	78,2	34,2	65,5	27,3	6,7
Dicksaft 95 °C	Verdampfstation	67 400	kg	23,9	13,4	3,0	5,8	4,7	0,6
Summe Bezug				178,9	100	52,2	100	34,9	10,2
Abgabe: genutzt									
Brüden 85 °C	Extraktion	12 400	kg	32,4	18,1	6,4	12,3	6,3	1,3
Melasse 85 °C	Schnitzeltrockner	6 800	kg	2,1	1,2	0,1	0,2	0,4	< 0,05
Summe Nutzabgabe				34,5	19,3	6,5	12,5	6,7	1,3
Abgabe: Verlust									
Brüden 80 °C	barometrische Kondensation, Kanal	71 300	kg	118,0	66,0	17,6	33,7	23,0	3,4
Weißzucker 10 °C	Verkauf	35 200	kg			–	–	–	–
Umgebungsverl. und innere Exergieverluste				26,4	14,7	28,1	53,8	5,2	5,5
Summe Verluste				144,4	80,7	45,7	87,5	28,2	8,9
Summe Abgabe				178,9	100	52,2	100	34,9	10,2

Der Bedarf an elektrischer Energie dieser Stationen liegt mit 4,2 MW (das entspricht rd. 35% des gesamten Stromverbrauches) relativ hoch, wobei der Hauptanteil auf die Förderanlagen und Klimaanlagen der Silos entfällt.
Die äußeren Exergieverluste durch Wärmeverluste an die Umgebung und die inneren Exergieverluste betragen zusammen 53,8% und sind durch den hohen Bedarf an elektrischer Energie sowie der bei den Koch- und Trocknungsvorgängen entstehenden Irreversibilitäten und Wärmeverluste bedingt.
66,0% der diesen Stationen zugeführten Energie, die in Form von Brüden und Brüdenwasser vor allem aus der Kristallisation (Kochstation) und der Zuckertrocknung abgeführt werden, könnten durch entsprechende Verfahren (Dunstkondensation, Hochtemperatur-Wärmepumpen) genutzt werden [4–7], [4–8].
Der Exergieanteil dieser etwas niedrig temperierten Brüden liegt mit 33,7% relativ hoch, weil mit ihnen verhältnismäßig große Kondensationswärmemengen abgeführt werden.

Schnittetrocknung

Bei der Zuckerherstellung aus Zuckerrüben fallen erhebliche Mengen an Preßschnitzel an. Als Nebenprodukt wird damit ein hochwertiges Futtermittel in Form von Pellets hergestellt. Zu diesem Zweck werden die ausgepreßten Schnitzel mit Heißluft, die durch Verfeuerung von Brennstoff erzeugt wird und eine Temperatur zwischen 800 und 1 000 °C aufweist, in rotierenden Trommeltrocknern getrocknet.

Die Station hat einen hohen Wärmebedarf. Der allergrößte Teil (93,1%) der dem Trockner zugeführten Energie geht in Form eines Abgas-Brüden-Gemisches (120 °C) verloren.
Zufolge der bei der Verfeuerung des Brennstoffes (zur Aufbereitung der für den Trocknungsvorgang erforderlichen Heißluft) und bei der Wärmeübertragung an das Trockengut auftretenden Irreversibilitäten sind die inneren Exergieverluste erheblich (etwa 74%).
Auch der äußere Exergieverlust ist mit rd. 33 GJ/h, d. s. 6,4% (!) des gesamten Primärenergieeinsatzes, sehr hoch, vornehmlich wegen der hohen Abgastemperatur von 120 °C und der in den Trocknungsbrüden enthaltenen ungenutzt abgeführten Kodensationswärme.

Tab. 4.6–5

Stationsbilanz Schnittetrocknung	Bezug von bzw. Abgabe an	Menge	Dim	Energie absolut	Energie Anteil	Exergie absolut	Exergie Anteil	Energie	Exergie
								Anteil am Primärenergieeinsatz des Werkes	
			je h	GJ/h	%	GJ/h	%	%	%
Bezug:									
Erdgas	Versorgungs-untern.	3 450	m^3	126,5	89,6	126,5	98,4	24,7	24,7
Elektrischer Strom	Energie-zentrale	340	kWh	1,2	0,9	1,2	0,9	0,2	0,2
Preßschnitzel 60 °C	Preßhaus	56 200	kg	11,3	8,0	0,8	0,6	2,2	0,2
Melasse 85 °C	Kochstation	6 800	kg	2,1	1,5	0,1	0,1	0,4	< 0,05
Trocknerzuluft 10 °C	Umgebung	84 000	m^3	–	–	–	–	–	–
Summe Bezug				141,1	100	128,6	100	27,5	25,1
Abgabe: genutzt									
Summe Nutz-abgabe				0,0	0,0	0,0	0,0	0,0	0,0
Abgabe: Verlust									
Abgas 120 °C	Umgebung	84 000	m^3	13,5	9,6	2,3	1,8	2,6	0,5
und Brüden 120 °C	Umgebung	44 200	kg	117,8	83,5	30,5	23,7	23,0	5,9
Trockenschnitzel	Schnitzellager	18 600	kg	2,0	1,4	0,4	0,3	0,4	0,1
Umgebungsverl. und innere Exergieverluste				7,8	5,5	95,4	74,2	1,5	18,6
Summe Verluste				141,1	100	128,6	100	27,5	25,1
Summe Abgabe				141,1	100	128,6	100	27,5	25,1

4.6.1.1 Maßnahmen zur Reduzierung des Energieeinsatzes:

Nutzung der Brüden-, Kondensat- und Abgaswärmen zur

- Aufheizung der Verbrennungsluft für die Dampfkessel der Energiezentrale und für den Schnittetrockner,
- Aufbereitung von Gebrauchswarmwässer (Produktion, Sanitäranlagen, Raumheizung usw.),
- thermischen Aufbereitung des Speisewassers für die Dampfkessel (Zusatzwasser und Kondensat) und zum
- Aufwärmen von Dünnsaft und anderer niedertemperierter Produktionsmittel usw.

Im einzelnen werden folgende Maßnahmen vorgeschlagen:

Verdampferstation

In der barometrischen Kondensation wird der für die letzte Verdampferstufe erforderliche Unterdruck erzeugt, indem der Wasserdampf mit Hilfe des Kühlwassers kondensiert und das Vakuum mittels Vakuumpumpe aufrechterhalten wird. Bisher wurde zusätzliches Kühlwasser zugeführt, um die von den Behörden geforderte Kanaleinmündungstemperatur von 30 °C zu erreichen, oftmals wird diese Temperatur sogar wesentlich unterschritten.

Abbildung 4.6–3 zeigt eine Möglichkeit zur Verbesserung des Wärmehaushaltes. Die barometrische Kondensation wird durch einen Wärmetauscher ersetzt, in dem der Wasserdampf kondensiert wird. Das Kondensat wird anschließend in einem zweiten Wärmetauscher auf die Kanaleintrittstemperatur abgekühlt. Dabei kann gegenüber der herkömmlichen Technologie rd. 10% des Exergiebedarfes der Station einer anderwärtigen Nutzung zugeführt werden (1,7% des Gesamt-Primärenergieeinsatzes).

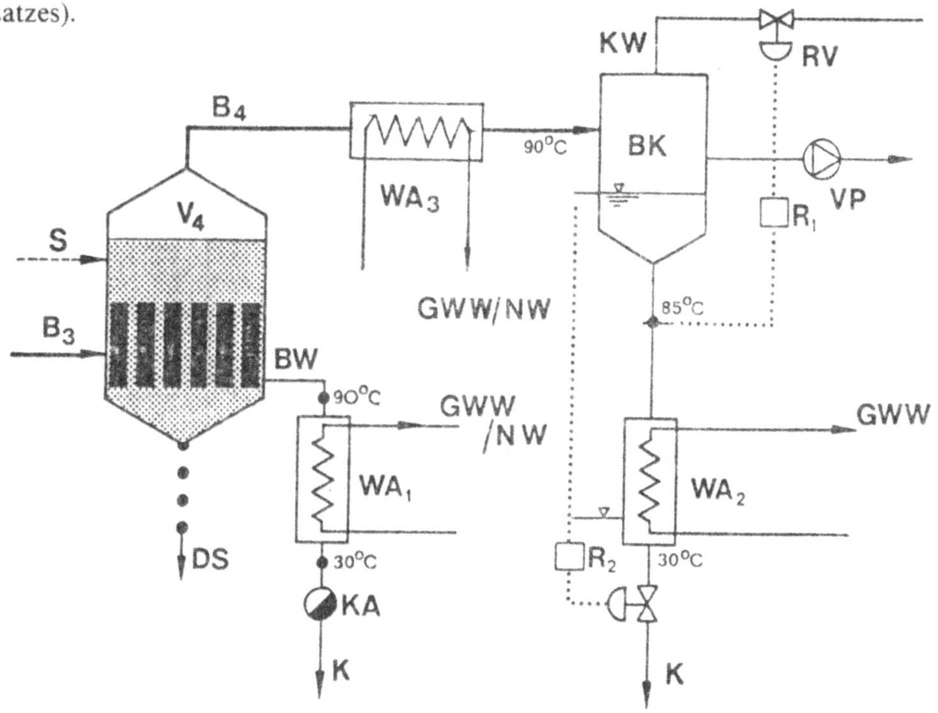

$B_{3,4}$	Brüde 3, 4	NW	Nutzwasser
BK	barometrische Kondensation	$R_{1,2}$	Regler 1, 2
BW	Brüdenwasser	RV	Regelventil
DS	Dicksaft	S	Saft
GWW	Gebrauchswarmwasser	V_4	letzte Verdampferstufe
K	Kanal	VP	Vakuumpumpe
KA	Kondensatableiter	$WA_{1,2,3}$	Wärmetauscheranlage 1, 2, 3
KW	Kühlwasser		

Abb. 4.6–3 Verdampferstation, Wärmerückgewinnung

Kochstation

Das gleiche Verfahren wie für die letzte Verdampferstufe kann auch bei dieser Station durch wärmetechnische Nutzung der beim Kochvorgang entstehenden Verlustbrüden angewendet werden. Die erzielbaren Einsparraten liegen bei maximal 33,7% des Exergiebedarfes dieser Station bzw. 3,4% des betrieblichen Primärenergieeinsatzes.

Bei gemeinsamer Nutzung der Brüden aus der letzten Verdampferstufe und Kochstation können zusätzliche wirtschaftliche Vorteile erwartet werden, soferne eine entsprechende innerbetriebliche oder außerbetriebliche Verwertung der anfallenden Wärmemengen, z. B. bei Agrotherm-Projekten, möglich ist.

Im allgemeinen ist eine solche Verwertungsmöglichkeit jedoch nicht vorhanden, so daß bei Nutzung der Brüdenenergie in Wärmetauschern ein Überangebot an relativ niedrig temperierten Wärmemengen auftreten würde.

Andererseits besteht ein hoher Bedarf an Medien mit über 100 °C (Niederdruckdampf, Heißwasser), die derzeit nur unter Einsatz von Primärenergie mit hohen Exergieverlusten erzeugt werden können.

Als mittel- bis langfristig realisierbare Alternative bietet sich daher die Brüdenverwertung mittels Hochtemperatur-Wärmepumpe an.

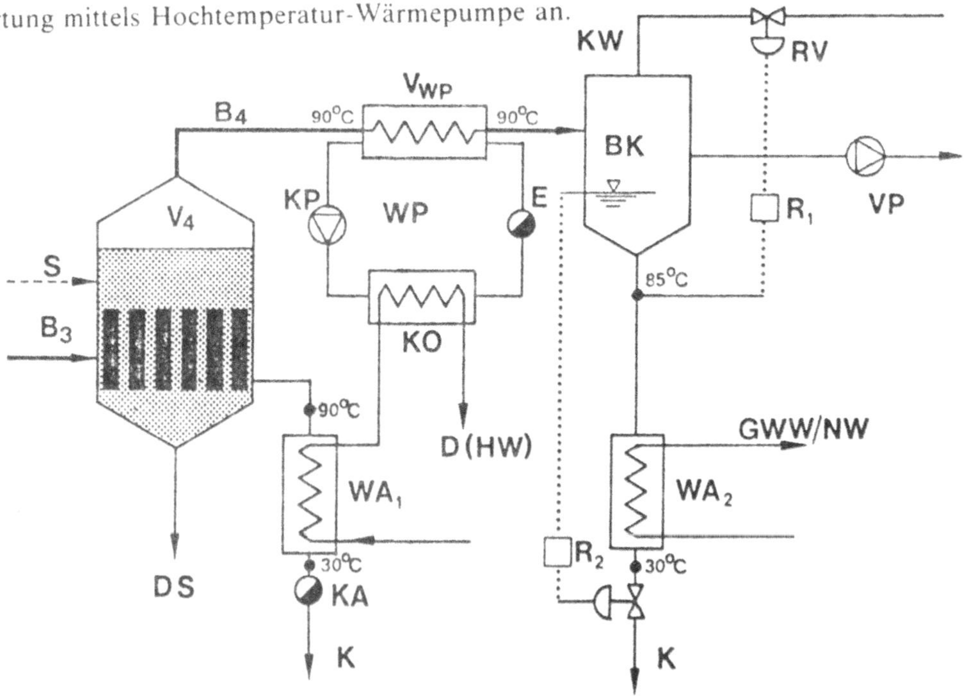

D	Dampf	KO	Kondensator, Wärmepumpe
E	Expansionsventil	VWP	Verdampfer, Wärmepumpe
HW	Heißwasser	WP	Wärmepumpe

Sonstige Bezeichnungen wie in Abb. 4.6–3

Abb. 4.6–4 Wärmerückgewinnung mittels Hochtemperatur-Wärmepumpe und Wärmetauscher

Abb. 4.6–4 zeigt eine Konzeption, bei der die zentral erfaßten Brüden dem Verdampfer einer Wärmepumpe zugeführt werden und die im Kondensator erzielbare Temperatur eine prozeßtechnische Wiederverwertung der von den Brüden abgegebenen Wärme in Form von ND-Dampf und Heißwasser ermöglicht.
Hochtemperatur-Wärmepumpen werden jedoch voraussichtlich erst in einigen Jahren technologisch ausgereift zur Verfügung stehen.
Bei Neuerrichtung einer Zuckerfabrik wäre schließlich zu erwägen, ob der Wärmebedarf der Kocher und Verdampfer nicht mit Hilfe einer in Abb. 4.6–5 angedeuteten Technologie gedeckt werden sollte. Die Brüden werden einem Wäscher zugeführt und dann in einem Thermokompressor überhitzt. Der überhitzte Dampf beheizt den Verdampfer (bzw. Kocher) durch Abgabe der Kondensationswärme in einem im Verdampfer eingebauten Kondensator. Die Restwärme wird in einem Vorwärmer an das Einsatzprodukt abgegeben.

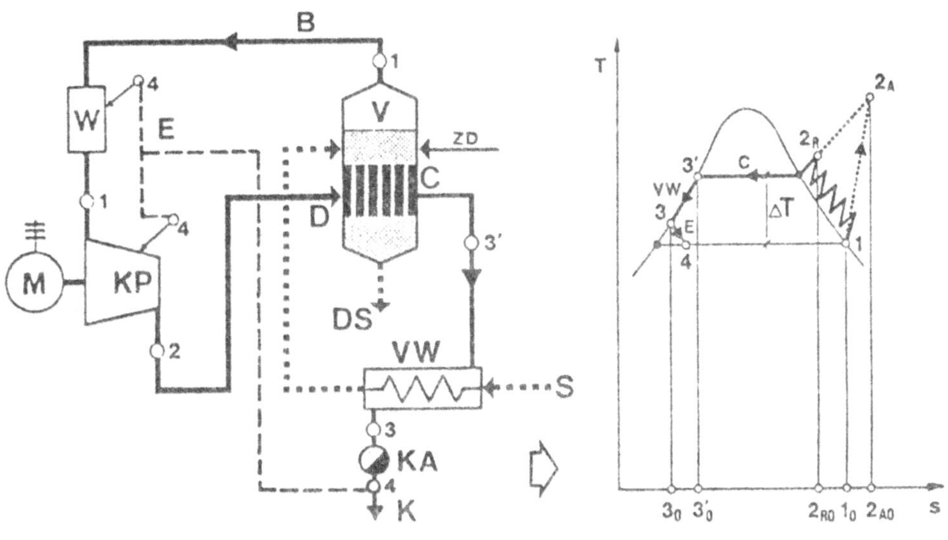

B	Brüde	M	Motor
C	Kondensator	S	Saft
D	Dampf	V	Verdampferstufe
DS	Dicksaft	W	Wäscher
E	Kondensateinspritzung	ZD	Zusatzdampf
K	Kanal	T	Temperatur
KA	Kondensatableiter	s	Entropie
KP	Kompressor		

Abb. 4.6–5 Wärmerecycling mittels Thermokompression

Durch die geringen Temperaturunterschiede zwischen Brüden und überhitztem Dampf können mit diesem Verfahren außerordentlich hohe Leistungsziffern (bis zu 20) erreicht werden, besonders dann, wenn durch mehrstufige Kondensateinspritzung in den Kompressor die Kompression annähernd isotherm geführt werden kann.
Dadurch wird der spezifische Primärenergieeinsatz des Prozesses erheblich gesenkt.
Für eine solche Konzeption wäre an Stelle der derzeitigen Dampfkraftanlagen ein kleiner Dampfkessel für den Anfahrbetrieb und die Regelung zu installieren. Der für die elektrischen Aggregate notwendige Strom müßte aus dem öffentlichen Netz bezogen werden. Wegen der niedrigen Wirkungsgrade bei den derzeit dominierenden kalorischen Kraftwerken mit Kondensationsturbinen wäre es jedoch aus energiewirtschaftlichen Gründen sinnvoll, für den Antrieb der Thermokompressionsanlagen Erdgas oder Dieselkraftstoff zu verwenden.

Schnittetrocknung

Abgas und Trocknungsbrüden fallen mit einer Temperatur von rd. 120 °C an, allerdings stark verunreinigt. Eine wärmetechnische Nutzung wäre durch die Verwendung eines den Trocknern nachgeschalteten **„Taupunkt-Wärmetauschers"** möglich, in dem bewußt eine Unterkühlung des Abgas-Brüden-Gemisches unter die Taupunktstemperatur (rd. 60 °C bei Erdgasfeuerung und rd. 120 bis 140 °C bei Heizöl schwer) angestrebt wird. Diese Wärmetauscher sind aus korrosionsbeständigem Material zu fertigen und zur Vermeidung von Verschmutzungen – hiebei sind die größten Probleme zu erwarten – mit geeigneten Spülvorrichtungen und Ableitungen für das bei der Wärmeübertragung gebildete Kondensat zu versehen.
Da die mit diesem Verfahren erzielbaren Einsparraten, wegen der rückgewonnenen Kondensationswärme, mit max. **22,5%** des Exergiebedarfes dieser Station bzw. **6,4%** des Primärenergieeinsatzes, überaus hoch liegen, sollte trotz der oben genannten Schwierigkeiten die Entwicklung dieses Verfahrens forciert werden.
Die Verwendung einer **Gasturbinenanlage** zur Erzeugung des Trockengases wurde bislang nicht angewandt, da die erforderliche spezifische Trocknergröße bei Eintrittstemperaturen um etwa 400 bis 550 °C (derzeit 850 °C) wesentlich höhere Investitionen bedingen.
Bei Anwendung anderer Trocknungstechnologien, wie z. B. einer verbesserten mechanischen Vortrocknung mittels stärkerer Pressen oder mittels des Wirbelschichtverfahrens, müßten auch niedrigere Eintrittstemperaturen ausreichen.

4.6.2 Brauindustrie

Die Bierproduktion in Österreich erfolgt in Klein-, Mittelbetrieben und in einigen Großbrauereien.
Ausgewertet wurden die Betriebsdaten von Brauereien verschiedener Größenordnung. Die ermittelten Kennwerte und vorgeschlagenen Maßnahmen zur Einsparung von Primärenergie sind demnach generell anzuwenden.
Der spezifische Energieverbrauch von Brauereien liegt zwischen 200 und 800 MJ/hl Bier, je nach Größe der Brauerei, dem Grad der Automation, der angewandten Verfahrenstechnik (Mälzerei, Sudhaus und Abfüllstation) und dem Stand der prozeßtechnischen Abwärmenutzung.
Der Mittelwert für die Erzeugung von Bier in österreichischen Brauereien liegt, wegen der Vielzahl von Kleinbetrieben, mit etwa 650 MJ/hl gegenüber dem benachbarten Ausland mit rd. 350 MJ/hl relativ hoch.
1976 wurde in Österreich eine neue, modern ausgestattete Großbrauerei errichtet, die einen spezifischen Energieverbrauch von nur 200 MJ/hl aufweist.
Der Primärenergiebedarf (inklusive Fremdstrom) der von uns untersuchten Großbrauerei betrug rd. 392 TJ/Jahr bzw. 334 MJ/hl. Dieser Verbrauch unterteilt sich wie folgt:
90% zur Erzeugung von HD-Dampf,
 7% für direkte Heißwasserbereitung (Kessel) und
 3% Fremdstrom.
Der Produktionsablauf ist in Abb. 4.6–6 ersichtlich, eine detaillierte Aufteilung des Energieeinsatzes kann den Energiebilanzen einzelner Stationen entnommen werden.

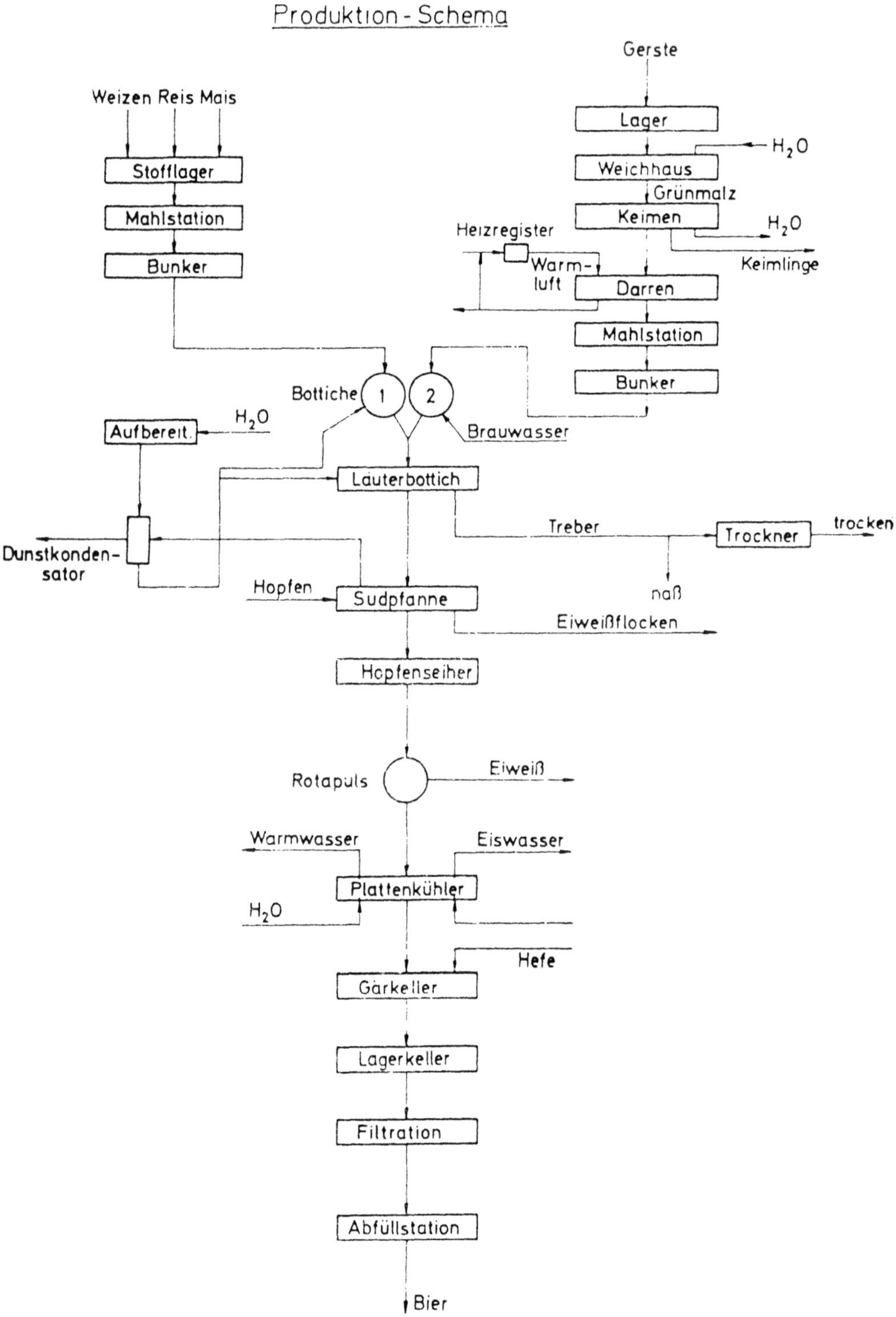

Abb. 4.6–6 Brauereien, Produktionsflußbild

Energiezentrale

Unter dem Begriff Energiezentrale werden hier das Kesselhaus und andere, örtlich von diesem getrennte Energieumwandlungsstationen zusammengefaßt, in denen alle dem Betrieb zugeführten Energieträger durchgehen bzw. Umwandlungen in andere Energieformen erfolgen (Kälteanlage, Druckluft usw.).
Die daraus resultierende Stationsbilanz (Tab. 4.6–6) ist daher eine gesamtbetriebliche Energie- bzw. Exergiebilanz, in der alle energetisch wesentlichen Zugänge, Weiterführungen und Abgänge aufscheinen.

Tab. 4.6–6

Stationsbilanz Energiezentrale	Bezug von bzw. Abgabe an	Menge	Dim.	Energie absolut	Energie Anteil	Exergie absolut	Exergie Anteil	Energie: Anteil am Primärenergieeinsatz des Werkes	Exergie: Anteil am Primärenergieeinsatz des Werkes
		in 10^3		TJ	%	TJ	%	%	%
Bezug:									
Erdgas	Versorgungs-untern.	9 796	m^3	351,9	84,7	351,9	95,5	89,8	89,8
Heizöl	Lagertank	37	kg	1,5	0,4	1,5	0,4	0,4	0,4
Fremdstrom	Versorgungs-untern.	3 419	kWh	12,3	3,0	12,3	3,3	3,1	3,1
Kondensate 60 °C	diverse Stationen	83 391	kg	17,5	4,2	11,4	0,4	4,4	0,3
Zusatzwasser 20 °C	Wasseraufbereitung	27 800	kg	1,2	0,3	< 0,05	< 0,05	0,3	< 0,05
Verbrennungsluft 10 °C	Umgebung	122 720	m^3	–	–	–	–	–	–
Kühlwasser 10 °C	Pumpenanlage	968 022	kg	–	–	–	–	–	–
* Wärme aus Kältemittelkreislauf d. Kühlm.	diverse Stationen	–	–	30,8	7,4	1,4	0,4	7,9	0,4
Summe Bezug				415,2	100	368,5	100	105,9	94,0
Abgabe: genutzt									
Dampf 3 bar und Heißwasser 150 °C	alle Stationen	–	–	285,0	68,6	75,1	20,4	72,7	19,1
Elektrischer Strom	alle Stationen	6 545	kWh	23,6	5,7	23,6	6,4	6,0	6,0
Kühlwasser 21,7 °C	Bäderheizung	968 022	kg	47,4	11,4	1,4	0,4	12,1	0,4
Kälteenergie siehe *									
Summe Nutzabgabe				356,0	85,7	100,1	27,2	90,8	25,5
Abgabe: Verlust									
Rauchgas 160 °C	Umgebung	139 177	m^3	30,6	7,4	8,2	2,2	7,8	2,1
Umgebungsverl. und innere Exergieverluste				28,6	6,9	260,2	70,6	7,3	66,4
Summe Verluste				59,2	14,3	268,4	72,8	15,1	68,5
Summe Abgabe				415,2	100	368,5	100	105,9	94,0

Tab. 4.6–7 Aufteilung der genutzten Energie und Exergie aus der Energiezentrale

	Bezug von bzw. Abgabe an	Menge	Dim	Energie absolut	Energie Anteil	Exergie absolut	Exergie Anteil	Energie Anteil am Primärenergieeinsatz des Werkes	Exergie Anteil am Primärenergieeinsatz des Werkes
		in 10³		TJ	%	TJ	%	%	%
Abgabe:									
Wärme	Malzzubereitung			46,0	14,2	13,1	17,1	11,8	3,3
	Sudhaus			89,5	27,6	25,5	33,4	22,8	6,5
ND-Dampf 5,2 bar	Gär- u. Lagerkeller			7,0	2,2	2,0	2,6	1,8	0,5
Heißwasser 150 °C	Filter- u. Abfüllstation			49,1	15,1	14,0	18,3	12,5	3,6
	Nebenbetriebe			93,4	28,8	20,5	26,8	23,8	5,2
Zwischensumme				285,0	87,9	75,1	98,2	72,7	19,1
Kühlwasser 21,7 °C	Bäderheizung	803 000	kg	39,3	12,1	1,4	1,8	10,0	0,4
Summe				324,3	100	76,5	100	82,7	19,5
Abgabe: Kälte (Wärmeentzug aus Stationen)									
Eiswasser-Kreislauf	Sudhaus			– 6,2	– 20,1	0,2	14,3	–1,6	0,1
Alkohollösg.-Kreislauf	Gär- u. Lagerkeller			–20,5	– 66,6	0,9	64,3	–5,2	0,2
Salzlösung-Kreislauf	Filter- u. Abfüllst.			– 4,1	– 13,3	0,3	21,4	–1,1	0,1
Summe				–30,8	–100	1,4	100	–7,9	0,4
Abgabe:									
Elektrischer Strom aus Eigenerzeugung	Malzzubereitung	2 327	kWh	8,4	35,6	gleich Energie		2,1	gleich Energie
	Sudhaus	664	kWh	2,3	9,8			0,6	
	Gär- u. Lagerkeller	1 072	kWh	3,9	16,5			1,0	
	Filter- u. Abfüllst.	1 306	kWh	4,7	19,9			1,2	
	Nebenbetriebe	830	kWh	3,0	12,7			0,8	
	Versorgungsuntern.	375	kWh	1,3	5,5			0,3	
Summe		6 574	kWh	23,6	100	23,6	100	6,0	6,0

Tab. 4.6–8 Zusammenstellung von Daten der Kesselanlagen und Eigenstromerzeugungsanlagen

	Bezug von bzw. Abgabe an	Menge	Dim	Energie		Exergie		Energie	Exergie
				absolut	Anteil	absolut	Anteil	Anteil am Primärenergieeinsatz des Werkes	
		in 10^3		TJ	%	TJ	%	%	%
Bezug:									
Erdgas	Versorgungsuntern.	9 796	m^3	351,9	87,5	351,9	96,1	89,8	89,8
Heizöl	Lagertank	37	kg	1,5	0,4	1,5	0,4	0,4	0,4
Verbrennungsluft 10 °C	Umgebung	122 720	m^3	–	–	–	–	–	–
Speisewasser 100 °C	Wasseraufbereitg.	111 000	kg	41,8	10,4	5,5	1,5	10,6	1,3
Elektrischer Strom	Versorgungsuntern.	1 945	kWh	7,0	1,7	7,0	1,9	1,8	1,8
Summe Bezug				402,2	100	365,9	100	102,6	93,3
Abgabe: genutzt									
HD-Dampf 43 bar, 470 °C	Turbinenanlage	110 500	kg	355,0	88,3	144,7	39,6	90,5	36,9
Aufwand an Dampfenergie für Eigenstromerzeugung		6 725	kJ/kW	53,8	13,4	59,5	16,3	13,7	15,2
ND-Dampf 5,2 bar	diverse Stationen u. Heißwasserber.	111 000	kg	301,2	74,9	85,2	23,3	76,8	21,7
Eigenstromerzeugung	diverse Stationen	7 999	kWh	28,8	7,2	28,8	7,9	7,4	7,4
Summe Nutzabgabe				330,0	81,1	114,0	31,2	84,2	29,1
Abgabe: Verlust									
Rauchgas 160 °C	Umgebung	139 177	m^3	30,6	7,6	8,2	2,2	7,8	2,1
Umgebungsverl. und innere Exergieverluste				41,6	10,3	243,7	66,6	10,6	62,2
Summe Verlust				72,2	17,9	251,9	68,8	18,4	69,3
Summe Abgabe				402,2	100	365,9	100	102,6	93,3

Energieanalyse

Nur rd. 88% des Energiebezuges der Station werden als Primärenergie aufgebracht, der restliche Anteil (12%) wird in Form von fühlbarer Wärme aus den Kühlwässern, den rückgeführten Kondensaten, dem Speisezusatzwasser und der Verbrennungsluft zugeführt. Von der abgeführten Energie werden 85,7% in anderen Stationen bzw. als Stromrücklieferungen an das Elektrizitätsversorgungsunternehmen (EVU) genutzt.
Die durch Kältemedien aus den Stationen entzogene Wärme wurde in der Bilanz als Bezugsposten mit dem kalorischen Differenzwert der ein- und ausgehenden sekundären Kältekreislaufmedien (Eiswasser, Salzlösung, Alkohollösung) aufgenommen.
Die Zusammenstellung von Energiedaten der Kraft-Wärme-Anlage zeigt, daß in dem erzeugten Hochdruckdampf 88,3% der den Kesseln zugeführten Energie enthalten ist; 13,4% der Energie wird für die Eigenstromerzeugung benötigt, und 74,9% verbleiben im Turbinenabdampf.

Exergieanalyse

Die Exergiebilanz weist von der gesamten zugeführten Exergie rd. 99% als Primärenergieanteil aus. Die bei Energieumwandlungsprozessen – durch Brennstoffverfeuerung und Hochdruck- bzw. Niederdruckdampferzeugung – auftretenden Irreversibilitäten bewirken, daß nur 27,2% der Exergie nutzbar abgegeben wird. Die inneren Exergieverluste und Umgebungsverluste betragen 70,6%, die Rauchgas Exergieverluste an fühlbarer Abwärme 2,2%.
Die exergetische Bewertung der Kraft-Wärme-Kupplung zeigt, daß im Hochdruckdampf nur noch 39,6% der den Kesseln zugeführten Exergie enthalten ist, im Niederdruckdampf nach Abarbeitung in der Turbine 23,3% und im Eigenstrom 7,9%.

Stromverbrauch der Energiezentrale

Insgesamt	17,5 TJ	=	100 %
Kälteanlagen	8,5 TJ	=	48,6%
Preßluftanlagen	1,5 TJ	=	8,6%
Kesselanlagen	7,0 TJ	=	40,0%
Sonstiges	0,5 TJ	=	2,8%

In der Energiezentrale wird elektrischer Strom – wie obige Aufstellung zeigt – hauptsächlich zur Deckung des Energiebedarfes der Kälteanlagen, Kesselanlagen und der Preßluftanlagen herangezogen.

Malzzubereitung

Der wichtigste Rohstoff bei der Produktion von Bier ist die Gerste. Vor dem sogenannten Mälzen der Gerste durchläuft das Getreide einen Reinigungs-, Siebungs- und Sortierungsprozeß. Unter Mälzen versteht man das Keimenlassen der Gerste unter bestimmten, künstlich geschaffenen und gesteuerten Bedingungen. Im Weichhaus wird die Gerste nochmals gewaschen und mit Wasser geweicht. Anschließend kommt sie zum Keimen in die eigentliche Mälzerei, wo in Keimkästen unter mechanischer Auflockerung in einem siebentägigen Keimprozeß das sogenannte Grünmalz entsteht. Die erforderlichen Temperaturen bei Gerstenmalz (14 bis 18 °C) bzw. bei Weizenmalz (12 bis 15 °C) und die Luftfeuchtigkeit (95 °C) werden durch Klimaanlagen eingehalten.
Nach dem Keimen und der Entfernung der Keimlinge, die als Futtermittel Verwendung finden, wird das Grünmalz getrocknet (Darreprozeß), wobei das bekannte Malzaroma entsteht. In der Darre wird zur Trocknung des Malzes Warmluft durchgezogen, die von Heizregistern erwärmt wird. In Brauereien werden verschiedene Darrekonstruktionen verwendet, z. B. Plandarren, Vertikaldarren und verschiedene Hochleistungsdarren. Nach Art des Heizmittels unterscheidet man auch in Koks-, Öl-, Gas-, Dampf- oder Heißwasserdarren. Der Energiebedarf für Antriebe ist stark von der Größe und Beaufschlagung abhängig. Der Wärmebedarf liegt bei etwa 4,2 GJ/t Malz. Dieser könnte jedoch durch sinnvolle Wärmerückgewinnungsanlagen, z. B. Vorwärmen der Frischluft durch die heiße Abluft, Abwärme von Kälteanlagen, durch Luftumwälzungsanlagen usw., stark vermindert werden.
Daneben, also abgesehen von der Darre, tritt in der Mälzerei ein Energiebedarf für den Antrieb von Putz-, Sieb- und Sortiermaschinen sowie für Pumpen, Förder- und Transportanlagen auf. Der Betrieb pneumatischer Förderanlagen ist energieaufwendiger als der mechanischer Transporteinrichtungen, daher sollte, wenn möglich, den letzteren der Vorzug gegeben werden.

Rund 65% der zugeführten Energie sind in der Trocknerabluft und im abgeführten Rauchgas enthalten, wobei die Exergie der Trocknerabluft mit 14,2% wegen der von dieser mitgeführten Kondensationswärme relativ groß ist. Die inneren Exergieverluste (aufgrund von Irreversibilitäten bei der Brennstoffverfeuerung und bei der Wärmeübertragung) sind wegen der älteren Bauweise der Anlagen besonders hoch.

Tab. 4.6–9

Stationsbilanz Malzzubereitung	Bezug von bzw. Abgabe an	Menge	Dim	Energie		Exergie		Energie	Exergie
				absolut	Anteil	absolut	Anteil	Anteil am Primärenergieeinsatz des Werkes	
		in 10		TJ	%	TJ	%	%	
Bezug:									
Erdgas	Versorgungs- untern.	756	m³	27,2	33,0	27,2	55,8	6,9	6,9
Dampf 5,2 bar und Heißwasser 150 °C	Energie- zentrale	–		46,0	55,9	13,1	26,9	11,7	3,3
Elektrischer Strom	Energie- zentrale	2 327	kWh	8,4	10,2	8,4	17,2	2,2	2,2
Rohstoff 20 °C	Weichhaus	42 140	kg	0,7	0,9	< 0,05	0,1	0,2	< 0,05
Trocknerzuluft 10 °C	Umgebung	275 440	m³	–	–	–	–	–	–
Wasser 10 °C	Aufbereitung	543 753	kg	–	–	–	–	–	–
Summe Bezug				82,3	100	48,7	100	21,0	12,4
Abgabe: genutzt									
Produkt 20 °C	Sudhaus	17 399	kg	0,3	0,4	< 0,05	< 0,05	0,1	< 0,05
Summe Nutz- abgabe				0,3	0,4	< 0,05	< 0,05	0,1	< 0,05
Abgabe: Verlust									
Rauchgas 160 °C	Umgebung	10 712	m³	2,4	2,9	0,5	1,0	0,6	0,1
Trockner-Abluft 35 °C	Umgebung	266 000	m³	8,6	10,5	3,5	7,2	2,2	0,9
Feuchte 35 °C	Umgebung	16 857	kg	42,5	51,6	3,4	7,0	10,8	0,9
Keimlinge 80 °C	Lager, Ver- kauf	7 884	kg	1,0	1,2	0,1	0,2	0,3	< 0,05
Abwasser 10 °C	Kanal	527 000	kg	–	–	–	–	–	–
Umgebungsverl. und innere Exergieverluste				27,5	33,4	41,2	84,6	7,0	10,5
Summe Verluste				82,0	99,6	48,7	100	20,9	12,4
Summe Abgabe				82,3	100	48,7	100	21,1	12,4

Sudhaus und Würzeherstellung

Der Brauprozeß selbst läßt sich in folgende Arbeitsgänge aufgliedern:

- Malzmahlung,
- Maischebereitung unter Zugabe anderer Rohmaterialien,
- Trennung des Würzeextraktes von den Treberrückständen durch den Läuterungsprozeß,
- Kochen der geläuterten Würze mit Hopfen und
- Abkühlen der gekochten Würze.

Zur besseren Aufschließung der Inhaltsstoffe wird das trockene Malz in einigen Arbeitsgängen zu fein- bis grobkörnigen Grießen verarbeitet. In der anschließenden Maischezubereitung werden die löslichen Stoffe vom Wasser ausgelaugt. Je nach gewünschter Biersorte werden verschiedene Maischeverfahren angewendet (Kurzmaische-, Zweimaische- und Dreimaischeverfahren), wobei bei jedem Verfahrensschritt eine bestimmte Verweilzeit und ein bestimmter Temperaturbereich eingehalten wird. Im Verlaufe des Maischeprozesses wird Stärke in Zucker umgewandelt, dieser gelöst, und dabei entsteht die Würze.

Die Würzegewinnung aus der Maische geschieht in mehreren Arbeitsvorgängen, und zwar durch:

- Filtration der Maische (Abläutern), das Filtrat wird als Vorderwürze bezeichnet,
- Auslaugen (Anschwänzen) der verbliebenen Treberrückstände mit heißem Brauwasser (Nachgüsse),
- Kochen der gewonnenen Würze unter Zugabe von Hopfen.

Die Naßtreber haben eine Trockensubstanz von rd. 20% und müssen rasch abtransportiert werden, sie bleiben nur über 60 °C steril. Treber werden als Futtermittel verkauft; können nicht alle Naßtreber innerhalb von einem Tag vermarktet werden, muß der Rest auf einen Trockensubstanzanwert von 95% getrocknet werden.

Die Würze, bestehend aus Vorderwürze und Nachgüsse, wird in der Sudpfanne auf Siedetemperatur gebracht und unter Zugabe von Hopfen gekocht. Die Beheizung der Sudpfannen erfolgt mit Dampf. Während des rd. 1,5 Stunden dauernden Kochens verdampft etwa 10% des Wassergehaltes. Durch Kondensation der Brüden (Dunst) kann Wärme zum Vorwärmen des Brauwassers, z. B. für das Einmaischen und Anschwänzen, rückgewonnen werden.

Die Wärmebilanz des Dunstkondensators zeigt Tabelle 4.6–10.

Tab. 4.6–10

Wärmebilanz Dunstkondensator	Bezug von bzw. Abgabe an	Menge	Dim	Energie absolut	Energie Anteil	Exergie absolut	Exergie Anteil	Energie: Anteil am Primärenergieeinsatz des Werkes	Exergie: Anteil am Primärenergieeinsatz des Werkes
			/h	GJ/h	%	GJ/h	%	%	%
Bezug:									
Luft 85 °C	Kochapparate	5 000	m³	0,5	5,4	<0,05	3,1	1,0	0,1
Dunst 85 °C	Kochapparate	3 150	kg	8,2	88,2	1,5	93,8	16,7	3,1
Brauwasser 15 °C	Aufbereitung	30 000	kg	0,6	6,4	<0,05	3,1	1,2	0,1
Summe Bezug				9,3	100	1,6	100	18,9	3,3
Abgabe: genutzt									
Brauwasser 75 °C	Maischeber.	30 000	kg	8,2	88,2	0,6	37,5	16,7	1,2
(relative Nutzung 15–75 °C)				**(7,5) = 89,2% der Verdunstungswärme**				(15,3)	(1,0)
Summe Nutzabg.				8,2	88,2	0,6	37,5	16,7	1,2
Abgabe: Verlust									
Luft und Restfeuchte 55 °C	Umgebung	5 000	m³	0,3	3,2	0,1	6,3	0,6	0,2
Kondensat 80 °C	Kanal	650	kg	0,7	7,5	<0,05	<0,05	1,4	<0,05
Umgebungsverl. u. in. Exergieverl.				<0,05	<0,05	0,9	56,2	<0,05	1,8
Summe Verluste				1,1	11,8	1,0	62,5	2,2	2,1
Summe Abgabe				9,3	100	1,6	100	18,9	3,3

Das Erwärmen des Brauwassers von 15 °C auf rd. 75 °C ermöglicht die Nutzung von 89% der im Dunst enthaltenen Energie von 7,5 GJ/h, das entspricht etwa 1,0% des Gesamt-Primärenergieeinsatzes.

Nach Beendigung des Kochens werden mittels Siebe (Hopfenseiher) Hopfen und ausgeflocktes Eiweiß abgeschieden. Danach wird die Würze in einem Plattenkühler in zwei Stufen, zuerst durch Brauchwasser und dann mittels Eiswasser, von Siedetemperatur auf 6 °C gekühlt und gelangt von dort in den Gärkeller.

Tab. 4.6–11

Stationsbilanz Sudhaus, Würzebereitung	Bezug von bzw. Abgabe an	Menge	Dim	Energie		Exergie		Energie	Exergie
				absolut	Anteil	absolut	Anteil	Anteil am Primärenergieeinsatz des Werkes	
		in 10³		TJ	%	TJ	%	%	%
Bezug:									
Dampf 5,2 bar und Heißwasser 150 °C	Energiezentrale	–	–	89,5	106,2	25,5	91,1	22,8	6,5
Elektrischer Strom	Energiezentrale	664	kWh	2,3	2,7	2,3	8,2	0,6	0,6
Produkt 20 °C	Malzzubereitung	17 399	kg	0,3	0,4	< 0,05	< 0,05	0,1	< 0,05
Wasser 10 °C	Pumpenanlage	478 181	kg	–	–	–	–	–	–
Luft 10 °C	Umgebung	56 000	m³	–	–	–	–	–	–
Kältemittel Eiswasser 0,5 °C	Energiezentrale	197 200	kg	– 7,8	– 9,3	0,2	0,7	– 2,0	< 0,05
Summe Bezug				84,3	100	28,0	100	21,5	7,2
Abgabe: genutzt									
Würze 6 °C	Gärkeller	1 553	hl	2,6	3,1	< 0,05	< 0,05	0,7	< 0,05
Treber 78 °C	Trockner	21 650	kg	5,5	6,5	0,6	2,1	1,4	0,2
Warmwasser 80 °C	mehrere Stationen	146 600	kg	42,9	50,9	4,3	15,4	10,9	1,1
Kondensat 60 °C	Energiezentrale	9 500	kg	2,0	2,4	0,1	0,4	0,5	< 0,05
Eiswasser 8 °C	Energiezentrale	197 200	kg	– 1,7	– 2,0	< 0,05	< 0,05	– 0,4	< 0,05
Summe Nutzabgabe				51,3	60,9	5,0	17,9	13,1	1,3
Abgabe: Verlust									
Abwasser 15 °C	Kanal	157 037	kg	3,3	3,9	0,5	1,8	0,8	0,1
Kondensate 85 °C	Kanal	21 900	kg	7,0	8,3	0,8	2,9	1,8	0,2
Abluft und Restfeuchte 55 °C	Umgebung	56 000	m³	15,2	18,0	1,5	5,3	3,9	0,4
Umgebungsverl. und innere Exergieverluste				7,5	8,9	20,2	72,1	1,9	5,2
Summe Verluste				33,0	39,1	23,0	82,1	8,4	5,9
Summe Abgabe				84,3	100	28,0	100	21,5	7,2

Diese Anlage mit einer Würze-Durchflußmenge von etwa 150 hl/h erfordert eine Kühlleistung von ca. 700 MJ/h (Eiswasser). Gleichzeitig werden 5 500 MJ/h in Form von Warmwasser (80 °C) gewonnen und damit nahezu der gesamte Warmwasserbedarf des Betriebes (entsprechend einer Heizölmenge von 1200 t/a) bereitgestellt.
Wegen der Aufwärmung von Brauwasser im Dunstkondensator (Wärmeverwertung der Kochbrüden) sowie der Aufwärmung von Brauchwasser im Plattenkühler (Würzekühlung) sind die äußeren Exergieverluste relativ gering.
Die hohen inneren Exergieverluste sind vornehmlich durch die Art der Produktion bedingt (Irreversibilitäten bei den Kochprozessen, Energieumwandlungen usw.). Eine Reduzierung dieser Verluste könnte lediglich durch neue Anlagen mit größeren Wärmetauschflächen zur Verminderung des Wärmeüberganges oder Änderung des Energiekonzeptes, z. B. Wärmerecycling mittels Hochtemperatur–Wärmepumpen, erzielt werden.

Gärung und Lagerung

Wegen der beim Gärprozeß entwickelten Warme und dem Wärmeaustausch mit der Umgebung muß zur Einhaltung der erforderlichen Temperatur von 6 bis 9 °C entsprechend gekühlt werden.
Während dieses Prozesses bildet sich über der Würze Schaum, das sogenannte Gekräuse, das vor dem Ablassen der Würze angeschöpft und zur Hefezucht verwendet wird. Nach beendeter Vorgärungsdauer gelangt die Würze zur Nachgärung in trokkene Lagerkeller bzw. isolierte Lagertanks. In diese reift sie bei Einhaltung einer Raumtemperatur von 0,5 bis 1 °C zu Bier. Die Kühlleistung für das Abkühlen des Bieres von 6 °C auf die Lagertemperatur von ca. 0,5 °C beträgt 2 300 kJ/hl. Die bei der Nachgärung freiwerdende Wärmemenge beträgt je nach Alkoholgehalt und Extraktanteil 600 bis 800 kJ/hl und muß zusammen mit der Wärmemenge zur Abdekkung der Raumverluste (Raumkühlung) abgeführt werden.
Da in diesem gewachsenen Betrieb die Gärbehälter offen und zugänglich sind, muß aus arbeitshygienischen Gründen die Gärgaskonzentration durch Raumventilation auf ein Mindestmaß gehalten werden. Dazu ist nicht nur ein hoher Strombedarf für die Exhaustoren, sondern auch ein zusätzlicher Energieaufwand für die Aufrechterhaltung der vorgegebenen Raumtemperatur erforderlich. Rund 66% der von der Energiezentrale erbrachten Kälteleistung werden in dieser Station benötigt.
Entsprechende Rationalisierungsmaßnahmen (z. B. geschlossene Gärbehälter) und Abänderungen an den bestehenden Apparaturen (z. B. die Errichtung partieller Quellenabsaugungen) könnten zu einer erheblichen Reduzierung des Energieeinsatzes führen.

Tab. 4.6–12

Stationsbilanz Gär- und Lagerkeller	Bezug von bzw. Abgabe an	Menge	Dim	Energie absolut	Energie Anteil	Exergie absolut	Exergie Anteil	Energie Anteil am Primärenergieeinsatz des Werkes	Exergie Anteil am Primärenergieeinsatz des Werkes
		in 10^3		TJ	%	TJ	%	%	%
Bezug:									
Dampf 5,2 bar und Heißwasser 150 °C	Energiezentrale	–	–	7,0	7,0	2,0	12,2	1,8	0,5
Elektrischer Strom	Energiezentrale	1 072	kWh	3,9	3,9	3,9	23,8	1,0	1,0
Würze 6 °C	Sudhaus	1 353	hl	– 2,3	– 2,3	< 0,05	< 0,05	– 0,6	< 0,05
Wasser 10 °C	Pumpenanlage	455 700	kg	–	–	–	–	–	–
Luft 10 °C	Umgebung	615 600	m^3	–	–	–	–	–	–
Gärungswärme	Gärungsprozeß	–	–	7,7	7,8	7,7	47,0	2,0	2,0
Eiswasser 0,5 °C	Energiezentrale	493 600	kg	–19,6	– 19,7	0,4	2,4	– 5,0	0,1
Alkohollösung –1,5 °C	Energiezentrale	957 000	kg	–43,7	– 43,9	1,0	6,1	–11,2	0,2
Salzlösung –5 °C	Energiezentrale	925 960	kg	–52,5	– 52,8	1,4	8,5	–13,4	0,4
Summe Bezug				–99,5	–100	16,4	100	–25,4	4,2
Abgabe: genutzt									
Kondensat 60 °C	Energiezentrale	700	kg	0,2	0,2	< 0,05	< 0,05	0,1	< 0,05
Bier 1 °C	Filterstation	1 175	hl	– 4,4	– 4,4	0,1	0,6	– 1,2	< 0,05
Eiswasser 3,5 °C	Energiezentrale	493 600	kg	–13,4	– 13,5	0,2	1,2	– 3,4	< 0,05
Alkohollösung –0,5 °C	Energiezentrale	957 000	kg	–39,9	– 40,1	0,8	4,9	–10,2	0,2
Salzlösung –2 °C	Energiezentrale	925 960	kg	–42,0	– 42,4	0,9	5,5	–10,7	0,2
Summe Nutzabgabe				–99,5	100	2,0	12,2	–25,4	0,5
Abgabe: Verlust									
Abluft 6 °C	Umgebung	394 000	m^3	– 2,0	– 2,0	< 0,05	< 0,05	– 0,5	< 0,05
Abluft 2 °C	Umgebung	221 600	m^3	– 2,3	– 2,3	< 0,05	< 0,05	– 0,6	< 0,05
Abwasser 10 °C	Kanal	478 180	kg	–	–	–	–	–	–
Umgebungsverl. und innere Exergieverl.				4,3	4,3	14,4	87,8	1,1	3,7
Summe Verluste				0,0	0,0	14,4	87,8	1,1	3,7
Summe Abgabe				–99,5	–100	16,4	100	–25,4	4,2

Filterung und Abfüllstation

Aus dem Lagerkeller wird das Bier über Filteranlagen (Kieselgurfilter) in Zwischenbehälter gepumpt und dort wieder auf rd. 1 °C gekühlt.

Die verschiedenen Behälter (Flaschen, Dosen, Fässer, Tankwagen) müssen vor dem Abfüllen des Bieres einer entsprechenden Reinigung unterzogen werden, die in diesem Betrieb weitgehend automatisiert ist. Auch das Abfüllen in Flaschen und Dosen erfolgt automatisch in sogenannten Abfüllstraßen, und zwar unter Gegendruck, um das Schäumen des Bieres zu verhindern.

Spezialbiere werden pasteurisiert, die Temperatur steigt dabei langsam bis 62 °C an, und ebenso langsam fällt sie durch Kühlung ab. Der gesamte Vorgang dauert etwa eine Stunde. Der Wärmebedarf für das Pasteurisieren ist bedeutend höher als der für das sterile Abfüllen des Bieres.

Tab. 4.6–13

Stationsbilanz Filterung und Abfüllung	Bezug von bzw. Abgabe an	Menge	Dim	Energie absolut	Energie Anteil	Exergie absolut	Exergie Anteil	Energie: Anteil am Primärenergieeinsatz des Werkes	Exergie: Anteil am Primärenergieeinsatz des Werkes
		in 10		TJ	%	TJ	%	%	%
Bezug:									
Dampf 5,2 bar und Heißwasser 150 °C	Energiezentrale	–		49,1	262,6	14,0	71,4	12,5	3,6
Elektrischer Strom	Energiezentrale	1 306	kWh	4,7	25,1	4,7	23,9	1,2	1,2
Bier 1 °C	Lagerkeller	1 175	hl	– 4,4	– 23,5	0,1	0,5	– 1,1	< 0,05
Wasser 10 °C	Pumpenanlage	596 634	kg	–	–	–	–	–	–
Kältemittel Alkohollösung –1,5 °C	Energiezentrale	377 760	kg	–17,2	– 92,0	0,4	2,1	– 4,4	0,1
Salzlösung –5 °C	Energiezentrale	238 105	kg	–13,5	– 72,2	0,4	2,1	– 3,4	0,1
Summe Bezug				18,7	100	19,6	100	4,8	5,0
Abgabe: genutzt									
Kondensat 60 °C	Energiezentrale	5 200	kg	1,1	5,9	0,1	0,5	0,3	< 0,05
Kältemittel Alkohollösung –0,5 °C	Energiezentrale	377 760	kg	–15,8	– 84,5	0,3	1,5	– 4,0	0,[illegible]
Salzlösung –2 °C	Energiezentrale	238 105	kg	–10,8	– 57,8	0,2	1,0	– 2,8	< 0,05
Summe Nutzabgabe				–25,5	–136,4	0,6	3,0	– 6,5	0,2
Abgabe: Verlust									
Abwasser 15 °C	Kanal	596 634	kg	12,5	66,8	0,3	1,5	3,2	0,1
Abluft 20 °C	Umgebung	4 931	m³	0,1	0,5	< 0,05	0,1	< 0,05	< 0,05
Bier 20 °C	Verkaufsdepot	940	hl	3,9	20,9	0,1	0,5	1,0	< 0,05
Bier 5 °C	Verkaufsdepot	235	hl	– 0,9	– 4,8	0,5	2,6	– 0,2	0,1
Umgebungsverl. und innere Exergieverluste				28,6	153,0	18,1	92,3	7,3	4,6
Summe Verluste				44,2	236,4	19,0	97,0	11,3	4,8
Summe Abgabe				18,7	100	19,6	100	4,8	5,0

Der spezifische Wärmeverbauch dieser Station an Dampf und Heißwasser liegt bei 40 bis 50 MJ/hl und ist abhängig vom Anteil des zu pasteurisierenden Bieres zu dem steril abgefüllten. Erheblich ist auch der Warmwasserverbrauch für die Reinigung von Flaschen, Fässern, Einwegbehältern usw. Die automatisierten Produktionsanlagen sind mit Apparaturen von hohem regenerativem Wärmetauschvermögen ausgestattet, der Exergieanteil der Abwässer ist nur gering.

Ein Teil des produzierten Bieres wird mit Tankwagen transportiert und muß vorher von 20 °C – der Temperatur nach dem Pasteurisieren – auf etwa 5 °C abgekühlt werden. Dazu wird eine theoretische Kühlleistung von 6,28 MJ/hl benötigt. Wegen der Umgebungsverluste bei den Vorratsbehältern und einer geringen Zwischenkühlung nach der Filterung für die gesamte Biermenge ist der Bedarf an Kälte jedoch etwas höher.

4.6.2.1 Maßnahmen zur Reduzierung des Energieeinsatzes

- Reduzierung der Kondensatverluste (Reduzierung der zur Speisewasseraufbereitung erforderlichen Energie – Strom und Wärme).

Energierückgewinnung am Beispiel einer Darre

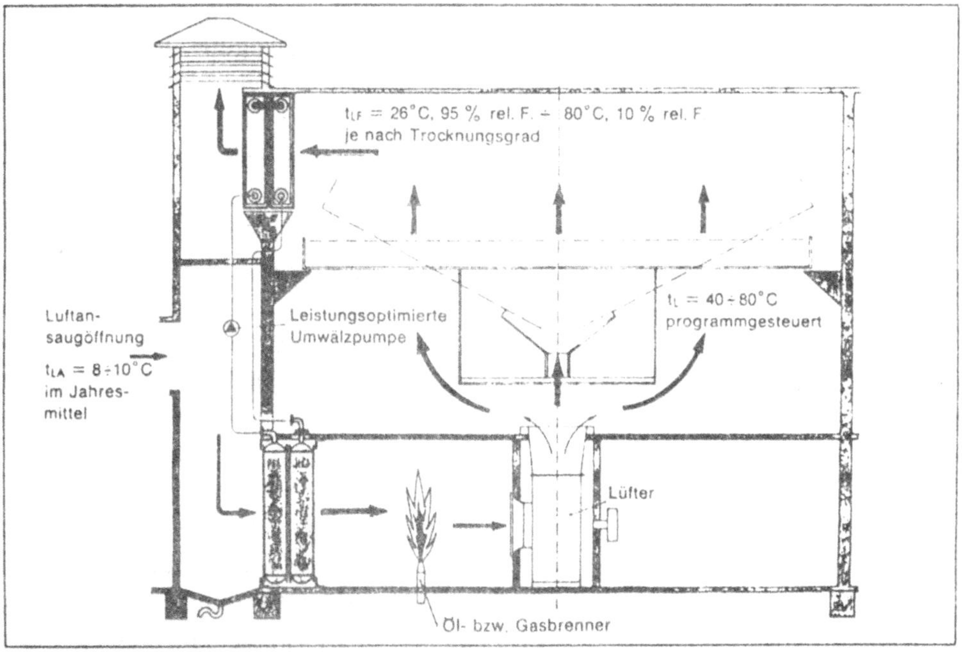

Abb. 4.6–7 Brauereien, Energierückgewinnung am Beispiel einer Darre

- Wärmeverwertung der Trockenabluft im Bereich der Mälzerei (Nutzung des Kondensationsanteiles) zum Vorwärmen der Verbrennungsluft für die Darre. Die Einsparungsrate beträgt 30% des Energiebedarfes der Anlage bzw. 20% der Station und 4% des Gesamt-Primärenergieeinsatzes. Die Amortisationszeiten derartiger Wärmerückgewinnungsanlagen liegen bei ca. 1,5 bis 3 Jahren (vergleiche Abb. 4.6–7).
- Alternativ könnten bei dieser Anlage auch Kältemittel als Wärmeträger eingesetzt und eine höhere Vorwärmung der Verbrennungsluft durch Installation einer Wärmepumpe erzielt werden. Dieses Verfahren ist dann besonders wirtschaftlich, wenn durch eine geeignete Dimensionierung der Wärmepumpe deren Exergiebedarf weit unter der durch die reduzierte Direktfeuerung gewonnene Primärenergieeinsparung liegt.
- Minimierung des Ventilationsanteiles bei Dunstkondensatoren und damit volle Nutzung der Brüdenexergie.
- Zusammenfassung der Kochbrüden benachbarter Stationen in Dunstkondensatoren und Nutzung zum Aufwärmen von Brau- und Gebrauchswasser und als Voraussetzung für den
- Einsatz von Hochtemperatur-Wärmepumpen zur Erzeugung des in der Produktion erforderlichen Niederdruckdampfes und Heißwassers (Wärmerecycling).
- Verwendung von Plattenkühlern zur Nutzung der fühlbaren Produktwärme (Würzekühlung usw.) für die Aufwärmung von Brau- und Gebrauchswasser. Die erzielbare Einsparung an Brennstoff beträgt ca. 1 200 t Heizöl schwer pro Jahr bei einer Anlage mit einer stündlichen Würzmenge von 10 hl.
- Reduzierung der Wärmeverluste (Konvektion, Strom) durch Verbesserung bzw. Ergänzung der Isolation der Apparate.
- Der Kältebedarf (vorwiegend im Bereich der Gär- und Lagerkeller) soll durch geeignete Maßnahmen auf das produktionsbedingte Mindestmaß reduziert werden, z. B. Verbesserung bzw. Ergänzung bestehender Isolationen, Reduzierung der Ventilationsverluste durch eine partielle Raumlüftung (Quellenabsaugungen usw.) oder Übergang auf geschlossene Gärbehälter.
- Intensivere Nutzung der fühlbaren Wärmen in den Abwässern durch entsprechende Anordnung von Wärmetauschern (Pasteurisierung, Flaschen- und Gefäßereinigung), eventuell unter Verwendung von Niedertemperatur-Wärmepumpen zur Vermeidung des Aufwärmens von Waschwasser mit hochwertiger Primärenergie.

Eine weitgehende Nutzung aller verfügbaren Abwärmen in Brauereien und entsprechende Methoden der Wärmerückgewinnung zeigt Abb. 4.6–8.

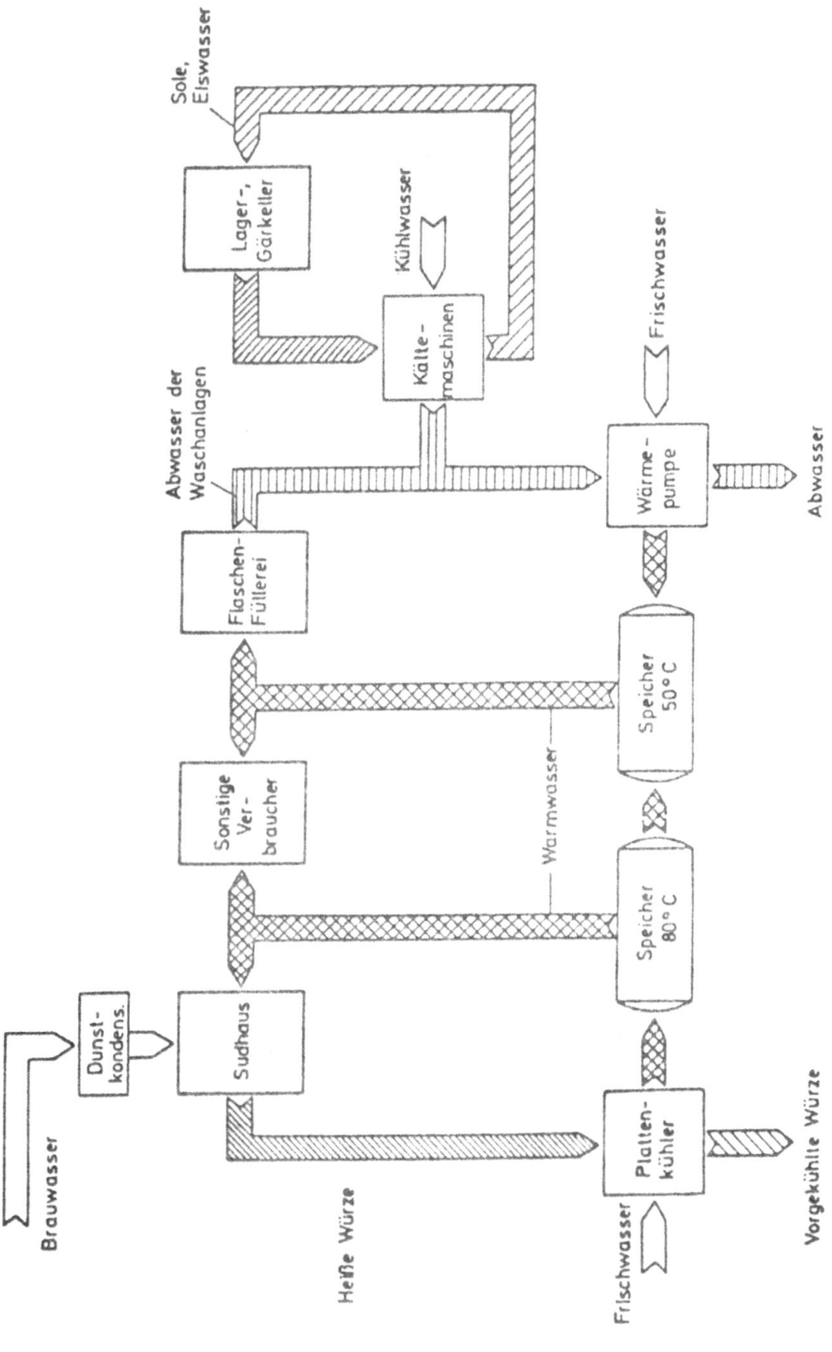

Abb. 4.6–8 Brauereien, Methoden der Wärmerückgewinnung

4.6.3 Konservenindustrie

Das in diesem Industriezweig untersuchte Unternehmen ist ein gewachsener Mittelbetrieb, in dem die Produktionsabteilungen mit relativ modernen, die Energiebereiche mit älteren Anlagen ausgestattet sind.
Das Erzeugungsprogramm beinhaltet Fleisch-, Gemüse-, Obst- und Marmeladekonserven, die in einigen gängigen Größen hergestellt werden, sowie Teigwaren.

Der Primärenergiebedarf des Betriebes beträgt	58 TJ/a (100%),
davon wird mit Brennstoffen	53 TJ/a (91%)
und mit Fremdstrom	5 TJ/a (9%)
abgedeckt.	

Auf Produktionsdampf (13 bar, 185 °C) entfallen 45 TJ/a,
davon für

Kochprozesse	rd. 19 TJ/a,
Autoklaviervorgänge	rd. 11 TJ/a,
Gebrauchswarmwasserbereitung (70 °C)	rd. 8 TJ/a,
Nebenbetriebe, Heizung und sonstiges	rd. 7 TJ/a.

Der Energiebedarf des Betriebes gliedert sich in folgende Bereiche auf:

	Dampf	Warmwasser	elektrischer Strom
Fleischabteilung	9,5 TJ	2,6 TJ	1,0 TJ
Obst- und Gemüseabteilung	9,5 TJ	1,6 TJ	0,3 TJ
Autoklavierung	11,2 TJ	0,3 TJ	0,5 TJ
Heizung, Nebenbetriebe, sonstiges	6,8 TJ	2,5 TJ	0,5 TJ
Teigwarenabteilung und Büroheizung	–	4,5 TJ	1,0 TJ

In einer sekundären Energiezentrale (b) wird Warmwasser (90 °C) für die Teigwarenabteilung und die Büroheizung bereitgestellt.
Abbildung 4.6–9 zeigt das Energie- und Exergieflußbild des gesamten Betriebes, in Tabelle 4.6–14 ist die Energie- und Exergiebilanz der Energiezentrale (a, b) wiedergegeben.

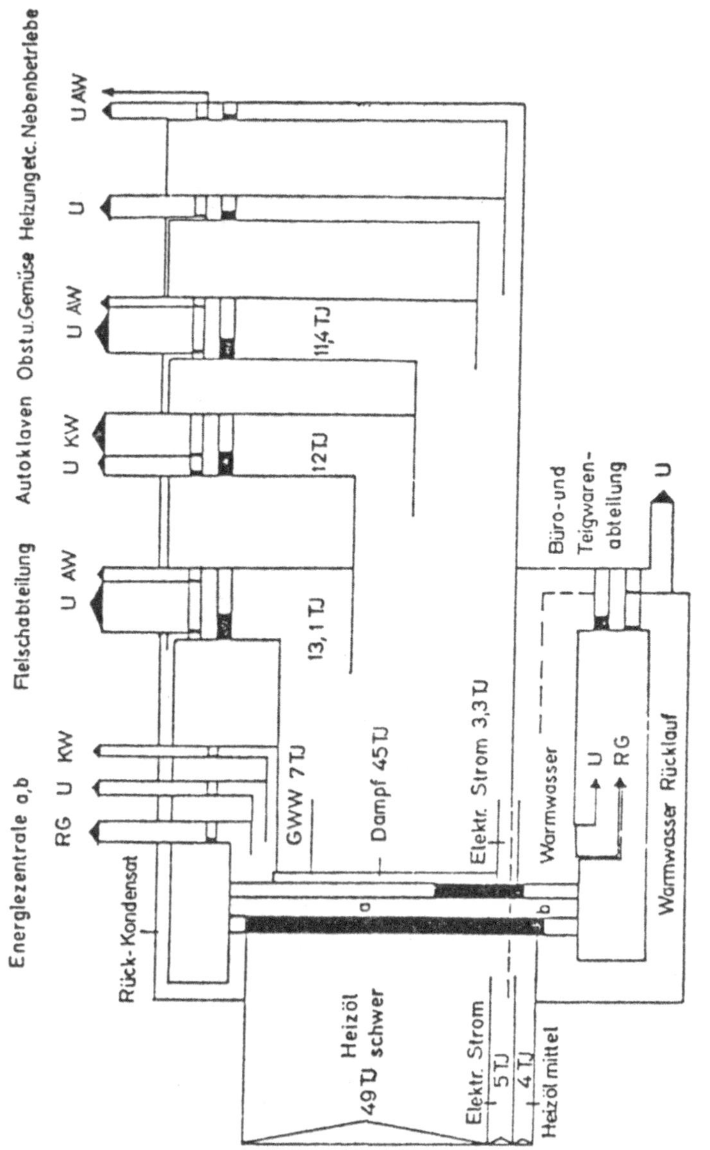

AW	Abwasser	RG	Rauchgas
GWW	Gebrauchswarmwasser	U	Umgebungsverluste
KW	Kühlwasser	■	Exergieanteil

Abb. 4.6–9 Energie- und Exergieflußbild einer Konservenfabrik

Tab. 4.6–14

Stationsbilanz Energiezentrale (a, b)	Bezug von bzw. Abgabe an	Menge in 10³	Dim.	Energie absolut TJ	Energie Anteil %	Exergie absolut TJ	Exergie Anteil %	Energie Anteil am Primärenergieeinsatz des Werkes %	Exergie Anteil am Primärenergieeinsatz des Werkes %
Bezug:									
Heizöl schwer	Lagertank	1 220	kg	49,0	71,3	49,0	82,9	84,5	84,5
Heizöl mittel	Lagertank	102	kg	4,1	6,0	4,1	6,9	7,1	7,1
Elektrischer Strom	Versorgungsuntern.	1 390	kWh	5,0	7,3	5,0	8,5	8,6	8,6
Wasserrücklauf 65 °C	Teigwarenabteilg.	34 230	kg	7,9	11,5	0,7	1,2	13,6	1,2
Kondensat 90 °C	diverse Stationen	8 000	kg	2,7	3,9	0,3	0,5	4,6	0,5
Zusatzwasser 10 °C	Wasseraufbereitg.	33 200	kg	–	–	–	–	–	–
Kühlwasser 10 °C	Pumpenanlage	32 500	kg	–	–	–	–	–	–
Verbrennungsluft 10 °C	Umgebung	16 205	m³	–	–	–	–	–	–
Summe Bezug				68,7	100	59,1	100	118,4	101,9
Abgabe: genutzt									
Elektrischer Strom	alle Stationen	920	kWh	3,3	4,8	3,3	5,6	5,7	5,7
Dampf 13 bar	diverse Stationen	13 500	kg	37,0	55,3	12,0	20,3	63,8	20,7
Warmwasser 70 °C	diverse Stationen	27 700	kg	7,0	10,2	0,7	1,2	12,1	1,2
Warmwasser 90 °C	Teigwarenabteilg.	34 230	kg	11,5	16,7	1,4	2,3	19,8	2,4
Summe Nutzabgabe				58,8	85,6	17,4	29,4	101,4	30,0
Abgabe: Verlust									
Rauchgas 200 °C	Umgebung	15 300	m³	4,3	6,3	1,0	1,7	7,4	1,7
Rauchgas 200 °C	Umgebung	1 277	m³	0,4	0,6	0,1	0,2	0,7	0,2
Kühlwasser aus Kälteanlage	Kühlwasserbehälter	32 500	kg	2,0	2,9	0,1	0,2	3,4	0,2
Umgebungsverl. und innere Exergieverluste				3,2	4,6	40,5	68,5	5,5	69,8
Summe Verluste				9,9	14,4	41,7	70,6	17,0	71,9
Summe Abgabe				68,7	100	59,1	100	118,4	101,9

Bei der Untersuchung der einzelnen Betriebsbereiche wurde festgestellt, daß

- bei Kochprozessen für Fleischkonserven größere Mengen an Energie für die Warmhaltung bei offenen Kochgefäßen erforderlich sind,
- Warmwasser in reichlichem Ausmaß für das Reinigen von Gefäßen, Produktionsanlagen und -räumen aufgewendet wird,
- Produktionsabwässer und Kühlwässer mit Temperaturen bis zu 90 °C ungenutzt in den Kanal geleitet werden und
- daß vielfach das Autoklavieren der Konserven durch direktes Einblasen von Dampf, ohne Kondensatrückgewinnung, durchgeführt wird.

4.6.3.1 Maßnahmen zur Reduzierung des Energieeinsatzes

- Für Kochvorgänge sollten vorwiegend Druckgefäße oder geschlossene Kochkessel verwendet werden (Reduzierung der Kochzeiten und Wärmeverluste).
- Bei Kochvorgängen in offenen Gefäßen sollte eine Wärmenutzung der Kochbrüden erfolgen (Dunstkondensatoren zur Warmwasseraufbereitung).
- Durch eine bessere Koordinierung und Planung der Verfahrensabläufe (Rationalisierung) sollten die Warmhaltezeiten und -mengen reduziert werden.
- Reduzierung der Warmwassermengen durch den zusätzlichen Einsatz mechanischer Reinigungsvorgänge.
- Absenkung der Warmwassertemperaturen (für Reinigung) von derzeit ca. 70 °C auf 60 °C.
- Wärmetechnische Nutzung anfallender Produktionsabwässer zur Warmwasseraufbereitung:

  Getrenntes Sammeln von Abwässern verschiedener Temperaturen in zwei offenen, mit Wärmetauschern versehenen Becken (oder geschlossenen Behältern) mit Mischtemperaturen von ca. 40 °C und 70 °C.

  Die beiden Wärmetauscher ermöglichen eine stufenweise Erwärmung des Warmwassers bis zu 65 °C.

  Aus Gründen der Hygiene und der einfacheren Reinigung mittels Dampfes wird die Verwendung geschlossener Behälter empfohlen.

  Nutzung der Abwässer aus den Kälteanlagen zur Anwärmung des Gebrauchswarmwassers.

  Bei Durchführung der vorgeschlagenen Maßnahmen ist eine Primärenergieeinsparung von ca. 12% bzw. 7 TJ/a zu erwarten.

4.7 Textilindustrie

Die Untersuchungen in der Textilindustrie konzentrierten sich auf 2 Unternehmen, die wärmeintensive Arbeitsbereiche aufweisen. Dazu gehören die Aufbereitung naturgebundener Grundstoffe und Kunstfasern bis zu Verarbeitung zu Garnen und Geweben sowie die Veredelungsvorgänge Bleichen, Färben, Imprägnieren, Mercerisieren, Bedrucken, Appretieren bzw. Sanforisieren u. a.
Die Techniken zur Veredelung von Garnen und Geweben weisen einen hohen Bedarf an thermischer Energie auf. Hauptsächlich sind es Koch-, Wasch- und Trokkenprozesse sowie chemische Verfahren.
Ein aus energiewirtschaftlicher Sicht besonders interessanter und als repräsentativ angesehener Betrieb soll im folgenden dargestellt werden.
Der Primärenergieeinsatz des Betriebes beträgt 344 TJ/a (100%), davon
306 TJ (89%) Brennstoffenergie und
38 TJ (11,8%) Fremdstrombezug.
Das Unternehmen besteht aus einer Anzahl von Teilbetrieben, die voneinander räumlich durch nicht unbeträchtliche Entfernungen getrennt sind und zentral mit Wärmeenergie versorgt werden. Die gegenständliche Untersuchung beschränkte sich auf die wärmeintensiven Teilbetriebe

- Heizkraftwerk – Energiezentrale,
- Veredelungsbetrieb,
- Färberei und Schlichterei.

Heizkraftwerk – Energiezentrale

Folgende Anlagen sind vorhanden:
2 Kessel, 15 t/h, 65 bar, 500 °C,
HT-Dampferzeugung, 86 500 t/a (und 4 200 t/a HD-Sattdampf),
1 ND-Kessel, 5 t/h, 7 bar, 165 °C (1 050 t/a ND-Sattdampf),
1 Gegendruckturbine, 25 t/h, 61/7 bar, 2,4 MW,
1 Generator, 10 kV, 3 MVA, Eigenstromerzeugung 8 441 MWh/a.
Tabelle 4.7 1 zeigt die Energie- und Exergiebilanz der Energiezentrale.

Tab. 4.7–1

Stationsbilanz Energiezentrale	Bezug von bzw. Abgabe an	Menge	Dim.	Energie		Exergie		Energie	Exergie
				absolut	Anteil	absolut	Anteil	Anteil am Primärenergieeinsatz des Werkes	
		in 10^3		TJ	%	TJ	%	%	%
Bezug:									
Heizöl	Lagertank	7 530	kg	305,8	76,7	305,8	86,3	88,8	88,8
Elektrischer Strom	Versorgungs-untern.	10 690	kWh	38,4	9,6	38,4	10,9	11,2	11,2
Kondensat 90 °C	diverse Stationen	9 160	kg	3,1	0,8	0,4	0,1	0,9	0,1
Zusatzwasser 10 °C	Wasseraufbereitung	5 682	kg	–	–	–	–	–	–
Verbrennungsluft 10 °C	Umgebung	92 155	m³	–	–	–	–	–	–
Rückspeisungsw. 150 °C	Heißwasserspeicher u. Fernheizung	87 072	kg	51,3	12,9	9,6	2,7	14,9	2,8
Summe Bezug				398,6	100	354,2	100	115,8	102,9
Abgabe: genutzt									
Elektrischer Strom	diverse Stationen	16 646	kWh	59,9	15,0	59,9	16,9	17,4	17,4
Dampf 65 bar	Veredlungsbetrieb	4 389	kg	12,0	3,0	4,9	1,4	3,5	1,4
Dampf 7 bar	Veredlungsbetrieb	13 200	kg	35,9	9,0	11,4	3,2	10,4	3,3
Dampf 7 bar	Heißwasserspeicher u. Fernheizung	84 305	kg	229,5	57,6	72,9	20,6	66,7	21,2
Summe Nutzabgabe				337,3	84,6	149,1	42,1	98,0	43,3
Abgabe: Verlust									
Rauchgas 180 °C	Umgebung	94 263	m³	23,7	6,0	4,9	1,4	6,9	1,4
Umgebungsverl. und innere Exergieverluste				37,6	9,4	200,2	56,5	10,9	58,2
Summe Verluste				61,3	15,4	205,1	57,9	17,8	59,6
Summe Abgabe				398,6	100	354,2	100	115,8	102,9

Erläuterung zu Tabelle 4.7–1

Aus der Energiebilanz geht hervor, daß von der gesamten, der Station zugeführten Energie 84,6% mit den Energieträgern Dampf und elektrische Energie genutzt abgegeben werden, 6% werden mit den Rauchgasen und 9,4% als sonstige Umgebungsverluste (Abstrahlung, Konvektion, Verluste durch elektrische Antriebe u. a. m.) abgeführt.

Die exergetische Bewertung der Energiezentrale zeigt, daß nur mehr 42,1% der zugeführten Exergie in den als genutzt abgehenden Energieträgern enthalten ist. In den abgeführten Rauchgasen sind nur noch 1,4% dieser Exergie enthalten, während durch die inneren Exergieverluste (zusammen mit den anteilsmäßig geringen sonstigen Exergieverlusten) aus den mehrfach erwähnten Gründen der Nichtumkehrarbeiten bei thermodynamischen Prozessen insgesamt 56,5% der Anfangsexergie verlorengehen.
Über Möglichkeiten zur Reduzierung dieser Verluste wird in Kapitel 5 eingehend eingegangen.

Veredlungsbetrieb

Unter Textilveredlung bezeichnet man eine Vielfalt an Produktionsvorgängen, die den Garnen, Geweben usw. die gewünschten Eigenschaften verleiht (Festigkeit, Aussehen, Appretur gegen Einlaufen usw.).
Als Wärmeenergieträger für die Produktion werden hauptsächlich Heißwasser und Warmwasser verwendet, weiters auch ND- und HD-Dampf zur Heißlufterzeugung und fallweise Erdgas für Zusatzheizungen.
Der energieaufwendigste Prozeß ist das Trocknen der Stoffe.
Dieser Vorgang wird dann erforderlich, wenn keine weitere Naßveredelung stattfindet bzw. wenn dem Material die latenten Spannungen genommen und die Krumpf- und Sanforisiereigenschaften gegeben werden.
Das Vortrocknen wird vielfach mit mechanischen Mitteln (Abquetschen, Absaugen usw.) vorgenommen, für das Entfernen der Restfeuchte sind jedoch thermische Trockner notwendig.
Zwei Trocknungsverfahren finden hauptsächlich Anwendung:

- Die Kontakttrocknung zum Trocknen von schweren und groben Stoffen, die in dampf- und heißwasserbeheizten Zylinder- und Kalandertrocknern bei einer Temperatur von ca. 120 °C durchgeführt wird (Wärmeverbrauch etwa 3 500 kJ/kg verdampftes Wasser).
- Die Konvektionstrocknung, die meist mit Spannrahmentrocknern erfolgt. Dabei kann auch das Material entsprechend gespannt bzw. gekrumpft werden, um dem Stoff die gewünschten Eigenschaften aufzuzwingen.

Als Trockenmedium wird Heißluft im Gleichstrom über die Bahn geführt, um den günstigsten Trocknungseffekt zu erreichen.
Einige Spannrahmen sind zusätzlich erdgasbeheizt, wobei das Trocknen teils konvektiv und teils durch Strahlung erfolgt.
Der Wärmebedarf der Spannrahmen liegt mit rd. 5 500 kJ/kg verdampftes Wasser höher als bei Kontakttrocknern, beide Trocknungsverfahren haben jedoch ihren speziellen Anwendungsbereich.

Wärmebedarfsmäßig etwas günstiger als Spannrahmentrockner sind Rollentrockner (Hotfluemaschinen), wobei das Material in mehreren Schleifen geführt und mit Heißluft getrocknet wird.
Die großen **Abluftwärmemengen** bei den Spannrahmen bzw. Fixiermaschinen werden zur Zeit noch nicht verwertet, es ist aber eine Versuchsanlage zum Erwärmen der Trocknungsluft mittels Wärmetauschers in Ausführung, von der man sich Einsparungen bis zu **30%** der Energiezufuhr per Anlage erwartet.
Bei den **Abwässern** erfolgt bereits eine Wärmenutzung in vorbildlicher Weise. Die Abwässer werden nach Temperatur getrennt, gespeichert und über Wärmetauscher zur Warmwasserbereitung herangezogen. Die daraus resultierende Einsparung beträgt hier etwa **16,9 TJ/a** bzw. jährlich **420 t Heizöl** schwer.

Färberei und Schlichterei

Dieser Betriebsteil wird von der Energiezentrale über eine Fernwärmeleitung versorgt. Die Wärmeenergieträger in diesem Betrieb sind Heiß- und Warmwasser sowie ND-Dampf über zwei Umformer.
Bei den Anlagen für die erforderlichen Bleich-, Koch-, Wasch- und Färbeprozesse ist der Wasserhaushalt von großer Bedeutung.
Die Nutzung der in den Abwässern enthaltenen Wärmemengen ist bereits auf einem beachtlich hohen Stand. Die bisher erzielte Einsparung liegt hier in einer Größenordnung von etwa 14,5 TJ/a bzw. 360 t Heizöl.
Darüber hinaus ist auch eine Verringerung der Umweltbelastung durch die Abwässer gegeben. Es scheint jedoch noch eine Verbesserung möglich. Die Abwässer, denen die Wärme entzogen wird, fallen nicht kontinuierlich an, sondern intermittierend, und auch die Wassermengen, auf welche die dem Abwasser entzogene Wärme übertragen wird, werden nicht im kontinuierlichen Strom benötigt. Es muß daher mit Speicherbehältern gearbeitet werden, deren Kapazität allerdings derzeit nicht ganz ausreicht, so daß immer noch ein Teil an sich nutzbarer Wärme ungenutzt den Betrieb verläßt. Eine größere Speicherkapazität wäre durch Zuschaltung weiterer Speicherbehälter erreichbar und sollte unbedingt angestrebt werden, um so mehr als im Betrieb überzählige Behälter vorhanden sind, deren Adaptierung ohne besonderen Aufwand möglich wäre.

4.7.1 Maßnahmen zur Reduzierung des Energieeinsatzes

Kurzfristige Maßnahmen

- Warm- und Heißwasserprozesse
  - Verringerung der Spülwassermengen,
  - Wiederverwendung von Spülwässern,
  - Wärmetausch durch Gegenstrom-Wärmetauscher.

Abwässer der Produktion mit verschiedener Temperatur sollen getrennt gesammelt und weitgehend wärmetechnisch genutzt werden (stufenweises Wärmerecycling). Berechnung: Im untersuchten Betrieb wurden durch dieses Verfahren Einsparungen von über **20%** der für die Produktionswasserbereitung erforderlichen Energie erzielt (äquivalent von etwa **780 t Heizöl/Jahr**).

- Trocken- und Erhitzungsprozesse
  - Vermehrte mechanische Trocknung,
  - Vermeidung von Übertrocknung,
  - Reduzierung bzw. Vermeidung von ungenutzt abgehender Trocknungsluft während der Steh- bzw. Leerlaufzeiten,
  - Reduzierung des Dampfbedarfes für die Aufbereitung der Trocknungsluft durch weitgehende Wärmerückgewinnung (entsprechende Maschinenverkleidung zur Gewährleistung der erforderlichen Luftzirkulation und Vermeidung von Falschlufteinbrüchen) aus der Abluft (100 °C).

Langfristige Maßnahmen

Die meisten vorgeschlagenen Maßnahmen zur Einsparung des Wärmebedarfes in der Produktion führen zwangsläufig zu einer Reduzierung des Dampfverbrauches und damit zu einer Verminderung der Leistungsabgabe der Turbine. Da andererseits Rationalisierungsmaßnahmen innerhalb des Betriebes einen höheren Strombedarf verursachen, wird man, bei gleichbleibendem Fremdstrombezug, im Falle einer Neuanlage die Turbineneintrittstemperaturen auf 520 °C und damit auch die Wirtschaftlichkeit des thermischen Prozesses erhöhen.
Eine Erhöhung des Wärmegefälles durch Reduzierung des Gegendruckes wäre vertretbar, wenn durch eine größere Dimensionierung der in der Produktion verwendeten Wärmeübertragungssysteme das erforderliche, derzeit sehr hohe Temperaturniveau gesenkt werden kann. Dies würde einem weiteren Exergiegewinn durch vermehrte Stromerzeugung entsprechen.

Bei einer Neuanlage sollten **Fernwärmeleitungen** so dimensioniert werden, daß die Heißwassergeschwindigkeit bei 3 m/s liegt (derzeit 1,85 m/s), um auftretende Wärmeverluste zu reduzieren.

Änderungen der Produktionstechnologie und der Produktionsapparaturen:

Wie oben festgestellt, verlangt die **derzeitige** Produktionstechnologie verhältnismäßig hohe Arbeitstemperaturen, was vom Standpunkt sinnvoller Energienutzung (gleichbedeutend mit der Vermeidung unnötiger Exergieverluste) als ungünstig anzusehen ist.

Die Hersteller der einschlägigen Textilmaschinen sollten dazu verhalten werden, die Heizflächen ihrer Apparate so auszulegen, daß die Differenzen zwischen den Heizmitteltemperaturen und den Arbeitstemperaturen in einem vertretbaren Rahmen bleiben. Temperaturdifferenzen zwischen Heizmittel (Hochdruckdampf mit 280 °C) und Arbeitsmedium (Luft mit 100 bis 120 °C), wie sie im untersuchten Betrieb stellenweise festgestellt wurden, sind vom Standpunkt sinnvoller Energienutzung nicht akzeptabel und sollten durch entsprechende Dimensionierung der Heizflächen vermieden werden.

4.8 Holzverarbeitende Industrie

In dieser Industriesparte wurden insgesamt 3 Betriebe untersucht und energiewirtschaftliche Daten und Informationen in einer Analyse ausgewertet.
Im folgenden soll eine Gegenüberstellung von Energieverbrauchsdaten und ermittelten Stations-Kennwerten erfolgen, die den unterschiedlichen Energieeinsatz von zwei spanplattenerzeugenden Betrieben in einigen Produktionsbereichen aufzeigen. Anschließend wird auf die Hauptenergieverbraucher dieser Betriebe, die großen Spänetrocknungsanlagen, näher eingegangen und Maßnahmen zur Einsparung von Primärenergie angeführt.

	Betrieb 1		Betrieb 2	
Gesamtenergieeinsatz	459,1 TJ =	100%	400,9 TJ =	100%
Heizöl schwer	193,0 TJ =	42%	–	–
Erdgas	–	–	191,7 TJ =	48%
Gasöl	–	–	4,9 TJ =	1%
Fremdstrom	65,4 TJ =	14%	88,8 TJ =	22%
(Eigenstrom)	(8,5 TJ)	–	–	–
Schleifstaub	93,9 TJ =	21%	115,5 TJ =	29%
Holzabfälle	106,8 TJ =	23%	–	–

	Betrieb 1	Betrieb 2
Spezifischer Energieverbrauch gesamt	2 343 MJ/m³ Durchsatz	2 691 MJ/m³ Durchsatz
Holzmanipulation und Zerkleinerung	174 MJ/m³ Durchsatz	288 MJ/m³ Durchsatz
Spänetrocknung	1 359 MJ/m³ Durchsatz	1 586 MJ/m³ Durchsatz
Plattenproduktion	760 MJ/m³ Durchsatz	695 MJ/m³ Durchsatz
Nachfertigung usw.	50 MJ/m³ Durchsatz	122 MJ/m³ Durchsatz

In der holzverarbeitenden Industrie werden bevorzugt thermische Trocknungsvorgänge, mit Heißluft als Trocknungsmittel verwendet.
Je nach Frischluftanteil am Trocknungsprozeß unterscheidet man Frischlufttrockner, Mischlufttrockner und Umlufttrockner.
Die Wahl des zweckmäßigsten Trocknungsverfahrens wird vornehmlich von den Eigenschaften des zu trocknenden Gutes (Konsistenz, thermische Beständigkeit, Explosions- und Brandgefahr) und ökonomische Aspekten (Trocknungsgeschwindigkeit, Energiebedarf, Investitionsaufwand) bestimmt.

Aus Gründen der Wirtschaftlichkeit werden bevorzugt **Mischluft-Trocknungsanlagen** verwendet. Sie bestehen im wesentlichen aus den Bauteilen Trockner, Gebläse, Gutabscheider (Zyklon), Heißluftaufbereiter und Mischkammer.
Hier werden rd. 20 bis 25% der aus dem Trockner strömenden Feuchtluft dem Kreislauf entnommen (Abluft) und im gleichen Ausmaß wird Frischluft zugemischt. Beide Luftmengen werden (meist nach erfolgter Mischung) in dem vor dem Trockner situierten und mit Brennstoff befeuerten „Heißluftaufbereiter" aufgeheizt, um die Feuchte-Aufnahmefähigkeit entsprechend anzuheben.
Alternativ dazu gibt es Anlagen, bei denen aus Wirtschaftlichkeitsgründen die Mischung der beiden Ströme nach erfolgtem Vorwärmen der Frischluft durch das Rauchgas des Heißluftaufbereiters (direkte Aufheizung) oder durch Mischen der Frischluft mit dem beim Verfeuern des Brennstoffes gebildeten Rauchgases (direkte Aufheizung, die jedoch die Brand- und Explosionsgefahr in der Mischkammer beachtlich erhöht) vorgenommen wird.
Eine weitere, wirtschaftlich überaus interessante Variante stellen die „Umlufttrocknungsanlagen" dar. Sie können als Weiterentwicklung der oben beschriebenen Mischluft-Trocknungsanlagen (mit verschwindend kleinem Mischluftanteil) angesehen werden. Hier wird, abgesehen von geringen Undichtheiten und Kondensatmengen, die gleiche Luftmenge umgewälzt. Die beim Trocknungsprozeß von der Luft aufgenommene Feuchtigkeit wird in einem hinter dem Trockner angeordneten Kühler niedergeschlagen und das dabei gebildete Kondensat in einen nachgeschalteten Flüssigkeitsabscheider abgeführt.
Gegenüber der Mischluftkühlung ergibt sich normalerweise ein geringerer Energiebedarf, vor allem dann, wenn die Kondensatwärme der Trocknungsluft wärmetechnisch (zur Warmwasseraufbereitung) oder prozeßtechnisch (zur Teilaufheizung der entfeuchteten Luft) genutzt wird.
Hiefür bietet sich der Einsatz einer Kaltdampf-Wärmepumpe an, wobei das Entfeuchten durch den Verdampfer und das Wiederaufheizen durch Verwendung der Kondensationswärme der feuchten Luft und der Arbeitszufuhr durch die Wärmepumpe erfolgt.
Die derzeit üblichen Trocknungstemperaturen sollten im Hinblick auf die hohe Wirtschaftlichkeit dieser Variante und die temperaturmäßig nach oben hin begrenzte Einsatzmöglichkeit der Wärmepumpe (bzw. auch der Hochtemperatur-Wärmepumpe), entsprechend gesenkt werden.

4.8.1 Maßnahmen zur Reduzierung des Energieeinsatzes

Frischlufttrockner in der holzverarbeitenden Industrie sollten vermieden werden, sofern es produktionstechnisch vertretbar ist.
Der Wärmeverbrauch bestehender Anlagen kann durch den Einbau eines Taupunkt-Wärmetauschers, in dem die Kondensationswärme der feuchten Trocknungsluft zum Vorwärmen der Zuluft vorgenommen wird, reduziert werden.
In Fällen, wo Frischlufttrockner weiterhin erforderlich sind, wird die Kombination mit einer Wärmepumpe empfohlen, wobei die Wärmeverwertung der entstaubten Abluft im Verdampfer und die Wiederaufheizung der entfeuchteten Luft im Kondensator erfolgt. Die Restaufheizung der Trocknungsluft (und der Anfahrvorgang) kann durch herkömmliche Feuerungen erfolgen.
Mischlufttrockner sollten mit einem stark reduzierten Frischluftanteil betrieben werden, wobei das Entfeuchten der Trocknerabluft durch eine bewußte Kühlung und Kondensation in einem Taupunktwärmetauscher oder im Verdampfer einer Wärmepumpe (mit oben beschriebener Funktionsweise) erfolgt.
Dieses Verfahren ermöglicht eine nahezu vollkommene Eliminierung des Frischluftanteiles und gegenüber dem Frischluftbetrieb einen weitaus geringeren Energiebedarf.
Die Anwendung einer **Gasturbinen-Wärmekraft-Kupplung** zu Trocknungszwecken bietet der Vorteil einer nahezu vollständigen Abdeckung des Strombedarfes des Betriebes, bei gleichzeitiger Verwendung der Turbinenabgase für den Trocknungsvorgang. Aus Gründen der Wirtschaftlichkeit ist die Gasturbine mit einer Wärmerückgewinnung für das Aufheizen der Verbrennungsluft und mit einem zwischengekühlten Kompressor auszustatten.
Abb. 4.8–1 zeigt eine konventionelle Mischluft-Spänetrocknungsanlage, in der die benötigte Heißluft (maximal 350 °C) für die Trockenkammer aus der Zirkulationsluft (Teil der Trocknerabluft, 110 bis 150 °C) und dem Rauchgas der Feuerungsanlage mit entsprechend hohen Exergieverlusten aufbereitet wird. An Stelle der Erdgas-Feuerungsanlage und der Luftzirkulation tritt die vorgeschlagene Gasturbinenanlage, deren Abgase direkt in die Trockenkammer eingeleitet werden.

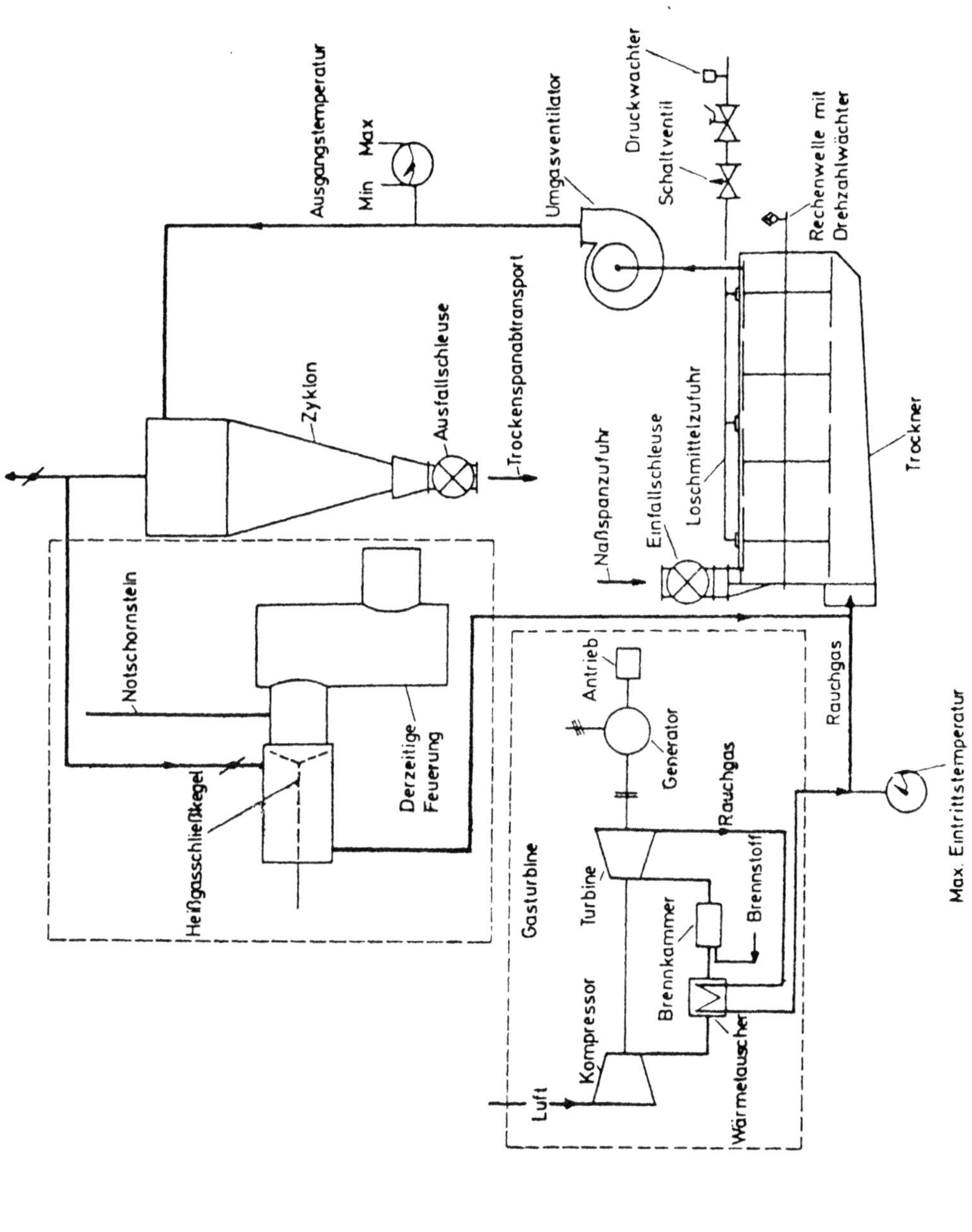

Abb. 4.8–1 Spanplattenerzeugung, Spänetrocknungsanlage

LITERATURVERZEICHNIS – Kapitel 4

[4–1] M. WEBER: Strömungsfördertechnik;
Krauskopf-Verlag, BRD 1975

[4–2] G. MITTAG: Die Hartzerkleinerung;
Springer Verlag, Berlin 1963

[4–3] F. WULTSCH: Möglichkeiten der Energieeinsparung im Bereich der Zellstoff-, Papier-, Karton- und Pappenindustrie;
Vortrag auf APV-Tagung, Graz 1976

[4–4] G. FRIEDRICH: Verfahrenstechnischer Stand heutiger Altpapieraufbereitungen;
WfP 1976

[4–5] R. WLODAWER: Gelenkte Erstarrung von Gußeisen;
Gießereiverlag Düsseldorf 1977

[4–6] T. BALOH: Exergie in der Zuckerindustrie;
Zeitschrift Zucker, Nov. 1966, Verlag M. & H. Schaper, Hannover

[4–7] P. VALENTIN: Die Wärmewirtschaft in der Rübenzuckerindustrie und ihre Beeinflussung durch technische Prozesse;
Zucker 1970, Verlag M. & H. Schaper, Hannover

[4–8] W. PROSKOWETZ: Die Verwertung von Brüdendämpfen;
Zeitschrift Zucker 1966, Verlag M. & H. Schaper, Hannover

5. FOLGERUNGEN-MASSNAHMENKATALOG

Die in den einzelnen Industriesparten möglichen Maßnahmen zur Einsparung von Primärenergie lassen sich vielfach generell auch in anderen Industriesparten, vor allem bei branchenähnlichen Produktionsabläufen und Verfahrenstechniken, anwenden.

Da die mit diesen Maßnahmen erzielbaren Energie-Einsparraten überaus verfahrensspezifisch und daher stark unterschiedlich sind, wird in den nachstehenden Ausführungen bewußt auf detaillierte Hinweise verzichtet und nur auf jene Kapitel verwiesen, in denen eine ausführliche Erläuterung und Bewertung der Maßnahmen vorgenommen worden ist.

Primärenergie kann demnach durch folgende generelle Maßnahmen eingespart werden, und zwar durch

5.1 Reduzierung der äußeren Exergieverluste
5.2 Reduzierung der inneren Exergieverluste
5.3 Reduzierung des Energiebedarfes für Kraftzwecke
5.4 Energie- und rohstoffmäßige Nutzung von Abfällen
5.5 Betriebsbuchhaltung und Regressionsanalyse
5.6 Sonstige Maßnahmen

5.1 Maßnahmen zur Reduzierung der äußeren Exergieverluste

Hier geht es vornehmlich um eine Reduzierung der aus Abgasen, Abwässern, Konvektion und Strahlung hochtemperierter Oberflächen resultierenden Wärmeverluste und um die Möglichkeit einer sinnvollen Nutzung dieser Verlustwärmen.

Es sollte eine weitgehende innerbetriebliche Nutzung für prozeßtechnische und anderweitige Zwecke, wie z. B. zur Aufbereitung von Brauch- oder Nutzwasser, angestrebt werden.

In Fällen, wo dies nicht oder nur zum Teil möglich ist, sollten außerbetriebliche Nutzungsmöglichkeiten wahrgenommen werden, z. B. Heizung benachbarter Objekte oder eine landwirtschaftliche Nutzung (Agrotherm, Kap. 4.5).

Folgende Maßnahmen werden vorgeschlagen:

5.1.1 Verringerung der Oberflächen-Wärmeverluste:

- Verwendung hochwertiger **Isoliermaterialien** (für Rohrleitungen und Anlagen) mit nachstehenden Eigenschaften:
  - hohe Wärmedämmung auch unter Feuchtigkeitseinwirkung (Verwendung nicht hygroskopischer Isolierstoffe mit Verrottungsbeständigkeit),
  - ausreichende mechanische Festigkeit (insbesondere bei Vibrationen, Dehnungen usw.) und thermische Beständigkeit,

– chemisch neutrales Verhalten, zur Vermeidung von Oberflächenkorrosionen,
– günstiges Brandverhalten (schwer entflammbar, nicht toxische Gase usw.).

- Anlagen mit besonders hoher Oberflächentemperatur sollen mit einem kühlluftbeaufschlagten **Doppelmantel** oder/und einer begehbaren Haube versehen werden (Mantelluft-, Heißluftkühlung).

  Die aufgeheizte Kühlluft ist weitgehend einer prozeßtechnischen (oder sonstigen) Nutzung zuzuführen, z. B.:

  Papierindustrie:

  – Verkleidung von Papiermaschinen und Trockenzylindern zum Vorwärmen der Trocknungsluft (Kap. 4.4.2),
  – Kalköfen bei Kaustizierung (Kap. 4.4.1),

  Stein- und keramische Industrie:

  – Zement-/Klinkerbrennöfen (Kap. 4.3.1.1), Verwendung der heißen Haubenluft als Wärmequelle für einen Kältemittelkraftprozeß,
  – Trockneranlagen (Kap. 4.3.2.2), prozeßtechnische Nutzung der Mantelluft zum Vortrocknen der Zwischenprodukte.

  Gießereiindustrie:

  – Schmelz- und Warmhalteöfen (Kap. 4.5), Nutzung der Mantelluft zur Kerntrocknung.

5.1.2 Intensivere Nutzung der Abwärmen (z. B. der Brüden aus Koch-, Eindampf- und Trocknungsprozessen, der Abgase von Verbrennungsanlagen und Produktionsabwässer usw.) durch die Verwendung von:

- Dunstkondensatoren bei offenen Kochprozessen (mit Oberflächen- oder Einspritzkondensation, drehzahlgeregelten Saugzuggebläsen und Vorkehrungen zur Reduzierung von Falschlufteinbrüchen),
- geschlossenen und mehrstufigen Eindampfanlagen mit stufenweiser Brüdenverwertung,
- Taupunkt-Wärmetauscher zur Nutzung der
  – Kondensationswärme von Koch-, Eindampf- und Trocknungsbrüden und der
  – Abgase aus Verbrennungsprozessen (die bewußt auf Temperaturen unterhalb des Taupunktes gekühlt werden),

  für die Vorwärmung von Verbrennungsluft, Warmwasseraufbereitung und Raumheizung,
- Hochtemperatur-Wärmepumpen, für die Nutzung obiger Abwärmen
  – zur Erzeugung von Prozeßwärme (Heißwasser oder Produktionsdampf)
  – und die Substitution von Verbrennungsprozessen (Wärmerecycling);
- Kältemittel-Dampfturbinen zur teilweisen oder vollkommenen Abdeckung des betrieblichen Strombedarfes bzw. für den Antrieb von Wärmepumpenkompressoren;

- Niedertemperatur-Wärmepumpen herkömmlicher Konzeption zur Warmwasseraufbereitung (Produktionswässer, Raumheizung usw.);
- Sonstigen Wärmerückgewinnungsanlangen (z. B. Wärmetauscher).

Anwendungsbeispiele:

Dunstkondensatoren:
Zuckerindustrie (Kocherei, Kap. 4.6.1),
Brauerei (Sudhaus, Kap. 4.6.2),
Papierindustrie (Trocknungszylinder, Vorwärmung der Trocknungsluft, Kap. 4.4.3),
Konservenherstellung (Kap. 4.6.3);

Mehrstufige Eindampfanlagen:
Zuckerindustrie (Safteindickung, Kap. 4.6.1),
Zellstoffindustrie (Laugeneindickung, Kap. 4.4.1 und 4.4.3);

Taupunktswärmetauscher:
Kesselanlagen und Industrieöfen (Schmelz-, Brenn- und Warmhalteöfen, Kap. 4.3.2 und 4.5),
Eindampfanlagen (Restbrüdenverwertung, Kap. 4.6.1);

Hochtemperatur-Wärmepumpen:
Papierindustrie (Laugeneindickung und sonstige Koch- und Trocknungsvorgänge),
Zuckerindustrie (Schnitzeltrockner, Zuckertrockner, Eindampfanlagen, Zusammenfassung der Brüden benachbarter Stationen/zentrale Brüdenverwertung und Substitution herkömmlicher Energieversorgungsanlagen, Kap. 4.6.1),
holzverarbeitende Industrie (Spänetrocknung durch Umluftverfahren, Kap. 4.8);

Kältemittel-Dampfturbinen:
Zementindustrie (Mantelluftkühlung, Kap. 4.3.1),
eisen- und stahlerzeugende Industrie (Ofenabwärme und Kühlwässer, Kap. 4.1);

Wärmerückgewinnungsanlagen herkömmlicher Konzeption – Wärmetauscher:
Wärmetechnische Nutzung der

- Produktionsabwässer verschiedener Temperaturen (Brauereien – Plattenkühler, Kap. 4.6.2, Konservenindustrie – Waschwasser, Kap. 4.6.3, Textilbetriebe – Spülwässer, Kap. 4.7 usw.),
- Kühlwässer (eisenerzeugende Industrie und Gießereien: Übergang auf geschlossene Kreisläufe und höhere Kühlwassertemperaturen – Heißkühlung, Kap. 4.1 und 4.5),
- Abluft aus Trocknungsanlagen (z. B. Textilindustrie – Spannrahmentrocknung: Vorwärmung der Trocknungsluft mit Wärmetauschern und Übergang auf Umluftbetrieb mit Kondensationstrocknung mit Wärmepumpen, Kap. 4.7),

- **Kombination Wärmepumpe – Kältemaschine** (bei gleichzeitigem Wärme- und Kältebedarf, z. B. in der gesamten Nahrungsmittelindustrie).

5.1.3 Sonstige Anlagen und Methoden zur Energieeinsparung

- Wiederverwendung von Produktionswässern zur Reduzierung der Aufheizenergie und des Frischwasserbedarfes sowie der Wahrnehmung einer Rohstoffrückgewinnung (z. B. in Papierfabriken durch Reaktivatoren, Kap. 4.4.3).
- Reduzierung von Dampf- und Kondensatverlusten. Prozeßtechnische Wärmeverwertung von Entspannungsbrüden.
- Reduzierung des Energiebedarfes bei Trocknungsprozessen durch eine
  - Vermeidung von Frischlufttrocknung, wo produktionstechnisch möglich (wo nicht: Vorwärmung der Zuluft durch Abwärmenutzung/Taupunktwärmetauscher);
  - Reduzierung des Frischluftanteiles bei Mischluftanlagen durch eine Entfeuchtung mittels Kühlers oder Verdampfers einer Wärmepumpe mit gleichzeitiger Nutzung der Kondensationswärme (Übergang auf Umluftbetrieb, Kap. 4.8).
- Einsatz von Gasturbinen bei Trocknungsprozessen. Gasturbinen-Wärmekraftkupplung: Optimale Zweifachnutzung des Brennstoffeinsatzes: Zur Stromerzeugung und direkten Verwendung des Abgases als Trocknungsmedium (z. B. in der Papierindustrie bei Tissuemaschinen, Kap. 4.4.3, und in der holzverarbeitenden Industrie zur Spänetrocknung, Kap. 4.8)
- Nutzung der fühlbaren Wärme von Halbzeug- und Fertigprodukten gemäß den technologischen Möglichkeiten, nach Verlassen von Schmelz- oder Brennöfen usw. (z. B. in Abhitzetunneln oder Hauben, Kap. 4.1, 4.3 und 4.5).
- Reduzierung der Wärmeverluste bei Produktionshallen usw. vornehmlich durch
  - Vermeidung von Undichtheiten und Warmluftvorhängen bei Toren (empfohlen wird der Einbau von Schleusen und Lamellenvorhängen),
  - Verbesserung der Gebäudeisolation.

5.2 Maßnahmen zur Reduzierung der inneren Exergieverluste

Die obigen Ausführungen lassen erkennen, daß durch eine Vielzahl von Maßnahmen eine Reduzierung der äußeren Exergieverluste und damit auch eine Senkung des für die einzelnen Produktionsabläufe erforderlichen Energiebedarfes erzielbar ist. Die Ausführungen konzentrierten sich vorwiegend auf Verfahren einer intensiveren Abwärmenutzung mit ganz erheblichen Einsparraten (von durchschnittlich **10 bis 30%** pro Anlage, in Einzelfällen sind sogar höhere Einsparraten erzielbar). Trotz des nicht unbedeutenden Erfolges bei der Realisierung dieser Maßnahmen darf man jedoch nicht außer acht lassen, daß die größten Exergieverluste bei den Prozeßabläufen selbst (z. B. bei Verbrennungsvorgängen, Koch-, Eindampf- und Trocknungsprozessen usw.) wegen der bei der Energieumwandlung auftretenden Irreversibilitäten entstehen und die höchsten Einsparraten durch eine direkte Eingriffnahme in den Produktionsablauf sowie durch eine Abänderung bestehender Verfahrenstechniken erzielbar wären.

Beispielsweise ist es nicht sehr sinnvoll, hochwertige Energie (Brennstoffwärme, Hochdruckdampf usw.) für die Erzeugung niedertemperierter Prozeßwärmen zu verwenden. Zweckmäßiger wäre hier – wie im Abschnitt 5.1 beschrieben – eine prozeßtechnische Nutzung der anfallenden Abwärmen.
Oftmals führen zu klein dimensionierte Gegendruckturbinen und die Vermeidung von aus energetischer Sicht unwirtschaftlicher Entnahme-Kondensationsturbinen dazu, daß nicht unbeträchtliche Mengen an Hochdruckdampf über Reduzier- oder Umformstationen Niederdruck-Dampfverbraucern zugeführ werden und daraus hohe Exergieverluste entstehen.
In Anbetracht der Tatsache, daß bei Verbrennungsprozessen (d. h. vornehmlich in der Kesselanlage) die größten Exergieverluste auftreten und durch die in den nachgeschalteten Produktionsanlagen entstehenden Exergieverluste nur ein Bruchteil der dem Betrieb in Form von Brennstoff zugeführten gesamten Exergie von Wärmeverbrauchern genutzt wird, ergibt sich die Schlußfolgerung, daß **jede auch noch so kleine Reduzierung der Exergieverluste** (sowohl der äußeren als auch der inneren Exergieverluste) **beim Verbraucher zu einer weit größeren Reduzierung des Gesamtexergiebedarfes des Betriebes führt** und daher wahrgenommen werden muß.
Zusammenfassend werden demnach folgende Maßnahmen zur Reduzierung der inneren Exergieverluste vorgeschlagen:

- Weitgehende **Substitution** bestehender Verbrennungsprozesse durch intensivere Abwärmenutzung (Einsatz von Hochtemperatur-Wärmepumpen, Wärmerecycling: Nahezu in allen Industriesparten möglich).
- In Bereichen, wo eine Substitution von Verbrennungsprozessen durch industrielle Abwärmenutzung nicht möglich ist, sollten direktbefeuerte Trocknungsprozesse (Großanlagen) weitgehend durch Gasturbinen, deren Abwärme für den Trocknungsprozeß direkt herangezogen werden kann und mit denen sich der erforderliche Strombedarf des Betriebes zum Teil oder zur Gänze abdecken läßt, ersetzt werden (z. B. Papierindustrie, Kapitel 4.4.3, und holzverarbeitende Industrie, Kapitel 4.8).
- Vermeidung einer Verwendung von Hochdruckdampf zum direkten oder indirekten Aufheizen niedertemperierter Medien oder Oberflächen.
- Verwendung von Gegendruckturbinen zur Druckreduzierung des Hochdruckdampfes auf den für die Produktion erforderlichen Dampfdruck. (Optimale Wahl der Dampfdruckstufen und des Turbinendurchsatzvermögens, Vermeidung von Reduzier- und Umformstationen.)
- Rationalisierung der Produktionsabläufe und Verfahrenstechniken:
  - Verbesserung der Wärmeübertragungsvorgänge (z. B. Einsatz von Rührwerken bei Kochkesseln in der Zuckerindustrie, Kapitel 4.6.1).
  - Verringerung der Stillstands- und Warmhaltezeiten bei Industrieöfen und sonstigen wärmeintensiven Anlagen.
  - Zeitoptimierte Beschickung dieser Öfen und Anlagen (z. B. in Gießerei, Kapitel 4.5, und in eisenverarbeitender Industrie, Kapitel 4.1).

- Die Aufbereitung von Heißwasser für die Produktion sollte in ausreichend bemessenen Kaskadenspeichern erfolgen, so daß für den Ladeprozeß die Dampferzeugeranlage nur kurzzeitig und bei maximalem Wirkungsgrad eingesetzt werden muß (Kap. 4.2.2).
- Für Gebäudeheizungen sollte nur Warmwasser verwendet werden (kein Dampf, kein Heißwasser), dessen Vorlauftemperaturen dem Bedarf und der Außentemperatur entsprechend gewählt und mittels Rücklaufbeimischung geregelt wird. Die Anlagen sind weiters mit einer Temperaturabsenkung außerhalb der Betriebszeiten zu versehen (Kap. 4.2.2).
- Einsatz von Prozeßrechnern zur Erhöhung der Produktionsmengen und Reduzierung des spezifischen Energieverbrauchs (bereits realisiert in der Papierindustrie: Kap. 4.4.2. Vorgeschlagen für die Brauindustrie, Kap. 4.6.2).

5.3 Reduzierung des Energiebedarfes für Kraftzwecke

Bei der Überprüfung, den Energiebedarf zu senken, sollten nicht nur wärmetechnische Aspekte berücksichtigt, sondern auch Maßnahmen zur Reduzierung der Antriebsleistungen von Pumpen, Gebläsen und Zerkleinerungsmaschinen usw. wahrgenommen werden.

Beispielsweise ergibt sich eine nicht unbedeutende Reduzierung des Energiebedarfes durch die Vermeidung von:

- Überdimensionierten Pumpen und Gebläsen, zur Gewährleistung hoher Voll- und Teillastwirkungsgrade,
- Falschluftanteilen bei Saugzuggebläsen bzw. Unterdrucksystemen,
- zu klein dimensionierten Rohrleitungen und Luftkanälen (vor allem bei Anlagenerweiterungen und Verwendung bestehender Verteilsysteme),
- Mengenregelungen durch Drosselorgane (empfohlen wird der Einsatz drall- und drehzahlgeregelter Gebläse bzw. drehzahlgeregelter Pumpen, Verwendung thyristorgesteuerter Antriebsmotoren),
- diskontinuierlichen Fahrweisen (empfohlen wird der Übergang auf möglichst kontinuierliche Fahrweise bzw. Vermeidung von Leerläufen, z. B. in Papierfabriken: Dickstofflagerung, Stoffauflöser, Kapitel 4.4.3, und in der Zuckerindustrie: Zentrifuge, Kapitel 4.6.1),
- unnötig hohen Mengen an Produktions-, Wasch- und Kühlwässern durch betriebliche Maßnahmen (damit wird gleichzeitig auch der Wärmebedarf für das Aufheizen dieser Wässer gesenkt, Kapitel 4.4.1 und 4.4.4),
- pneumatischen Förderanlagen und weitgehendem Ersatz durch mechanische Förderanlagen. In jenen Fällen, wo aus betrieblichen Gründen eine Substitution nicht möglich ist, sollten bei pneumatischen Förderanlagen drehzahlgeregelte Gebläse verwendet und mit niedriger Drehzahl bei Leerlaufzeiten betrieben werden;
- Anlagen mit ungenügender Blindstromkompensation.

5.4 Energie- und rohstoffmäßige Nutzung von Abfällen

Die prozeßtechnische Nutzung von Abfällen innerhalb eines Betriebes (Abfallverfeuerung und Rohstoffrückgewinnung) reduziert einerseits dessen Energiebedarf und gibt darüber hinaus einen nicht unbedeutenden volkswirtschaftlichen Nutzen (z. B. durch die Einsparung von Aufbereitungsenergie usw.).
Auszugsweise werden nachstehend Beispiele einzelner Industriesparten angeführt:

- Papier- und Zellstoffindustrie:
  - Ablaugenverbrennung zur Erzeugung von Hochdruckdampf und zum Antrieb einer Gegendruckdampfturbine und Lieferung von Produktionsdampf,
  - Chemikalien- und Rohstoffrückgewinnung bei der Ablaugenverbrennung in der Kaustizierung und im Reaktivator (Rohstoff-Recycling, Kapitel 4.4.2),
  - Übergang von Naß- auf Trockenentrindung und Verfeuerung der anfallenden Rinde und des Abfallholzes (Kap. 4.4.4),
  - weitgehende Altpapierverwertung (Deinkung-Verfahren, Rohstoffeinsparung und geringerer Energiebedarf, Kapitel 4.4.4 und 4.4.2),
  - Wiederverwendung von Produktionswässern (Reduzierung des Bedarfes an Aufheizenergie und Frischwasser.
- Kunststoffplattenfabrik: Verfeuerung von Abfällen und gebrauchten Lösungsmitteln (z. B. Phenolharze, Kapitel 4.2.2).
- Zementindustrie: Verfeuerung von Altöl anstelle hochwertiger Brennstoffe, wenn prozeßtechnisch möglich (z. B. Drehofen, Kapitel 4.3.1.1).

5.5 Betriebsbuchhaltung und Regressionsanalyse

siehe Kapitel 3.2.1

5.6 Sonstige Maßnahmen

Die Untersuchungen haben weiters gezeigt, daß noch immer grundlegende Voraussetzungen eines sinnvollen Energiehaushaltes nicht wahrgenommen werden und daraus im Gesamtausmaß bedeutende Exergieverluste resultieren. Beispielsweise waren folgende Verlustquellen anzutreffen:

- Schadhafte und ungenügende Isolationen (Gebäude, Rohrleitungen, Anlagen),
- Undichtheiten (insbesondere bei Druckluftanlagen),
- unzweckmäßige Baumaßnahmen (Türhöhen so niedrig als möglich),
- mangelhaft gewartete Anlagen und Installationen (z. B. Dampf- und Kondensatsysteme),
- Leerlauf und überdimensionierte Maschinen (Motoren, Trafos, Pumpen und Gebläse usw.),
- zu hohe und nicht den speziellen Bedürfnissen angepaßte Raumtemperaturen,
- den Betriebszeiten nicht angepaßte Raumtemperaturregelung,
- Beleuchtung mit Glühlampen anstelle Leuchtstoffröhren,
- unnötig eingeschaltete Beleuchtungen,
- unnötig hohe Leitungsverluste (fehlende Querschnittsanpassung).

6. FÖRDERUNGSMASSNAHMEN

Um energiesparenden Maßnahmen neben den volkswirtschaftlichen Aspekten auch betriebswirtschaftliche zu geben, sollten für energiesparende Investitionen steuerliche Erleichterungen geschaffen werden.

- Mindesterfordernis wäre eine Erweiterung des Einkommensteuergesetzes, § 8 Abs. 4, für alle Investitionen, verbunden mit substantieller Energieeinsparung,
- weiters die Einbeziehung derartiger Investitionen in die ERP-Kredit-Aktion bzw. Vergabe von Krediten gleicher Bedingungen, aber nach klaren, noch zu schaffenden Richtlinien,
- Sondermittel und -abschreibungen für Meßgeräteausstattung,
- Finanzierung von regelmäßigen Betriebsberatungen und fallweise Durchführung von Spezialmessungen sowie ständige Aufklärungstätigkeit über neueste Energiesparstrategien.

Seit der Übergabe des Gutachtens und der Drucklegung wurden – nicht zuletzt durch die bei diesem Gutachten gemachten Erfahrungen – die meisten der oben genannten Förderungsmaßnahmen in die Wege geleitet. Sie haben wesentlich dazu beigetragen, daß in den letzten Jahren eine weitere, teilweise starke Verminderung des spezifischen Energieverbrauches in einigen Industriesparten zu verzeichnen war.

7. SCHLUSSBETRACHTUNGEN

Diese Studie hat erwiesen, daß es möglich ist, auch im Bereich der wärmeintensiven Industrie mit Hilfe der aufgezeigten Maßnahmen den Primärenergieeinsatz bei gleichbleibendem Effekt zu vermindern und damit einen volkswirtschaftlichen Nutzen zu erreichen. Sie hat aber auch gezeigt, daß größere Einsparungen nicht ohne weiteres zu bewerkstelligen sind, sondern nur durch auf exakte Untersuchungen aufgebaute Beratungen sowie entsprechend gezielte Investitionen ermöglicht werden.
Bei der Ausarbeitung der Fallstudien hat sich gezeigt, daß eine ausreichende Ausstattung der Industriebetriebe auch mit Wärmemeßgeräten unbedingt erforderlich ist. Vielfach werden die für eine Ermittlung von energiewirtschaftlichen Unterlagen notwendigen Grunddaten noch mittels Schätzungen bestimmt. Selbst in den Energiezentralen moderner Betriebe ist manchmal die Ausstattung mit Meßgeräten nicht in ausreichendem Maße vorhanden. Zum Beispiel ist die Bestimmung und damit die ständige Überwachung von Kesselwirkungsgraden dann nicht exakt möglich.
Die Ausstattung mit Meßgeräten mag noch aus jener Zeit herrühren, wo dem Energiesektor aus damaligen Kostengründen nicht jene Aufmerksamkeit zuteil wurde wie dem Produktionssektor. Außerdem sind Energieabteilungen personell oft noch unterbesetzt, oder es werden deren Agenden überhaupt von anderen Abteilungen wahrgenommen. Sicherlich trug die vorliegende Arbeit dazu bei, diese Probleme aufzuzeigen und zum Teil zu vermindern, doch sollten in nächster Zeit auch hier entsprechende Lösungen zu finden sein (Einsetzen eines Energiebeauftragten bei jedem Industriebetrieb).
Neben den aufgezeigten Möglichkeiten wurden aber auch die Schwierigkeiten dargelegt, die der Einführung energiesparender Maßnahmen entgegenstehen. Jede Industriesparte muß ihre liquiden Mittel vor allem dafür aufwenden, um in der heutigen Wirtschaftslage bestehen zu können: vorhandene Mittel sollten aber nicht nur für Tageserfordernisse eingesetzt werden, sondern auch für Investitionen auf dem Sektor der Energie, die naturgemäß längere Amortisationszeiten aufweisen.
Um die volkswirtschaftlich erforderliche Reduzierung des Primärenergieeinsatzes zu ermöglichen, ist es daher notwendig, der Industrie finanzielle Anreize zu geben.

Trotz aller dieser Maßnahmen sollte die Einsparungsmöglichkeit in der österreichischen Industrie, vom Gesamteffekt her gesehen, nicht überschätzt werden. Weil die österreichische Industrie eine Tradition in sinnvoller und sparsamer Energienutzung aufweisen kann und im Vergleich zum Ausland gut liegt, wird mit dem Wirksamwerden der vorgeschlagenen Maßnahmen eine weitere Gesamteinsparung von etwa 10% der bisher eingesetzten Primärenergie als großer Erfolg zu werten sein. Eine Reduzierung im weit größeren Ausmaß scheint in einigen Bereichen durch eine Abänderung herkömmlicher Produktionsmethoden erzielbar. Dies setzt jedoch eine Koordination profunder Kenntnisse über verfahrenstechnische Abläufe und deren Konsequenz auf Technologie, chemische Reaktionen und energiewirtschaftliche Auswirkungen voraus. Neue Verfahren mit einem höheren energiewirtschaftlichen Nutzen können demnach in einem gemeinsamen Studium und der Bewertung präsumtiver Möglichkeiten resultieren. Die Untersuchung des ÖSTERREICHISCHEN ENERGIEKONSUMENTENVERBANDES (Ö.E.K.V.) hat dazu genügend Ansatzpunkte gegeben.

GPSR Compliance

The European Union's (EU) General Product Safety Regulation (GPSR) is a set of rules that requires consumer products to be safe and our obligations to ensure this.

If you have any concerns about our products, you can contact us on ProductSafety@springernature.com

In case Publisher is established outside the EU, the EU authorized representative is:

Springer Nature Customer Service Center GmbH
Europaplatz 3
69115 Heidelberg, Germany

Batch number: 10816188

Printed by Printforce, the Netherlands